噪声污染控制技术

（第二版）

主　编　张　弛　徐　南

主　审　朱亦仁

中国环境出版集团·北京

图书在版编目（CIP）数据

噪声污染控制技术 / 张弛，徐南主编. —2 版. —北京：中国环境出版集团，2013.6（2024.2 重印）

高职高专环境类系列教材

ISBN 978-7-5111-1356-6

Ⅰ. ①噪…　Ⅱ. ①张…②徐…　Ⅲ. ①噪声控制—高等职业教育—教材　Ⅳ. ①TB535

中国版本图书馆 CIP 数据核字（2013）第 040530 号

出 版 人　武德凯
策划编辑　黄晓燕
责任编辑　孟亚莉
封面设计　宋　瑞

更多信息，请关注
中国环境出版集团
第一分社

出版发行　中国环境出版集团
（100062　北京市东城区广渠门内大街 16 号）
网　　址：http://www.cesp.com.cn
电子邮箱：bjgl@cesp.com.cn
联系电话：010-67112765（编辑管理部）
010-67112735（第一分社）
发行热线：010-67125803，010-67113405（传真）

印　　刷　北京市联华印刷厂
经　　销　各地新华书店
版　　次　2007 年 6 月第 1 版　2013 年 6 月第 2 版
印　　次　2024 年 2 月第 6 次印刷
开　　本　787×960　1/16
印　　张　19.5
字　　数　330 千字
定　　价　42.00 元

编 审 人 员

主 编 张 弛

江苏建筑职业技术学院

徐 南

江苏建筑职业技术学院

主 审 朱亦仁

江苏师范大学

参 编 张 哲

广东城建达设计院有限公司

周育红

南通农业职业技术学院

张苏姗

中南林业科技大学

赵敏娟

杨凌职业技术学院

丛书编委会

再版说明

2007 年 7 月出版的《噪声污染控制技术》教材，五年中三次印发，非常感谢广大读者的使用与认可。五年中，国家对噪声评价标准与监测方法进行了大量的修订与增补，噪声控制的新材料、新技术突显了行业前沿水平，读者也反馈了较为真切的建设性意见和建议，修订教材非常迫切与必需。

噪声污染属于物理性污染，是振动形式及其能量的传播，不具有物质的累计性，噪声源停止运行，污染立即消失，没有残余污染物。但是，由于声源和暴露人群的广泛存在，以及工业、交通运输业和城市建设的快速发展，噪声已成为国内外近年来投诉量最大的公害之一。

为适应控制噪声污染的需要，我国许多高职高专院校在环境监测与治理技术专业都开设了噪声控制工程课程。鉴于此，中国环境出版社会同江苏建筑职业技术学院、广东城建达设计院有限公司、南通农业职业技术学院、杨凌职业技术学院等院校和单位对第一版进行了修订。

教材修订过程中保留了原教材的章节与风貌，删除了陈旧内容，更新了噪声评价标准与监测方法，补充了噪声控制工程案例、课程设计与毕业设计等内容，对第一版部分章节名称进行了修改与调整，并对全书进行了勘误。

教材修订突出高职高专教育特色，以理论知识必需、够用为度，重点突出工程设计实用性，力图增强读者解决实际问题的动手能力，依据已掌握的噪声监测与控制的原理，结合书中给出的噪声监测方法和噪声控制工程案例，经过实践能独立完成噪声控制工程方案编制和施工图设计工作。

书中列出的常用数据精选于工程手册或是同类教材中出现频率较高的有一定参考价值的参数，工程案例选自编者近年来从事的噪声控制工程竣工并通过验收的设计项目，监测方法和评价标准摘自国家最新颁布实施的标准。

为适应各高职高专院校授课时数的不同，书中前后章节既相互联系，又各具独立性，教学中可根据实际需要取舍。建议完成理论教学以后，有针对性地选择第九章中的实验项目和进行两周的课程设计。

本书编者有张弛（第一章、第七章、第九章），徐南（第五章、第六章），张哲（第四章、第八章），周育红（第三章），赵敏娟（第二章），张苏姗（制图、附录）。全书由江苏建筑职业技术学院张弛教授统稿，江苏师范大学朱亦仁教授审阅，中南林业科学大学张苏姗校核和制图。由于编者水平有限，编写时间仓促，书中难免存在疏漏和错误，恳请读者批评指正。

编　者

2012 年 11 月

目录

第一章 绪论 …… 1
第一节 噪声 …… 1
第二节 噪声的分类 …… 2
第三节 噪声的危害 …… 3
第四节 环境声学研究的基本内容 …… 7
第五节 环境噪声控制的规划及管理措施 …… 8

第二章 声学基础 …… 11
第一节 声波的基本性质 …… 11
第二节 级的概念与分贝的计算 …… 25
第三节 声波的传播特性 …… 32

第三章 噪声评价与标准 …… 44
第一节 噪声的评价量 …… 44
第二节 噪声评价标准 …… 65

第四章 噪声测量技术 …… 78
第一节 噪声测量仪器 …… 78
第二节 噪声测量方法 …… 85

第五章 吸声技术 …… 93
第一节 吸声系数和吸声量 …… 94
第二节 多孔吸声材料 …… 97
第三节 吸声结构 …… 103
第四节 室内声场和吸声降噪 …… 108
第五节 吸声技术的应用 …… 115

第六章 隔声技术 …… 120
第一节 隔声性能及隔声效果的评价 …… 120

第二节 单层匀质墙的隔声 122
第三节 双层及多层隔声结构 129
第四节 隔声间 136
第五节 隔声罩 144
第六节 声屏障 148
第七节 隔声技术的应用 152

第七章 消声技术 156
第一节 消声器的分类及其性能评价 156
第二节 阻性消声器 161
第三节 抗性消声器 168
第四节 阻抗复合型消声器 174
第五节 微穿孔板消声器 176
第六节 喷注耗散型消声器 178
第七节 消声技术的应用 183

第八章 隔振与阻尼减振技术 191
第一节 隔振技术 191
第二节 阻尼减振技术 212

第九章 实验实训与噪声控制工程实例 220
第一节 噪声监测实验 220
第二节 噪声控制工程实例 233
第二节 综合实验与技能实训 281

附录 286
附录一 中华人民共和国环境保护法 286
附录二 中华人民共和国环境噪声污染防治法 291
附录三 排污费征收使用管理条例 298

第一章 绪 论

【知识目标】

本章要求了解环境噪声的危害及防护；熟悉环境噪声的定义及分类；理解环境声学研究的基本内容；掌握环境噪声污染特性及其控制途径。

【能力目标】

通过对本章内容的学习，学生能有效识别环境噪声源；具有环境噪声污染防护意识及基本常识；具有声功能区规划及管理能力。

第一节 噪 声

我国交通业跨越式发展、工业迅猛崛起、城市化进程加快以及社会生活的繁荣，加剧了环境噪声污染，不同程度地干扰了人们的正常生活和工作，甚至危及人体健康。充分认识噪声污染的危害性，并有针对性地研究噪声的产生、传播途径、污染规律及控制措施，对噪声污染进行有效防治是非常迫切和必需的。

一、噪声的概念

人类利用声音从事各种各样的社会实践活动。教师借助于声音实现教学过程；工人借助于声音判断机器运转是否正常；医生借助于声音诊断患者病症；听力正常的人借助于声音熟悉周围环境、进行情感交流、获取周围各种信息。

优美的乐曲使人陶醉，但在课堂上对认真听课的学生来说，再动听的音乐也成了干扰源；飞机的轰鸣声和机器的嘈杂声使人烦躁不安，甚至是厌恶。从心理学角度出发，噪声就是人们不需要的声音；从物理学角度出发，噪声是由许多不同频率和强度的声波，无规杂合而成的声音。

一切可听声都有可能被判定为噪声，噪声控制的目的就是降低或消除可听声，噪声的测量也局限在可听声。

可听声的频率范围一般在 20 Hz～20 kHz。频率低于 20 Hz 的声称为次声，频率高于 20 kHz 的声称为超声。

二、噪声污染的特性

噪声对周围环境造成的不良影响就是噪声污染。噪声污染属于物理性污染，有以下几个突出的特性。

噪声污染是感觉公害。飞机的轰鸣声是相当严重的噪声污染，是让人厌烦的声音，但对于期待空援的战士来说，就不再是厌烦的声音，而是比优美的音乐更令人心花怒放的声音了。鸟语花香，对于在公园里散步的人而言，感觉是很美妙的，但对于需要安静睡眠的人，鸟声的嘈杂就令人厌烦。因此，一种声音是否属于噪声，与人所处的环境和主观愿望有关，即与人的主观感觉有关。

噪声污染是即时性公害。噪声的本质是一种机械波，是振动形式及其能量的传播，不具备物质的累计性，噪声源停止运行，污染立即消失，没有残余污染物。

噪声污染具有局限性和多发性。局限性是指噪声影响的范围较小，只能造成局部性污染，一般不会造成区域性和全球性污染。多发性是指噪声源的多发性，即存在着多种多样的分散的噪声源。噪声可谓是“无孔不入”。

噪声具有危害潜伏性。大多数人对噪声污染的防治不重视，即使暴露在 90 dB（A）以上的噪声环境之中也能忍受，实际上这种“忍受”是以听力偏移为代价的。

噪声具有能量性。噪声的声能是噪声源能量中很小的一部分，噪声的能量转化系数很低，约为 10^{-6}，再利用价值不大，一般不重视声能的回收。

第二节　噪声的分类

噪声的分类方法较多，从区分自然现象和人为因素产生的噪声角度出发可分为自然噪声和人为噪声；按噪声辐射能量随时间的变化可分为稳态噪声、非稳态噪声和脉冲噪声；按频率分布可分为低频噪声（＜500 Hz）、中频噪声（500～1 000 Hz）和高频噪声（＞1 000 Hz）。环境声学一般从城市环境和噪声产生的机理进行分类。

一、按城市环境区分噪声

按城市区域环境可将噪声分为交通噪声、工业噪声、建筑施工噪声和社会生活噪声。

交通噪声是指道路机动车辆、内河航运船舶、铁路车辆以及飞机等的噪声。随着城市交通干道及高速公路的里程增加，以及机动车辆数量的增加，交通噪声已成为城市的主要噪声源。城市交通干道及环城高速的噪声，等效连续 A 声级可达 70～90 dB（A）。火车运行的噪声，在距离 100 m 处可达 75 dB（A）。飞机数量、飞行速度、载重量的增加，使得飞机噪声愈来愈大。民航机在起飞和着陆时，噪声在 85～

105 dB（A）范围内。

工业噪声是指工厂的各种动力设备、加工机械、生产设备等产生的噪声。设备噪声的声级大小与设备种类、功率、型号有关，即使同一种型号、功率相同的设备，由于生产厂家不同和使用年限不同，声级也有较大的差别。

建筑施工噪声是指建筑机械发出的噪声。在距声源 15 m 处，测得打桩机噪声 95～105 dB（A），混凝土搅拌机噪声 80～90 dB（A），推土机噪声 78～96 dB（A）。

社会生活噪声是指社会活动和家用设备发出的噪声。商业、文娱、体育活动等的人群喧闹声，空调、洗衣机、电冰箱等发出的噪声。一般情况下洗衣机噪声 47～71 dB（A）、电冰箱噪声 34～52 dB（A）。

二、按发生机理区分噪声

按噪声的发生机理可将噪声分为机械噪声、空气动力性噪声及电磁噪声。

机械噪声是指机械部件之间在摩擦力、撞击力和非平衡力的作用下振动而产生的噪声。机械噪声的特征与受振部件的大小、形状、边界条件、激振力的特性有关。织布机、球磨机、车床、刨床、齿轮等发出的噪声是典型的机械噪声。

空气动力性噪声是指高速气流、不稳定气流以及由于气流与物体相互作用产生的噪声。空气动力性噪声的特征与气流的压力、流速等因素有关。例如，锅炉排气噪声是由于高速或高压气流与周围空气介质剧烈混合产生的；气流流经阀门的噪声是由于气流流经障碍物后，形成涡流产生的；飞机螺旋桨转动时的噪声是由于旋转的动力机械作用于气体，产生压力脉冲产生的；内燃机、压缩机、鼓风机的进、排气噪声是由于进、排气时，周围空气的压强和密度不断受到扰动产生的。

电磁噪声是指电磁场的交替变化，引起某些机械部件或空间容积振动产生的噪声。电磁噪声的特征主要取决于交变磁场特性、被激发振动部件和空间的大小形状等。电动机、发电机、变压器和日光灯镇流器等发出的噪声属于电磁噪声。

第三节　噪声的危害

某工厂青年女工，从事小球磨机粉碎工作历时 2 年，每天工作 3 h，后从事大球磨机粉碎工作历时 4 年，每天工作 8 h，连续工作 6 年后，时常感到心慌、失眠、头痛、耳鸣，最后头发逐渐脱落。

匈牙利自然风景区鲍拉得山洞曾出现过 3 个游客在恶劣的气候条件下进入山洞当场被全部击毙的事件。该洞的入口廊道狭长，像一个共振腔，由于洞内气压急剧变化，产生强次声波，使得兴致勃勃的游客惨遭不幸。

频率高于 20 kHz 的超声波对人同样有危害。高强度的超声波能导致布料和坚硬物体毁坏，中等强度的超声波能破坏人体的新陈代谢，使人易于激怒而损害健康。在可听声频率范围内，对人体最为有害的是高频噪声，稍轻的是中频噪声，最轻的是低频噪声。单一频率的纯音比具有连续频谱的噪声更为有害。非稳态噪声比稳态噪声对人体更为有害。

噪声的危害涉及面较多，归纳起来有以下几个主要方面。

一、损伤听力

当人们进入较强的噪声环境中时，会感到刺耳难受，停一段时间会感到耳鸣。此时，若到安静的环境中，会发现原来听得到的声音，这时听起来弱了，有的声音甚至听不到。但这种情况持续时间并不长，只要在安静的环境里停留一段时间，听觉就会恢复原状，这种现象叫作暂时性听阈迁移，也称为听觉疲劳。

所谓暂时性听阈迁移，就是在强噪声作用下，听觉皮质层器官的毛细胞，受到暂时性的伤害而引起听阈级的暂时性迁移。如原来听起来是 60 dB（A）的声音，出现暂时性听阈迁移时，听起来只有 40 dB（A），等到听力恢复后，又能听到 60 dB（A）的声音。

长期暴露在高噪声环境中，听觉器官不断受到噪声的刺激，暂时性听阈迁移恢复越来越慢，使听觉器官发生器质性病变，逐渐失去恢复正常听力的能力，成为永久性的听阈迁移，也称为听力损失。噪声引起的听力损失，是由于过量的噪声暴露，导致听觉细胞的死亡，死亡的细胞不能再生，因此，噪声性耳聋是不能治愈的。

噪声性耳聋与噪声的强度、频率有关，噪声强度越大，频率越高，噪声性耳聋发病率就越高。噪声性耳聋还与噪声作用的时间长短有关，同样强度的噪声，每天作用 8 h 就比每天作用 4 h 发病率高很多。一般来说，长期在 90 dB（A）以上的噪声环境下工作，有可能发生噪声性耳聋。通过调查表明，某些行业工种，如织布工、发动机试车工等，如果不采取适当的防护措施，噪声性耳聋的发病率可达 50%～60%，甚至 90%以上。

在 80 dB（A）以下的职业性噪声暴露时，一般不会引起噪声性耳聋（不等于不造成听力损失）；在 85 dB（A）以下，造成轻微的听力损伤；在 85～90 dB（A）时，造成少数人噪声性耳聋；在 90～100 dB（A）时，造成一定数量人的噪声性耳聋；在 100 dB（A）以上时，造成相当数量人的噪声性耳聋。

国际标准化组织（ISO）确定听力损失 25 dB（A）为耳聋标准；25～40 dB（A）为轻度耳聋；40～55 dB（A）为中度耳聋；55～70 dB（A）为显著耳聋；70～90 dB（A）为重度耳聋；90 dB（A）以上为极端耳聋。

当人们突然暴露于极强烈的噪声环境下，听觉器官发生急性外伤，引起鼓膜破裂出血，螺旋体从基底膜急性剥离，造成两耳失聪。高强度的炮仗声或其他高强度噪声都有可能导致这种一次性刺激致聋的现象，这种现象称为爆震性耳聋。

荷兰学者从一位 82 岁就诊者的左外耳道深处发现一个塞了 32 年的棕色栓塞，而右耳长期暴露于噪声之下，其听力曲线显示出右耳为老年性的单纯感受性耳聋；左耳的听力损失很少，呈现混合性耳聋，左耳的骨传导比右耳好得多。这个例子说明，日常生活中的噪声，是造成老年性耳聋的一个很重要的因素。国外许多大城市患老年性耳聋的人数是男性多于女性，原因是男性接触噪声的机会一般比女性多。有人在偏僻的丛林地带调查发现，生活在寂静环境中的人，听力都比较好。通过对非洲偏僻的部落进行调查研究，发现那里几乎没有老年性耳聋患者。由此可见，人到老年不一定必然耳聋，老年耳聋与环境噪声有极其密切的关系。

二、影响生活

我国的噪声污染相当严重。据估计，我国有 20%～30%的工人暴露在损伤听觉的强噪声下，有上亿人受到噪声的严重干扰。美国 75%的人集中在城市，由于噪声污染严重，居民深受其害。有的国家，由于城市规划、管理以及工业、交通运输业的无政府状态，噪声污染日益严重。工厂里、街道上简直没有安静的地方。因此，有媒体报道："寂静像金子一样珍贵"。百万富翁们在郊区以很高的代价建造豪华的别墅；较富有的市民或者迁离喧哗的闹市，或者建造无窗的隔声休息室，这等于用高价购买"安静"。但一般市民只好在喧哗的环境里忍受着噪声的侵袭，有的人甚至只有戴上护耳器或用棉花塞上耳朵才能勉强入睡。有的国家，由于噪声的干扰致使学生不能正常上课，只好建造无窗教室，完全利用人工采光和空调解决照明和换气问题。

人在睡眠时，若受到连续噪声的作用，会使熟睡时间缩短，出现多梦。若经常受到噪声的干扰，就会睡眠不足，出现头昏、头痛等症状。突发性的噪声，只要有 60 dB（A），就能使 70%的睡眠人惊醒。一般来说，大约低于 40 dB（A）的噪声对睡眠影响较小，高于 55 dB（A）的噪声对睡眠干扰较严重。

人们用语言交谈时，当噪声与谈话声声级接近时，就会干扰交谈。普通谈话一般为 60 dB（A），若两人相距 1.5 m 距离交谈，此时有 50 dB（A）的噪声，则双方可轻松的交谈；噪声到 60 dB（A）还能满意地对话；当噪声到 66 dB（A）时，则要提高声音对方才能听得清楚；当噪声到 90 dB（A）以上时就是大声喊也听不清楚。

三、诱发疾病

噪声危害人的神经系统。噪声作用于人的中枢神经系统，使大脑皮层的兴奋和抑制失去平衡，导致条件反射异常，使脑血管张力遭到损害，神经细胞边缘出现染色质的溶解，重者可引起渗出性血灶、脑电图电位改变等。如果长期暴露于强噪声环境中且得不到恢复，会形成牢固的兴奋灶，累及自主神经系统，导致病理学影响，产生头晕、头疼、脑胀、疲劳、失眠、记忆力衰退等神经衰弱症状。处于噪声污染环境中的人，易患胃功能紊乱症，表现为消化不良、食欲不振、恶心呕吐，久而久之，将导致胃病及胃溃疡发病率的增高。

噪声影响心血管系统。噪声污染导致人的交感神经不正常，使代谢或微循环失调，引起心室组织缺氧，致使心肌受到损害，并引起血液中胆固醇增高。噪声使交感神经紧张，导致心跳加快、心律不齐、传导阻滞、血管痉挛、血压变化等现象。近年来，一些医学专家通过研究认为，噪声可以导致冠心病、动脉硬化和高血压。

噪声对视觉产生不良影响，噪声愈大，视力清晰度稳定性愈差。噪声影响胎儿的正常发育，会对胎儿的听觉器官造成先天性的损伤。强噪声还能直接造成人和动物的死亡。1964 年，美国空军一架喷气式飞机在俄克拉荷马市上空作超音速飞行试验，结果下方一个农场的 1 万只鸡中有 6 000 只被轰鸣声杀死。一般来说，在高噪声环境中工作的人，健康水平会逐年下降，疾病发病率显著增高。

四、干扰工作

噪声对人们工作的影响较为复杂，很难定量表述。在噪声的刺激下，心情烦躁、注意力分散、易疲劳、反应迟钝，导致工作出错，影响工作效率，降低工作质量，特别是要求注意力高度集中的复杂作业，影响更大。调查研究表明，速记、校对、文字处理等工种，随着噪声辐射强度的增加，出错率明显上升。

五、危害物质结构

1962 年美国三架军用飞机以超音速低空飞行，经过日本藤泽市，使该市许多民房玻璃震碎、烟囱倒塌、日光灯掉下，商店货架上的商品震落满地，造成较大损失。美国统计了 3 000 件喷气式飞机使建筑物受损的事件，其中，抹灰开裂 43%，门窗损坏 32%，墙体开裂 15%，房瓦损坏 6%，其他损害 4%。

城市设施与机械设备的噪声与振动，对建筑物有一定的破坏作用。如打桩、爆破、大型振动筛、空气锤等，对附近建筑物都有不同程度的影响。

150 dB（A）以上的强噪声，会使金属结构疲劳以致损坏。由于声疲劳造成飞机或导弹失事的严重事故也有发生。试验表明，一块 0.6 mm 的铝板，在 168 dB（A）的无规噪声作用下，只要 15 min 就会断裂。

在强噪声作用下，不仅建筑物容易受损，发声体本身也可能由于“声疲劳”而损坏。在极强的噪声作用下，灵敏的自控设备和遥控设备会失灵，从而使自控与遥控失效。

第四节　环境声学研究的基本内容

一、噪声污染规律的研究

噪声污染规律的研究是指研究噪声辐射强度和传播过程中的声衰减与有关参数的关系，以及噪声的时间分布和空间分布等。研究方法有现场类比测量、理论研究、数学分析、计算机模拟和模型试验等。目前，一些参数对噪声传播中的时间、空间关系还没有定量化，如风速梯度、温度梯度等对噪声传播中的误差关系等；有的已经定量化，但计算很复杂，难以运用。因此，噪声污染规律的研究还有待于继续深入。

二、噪声评价方法及其标准的研究

环境噪声来自各种不同特性的噪声源，噪声对人的危害与噪声源的特性、人耳的听觉特性和人对噪声的主观心理反应有关。噪声评价的任务就是如何将人处于不同噪声环境和噪声暴露时间的影响程度反映出来，至今，相继出现的噪声评价量和相应的评价方法多达几十种，一部分评价方法经过修改完善后被采用，一部分评价方法在实践中被淘汰。目前，被基本认可的有评价人耳对不同频率和强度声音的响度级、各种计权声级、描述噪声干扰程度的噪声指数等。

制定一个适宜于人们工作、学习和休息的声学环境标准，是较为复杂的问题。需要研究噪声对人体影响的各个方面，找出噪声辐射强度、持续时间、起伏状况等参数对人体各方面影响的定量关系，才能为制定噪声标准提供可靠的科学依据，再结合技术、经济的可行性确定噪声的限值。

许多国家制定的噪声标准，大多数是以听力损伤为评价依据，而缺少噪声对人体影响的全面的科学依据。研究表明，噪声在 75 dB（A）以下是理想的标准，85～90 dB（A）作为目前工业噪声控制标准，对大多数人来说可以接受，而且，目前的技术、经济也可以实现，所以，该标准在目前是较为合理的。

三、噪声测量技术的研究

噪声测量方法的选择取决于测量的目的和现有的仪器条件。声学测量中最常用的仪器是声级计，通常需要较长的分析时间，适用于测量相对稳定的连续信号。计算机技术的发展给噪声测量分析带来了巨大变化，利用数字信号处理技术，特别是采用双通道输入，就能对信号进行 FFT 分析、相关分析、相干分析、声强分析和倒频分析，求得被测系统的频率响应或脉冲响应，从而获得更为全面的信息。

四、噪声控制技术的研究

噪声控制技术的研究，包括声源、传播途径、个人防护的研究以及法规的制定等。环境噪声污染是由声源、传播途径和接受个体三个环节组成。为有效控制噪声污染，必须将三个环节作为一个系统进行研究。首先，从声源控制噪声。研究声源发声机理和机器设备运行功能，降低声源的噪声辐射，用低噪声工艺代替高噪声工艺，降低噪声源中噪声辐射部件对激振力的响应等。其次，从传播途径上控制噪声。研究城市、工厂和车间如何全面合理地布局，在传播途径上采取吸声、隔声、阻尼和隔振等声学技术。再次，从接收者个体控制噪声。研究对听力起保护作用的护耳器、控制室等个人防护措施。

研究制定控制噪声的法规。噪声控制法规具有强制性，要求噪声污染者积极采取治理措施。噪声控制立法的实施，对于噪声控制技术的研究以及应用和推广会起到促进的作用。

第五节　环境噪声控制的规划及管理措施

一、规划措施

随着我国旧城区改造、新城区及开发区建设的不断深入，城市区域功能合理规划，将高噪声区与低噪声区分开，是降低城市环境噪声污染较为有效的手段之一。

1．道路规划

建设城市环城高速、环城高等级公路可减少穿越市区中心的外地车辆数量；建设城市高架、立交枢纽，设置单行道、限行道可以减少鸣笛、停车等的噪声。

2．区域规划

合理安排工业、交通、文教、居住等用地的相对位置，将飞机场、铁路、公路干道、重工业区等高噪声源布局在远离居住区的区域，在文教、居住低噪声区与高噪声区之间建设商业区及绿化带等，可有效控制噪声污染。

居住区与高噪声源集中区域可以用山坡、土丘、屏障等自然地理环境阻隔噪声对安静区的干扰。

3．控制城市建设规模

城市规模扩大，城市人口激增，增加了城市物流负荷，交通不畅，鸣笛刹车频繁，交通噪声污染严重；采取发展卫星城或控制人口密度等措施可降低城市交通噪声污染。

二、管理措施

《中华人民共和国环境保护法》《环境噪声污染防治法》等法律法规都有针对噪声污染管理方面的规定，超过标准排放噪声属于违法行为，可对其追究法律责任，依据情节轻重给予罚款或刑事的惩处。

1．交通噪声管理

在城市行驶的机动车辆，应保持技术性能良好，部件紧固，注意挂车和载重等部位不准有撞击声，制动时不准有尖叫声；车辆必须安装有效的消声器，车外最大噪声不得超过国家《机动车辆允许噪声标准》；市区行驶车辆限制鸣笛，严禁夜间鸣笛；车辆噪声检验列为年检车标准之一，不符合噪声标准的车辆，公安局车辆检查部门不发放行车执照。重型车辆进入居住地区限制路线和时间。

火车进入市区，限制鸣笛，新建铁路线一般不得穿越市区；确要穿过市区的，在通过居民、文教、机关等的区域，铁路主管部门应采取各种有效的防噪措施；市区已有的超标铁路应建造有效的防噪设施。严格限制飞机在市区上空飞行。

2．工业噪声管理

工矿企业噪声排放必须符合国家颁布的《声环境质量标准》《工业企业厂界环境噪声排放标准》《工业企业噪声控制设计规范》的相关规定。凡超过噪声标准的工业企业必须采取有效的噪声控制设施，使之排放达标，无法消除噪声污染的单位，要有计划地关、停、并、转，或迁到适当地区。

在工业企业总图设计中规定，工业企业的平面布置应结合功能分区与工艺分区，合理进行噪声分区；充分利用地形地物对噪声的屏障作用，主要噪声源低位布置，噪声敏感区域布置在自然屏障的声影区中。上述措施仍不能达到噪声设计的标准时，应设置隔声屏障，或在厂房及建筑物之间保持必要的防护间距。

3．建筑施工噪声管理

建筑施工部门，对造成噪声污染的多种施工机械，要采取有效的噪声控制设施。土石阶段的主要噪声源为推土机、挖掘机、装载机等，规定噪声限值白天 75 dB（A），夜间 55 dB（A）；基础阶段的主要噪声源为各种打桩机，规定白天噪声限值为 85 dB（A），夜间不许施工；结构阶段的主要噪声源为混凝土搅拌机、振捣棒等，规定白天噪声限值为 70 dB（A），夜间 55 dB（A）；装修阶段的主要噪声源为吊车、升降机等，规定噪声限值为白天 65 dB（A），夜间 55 dB（A）。

4．社会生活噪声管理

城市室外禁止使用高音喇叭（特殊情况例外，如政府批准的大型集会、游行和庆祝活动，车站、机场、码头、体育场馆以及道路交通疏导等），使用喇叭必须控制音量，不得对周围环境造成危害。

家用音像设备、洗衣机、电冰箱等电器，其噪声值不得超过规定的所在区域的社会生活环境噪声排放标准。

夜间和午间休息时，禁止在住宅附近大声喧哗，不得干扰居民休息。对爆竹噪声加以限制，严禁使用高噪声、有危险的爆竹。

5．其他管理措施

各地方政府制定的法规条例中，还明确规定城市建设总体规划防噪声污染的条款。在法规与管理条例中规定了一系列排污收费和罚款制度，以及一系列环境噪声监测，监督执行违法制裁等内容。

思考题与习题

1. 声音在社会生活中有什么作用，可听声的频率范围是多少？
2. 可听声以外的声波如何分类，各有什么用途？
3. 什么是噪声，噪声污染有何特性？
4. 城市区域环境噪声分为哪几类？
5. 从发声机理出发噪声分为哪几类？
6. 原来听起来有 60 dB（A）的声音，出现听力损失后只有 30 dB（A），听力损失多少 dB（A）？耳聋的程度属于哪一级？
7. 噪声能诱发哪些疾病？
8. 长期戴高音量耳机听音乐会产生什么后果，为什么？
9. 环境声学研究的内容是什么？
10. 城市噪声控制的规划性措施有哪些？

第二章 声学基础

【知识目标】

本章要求了解描述声波的基本物理量；熟悉声波的基本性质；理解声波的叠加原理；掌握声波的频谱特性、传播特性和分贝的计算。

【能力目标】

通过对本章内容的学习，学生熟悉声波传播及叠加过程中的一般现象；把握声波扩散衰减及空气吸收的规律，独立进行分贝的计算。

第一节　声波的基本性质

一、声波的产生

（一）声源

1. 声源的概念

环境中存在着各种各样的声音，尽管这些声音听起来音调不同，但它们都有一个共同点，即所有声音都来源于物体的振动。如讲话的声音来源于人的声带振动，机器发出的声音来源于机器部件的振动，笛子发出的声音来源于笛膜的振动。这些正在振动而发出声音的物体通常被称为声源。声源不一定是固体，液体和气体同样会由于振动而发声，如海浪声、汽笛声就是由流体而发声的。

2. 声源的类型

（1）点声源。当声源尺寸远远小于声源至接收点的距离时，可以看作点声源。

（2）线声源。当许多点声源连续分布在一条线上时，可认为该声源是线状声源。

（3）面声源。通常是指尺寸为一个长方形的声源。

几种声源类型示意图见图 2-1。

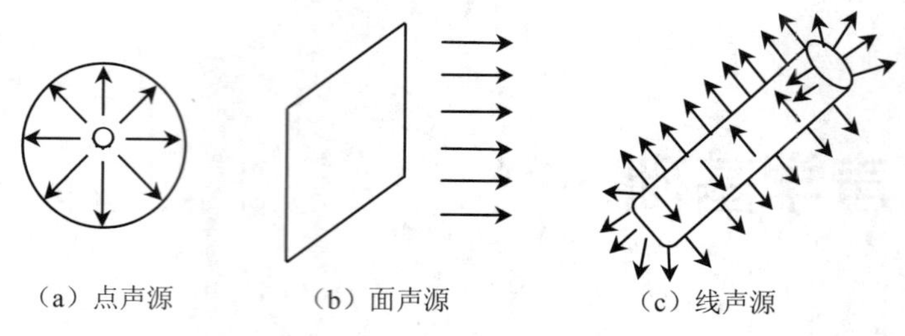

图 2-1　声源的类型

（二）声波的形成

声源发声后必须通过弹性介质才能向外传播。空气是人们最熟悉的传声媒质。例如，在空气中人们可以听到声音，而在真空中却听不到。声波正是依靠介质的分子振动向外传播声能，所以声音是一种波动。介质分子的振动传到人耳时，引起鼓膜的振动，通过听觉机构“翻译”，并发出信号，刺激听觉神经而产生声音的感觉。以敲鼓时听到鼓声为例（图 2-2），当敲打鼓面时，鼓面在原来静止位置附近来回振动，带动了与其相邻近的空气质点，使空气质点产生压缩或膨胀运动。由于空气分子间有一定的弹性，这一局部区域的压缩或膨胀又会影响和促使下一邻近空气质点发生压缩运动或膨胀运动。如此由近及远相互影响，就把鼓面的振动以一定的速度借助于媒质向各个方向传播出去（图 2-3）。这种向前推进着的空气振动就是声波。

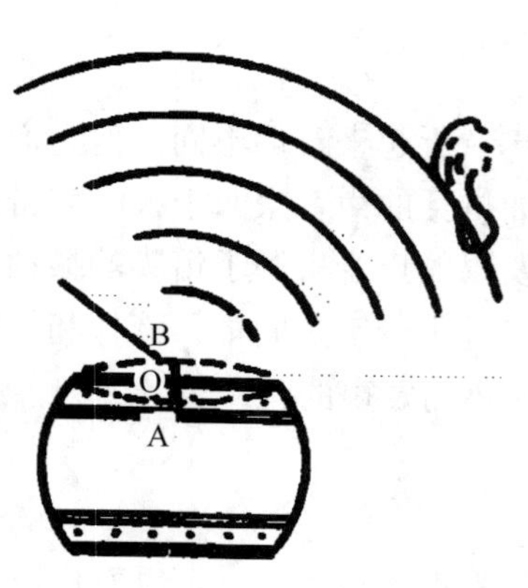

图 2-2　鼓面振动产生的声波

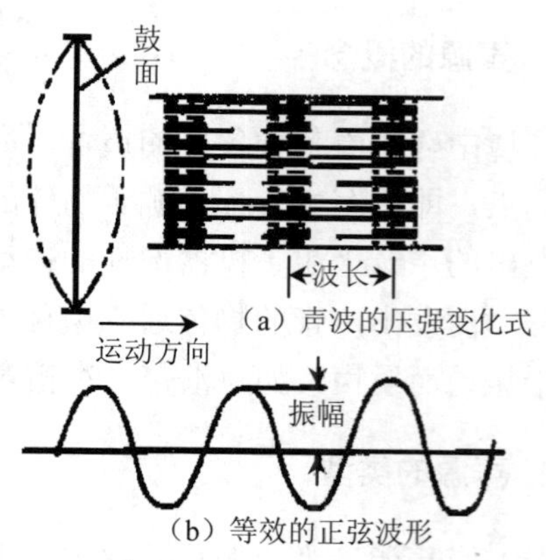

图 2-3　空气中声波的压缩和膨胀

声波不仅可以在空气中传播，在液体和固体等弹性媒质中也可以传播。当声源在媒质中振动时，必须依靠媒质的弹性和惯性才能将这种振动传播出去。因此，媒质的弹性和惯性是传播声音的必要条件。通常将有声波传播的空间叫声场。应该注意，声音在媒质中的传播，只是媒质振动的传播过程，媒质本身并没有向前移动，它只是在平衡位置来回振动，传播出去的是物质的运动形式，这种运动形式称为波动。声音是机械振动的传播，这种传播过程是一种机械性质的波动，因此，声音也称为声波。

在声波的传播过程中，如果质点振动方向与波传播方向一致时称为纵波，如水波即为纵波。当质点振动方向与波传播方向垂直时称为横波，如绳子上下振动而形成的波即为横波。声波在固体媒质中既可以横波形式传播，也可以横波和纵波两种并存的形式传播，而在液体和气体中声波只能以纵波形式传播。

（三）声波的类型

根据声波传播时波阵面的形状不同可以将声波分成平面声波、球面声波和柱面声波等类型。

1. 平面声波

空间同一时刻相位相同的各点的轨迹曲线称为波阵面。当声波的波阵面是垂直于传播方向的一系列平面时，称其为平面声波。如将振动活塞置于均匀直管的始端，管道的另一端伸向无限远，当活塞在平衡位置附近做小振幅的往复运动时，在管内同一截面上的各质点将同时受到压缩或扩张，具有相同的振幅和相位，产生的波即为平面声波。声波传播时处于最前沿的波阵面称为波前。一般来讲，可以将各种远离声源的声波近似地看成平面声波。

2. 球面声波

当声源的几何尺寸比声波波长小得多时，或者测量点离开声源相当远时，则可以把声源看成一个点，称为点声源。在各向同性的均匀媒质中，从一个表面同步胀缩的点声源发出的声波是球面声波，也就是在以声源点为球心，以任何值为半径的球面上声波的相位相同。球面声波的一个重要特点是振幅随传播距离的增加而减小，二者成反比关系。

3. 柱面声波

如果声源在一个尺度上特别长，例如繁忙的公路、比较长的运输线，都可以看成是线声源的实例。这类声源形成的声波波阵面是一系列同心圆柱，这种波阵面是同轴圆柱面的声波称为柱面声波。直线线声源的波阵面是圆柱面或半圆柱面。

4. 声线

声线也称为声射线，是自声源发出的代表能量传播方向的直线，在各向同性的媒质中，声线就是代表波的传播方向且处处与波阵面垂直的直线。声线和波阵面都可以用来描绘声波的传播。

平面声波的传播方向总保持一个恒定方向，声线为相互平行的一系列直线（图 2-4）。简单的球面声波的声线是由声源点发出的半径线（图 2-5）。柱面声波的声线是由线声源发出的径向线。

当声波频率较高，传播途径中遇到的物体的几何尺寸比声波波长大很多时，可以不计声波的波动特性，直接用声线来加以处理，其分析方法与几何光学中的光线法非常相似。

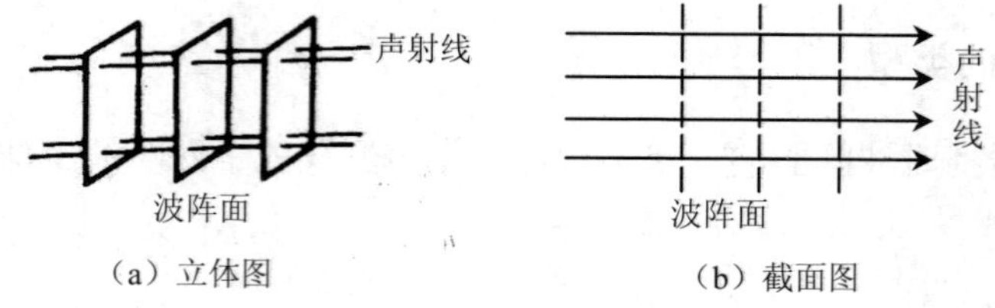

图 2-4 平面声波的声射线和波阵面

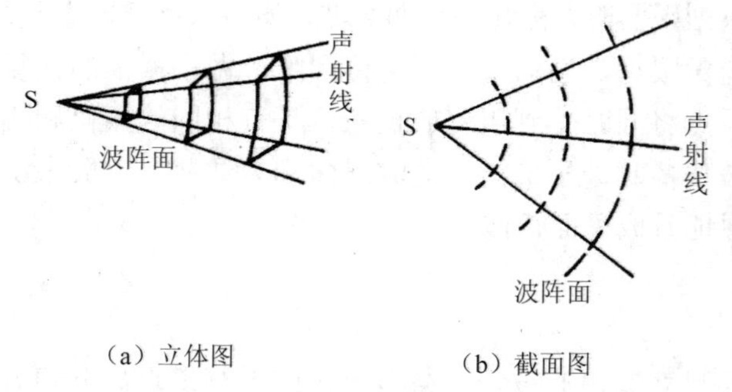

图 2-5 球面声波的声射线和波阵面

二、声波的描述与量度

1. 频率和周期

声源完成一次全振动所经历的时间称为周期用 T 表示，单位是秒（s）。1 s 内振动的次数称为频率用 f 表示，单位是赫兹（Hz），它是周期的倒数，即：

$$f = 1/T \tag{2-1}$$

发声体每秒振动的次数越多，即频率越高，表现为声音的音调也越高，给人的感觉是声音较为尖锐。反之，频率低的声音，音调低，听起来较为低沉。如 C 调的“1”频率是 256 Hz，而高八度的“1”频率是 512 Hz。又如男子与女子的声音，听起来前者比后者音调低，这是因为男子的语言基频是 140 Hz，女子语言基频是 280 Hz。

事实上所有发声体的振动都是比较复杂的，它除了一个基频音外，还包括许多与基频成整数倍的较高频率的泛音，也称为陪音或谐频音。泛音的多少和强弱，影响声音的音色。根据不同的音色，可以分辨出不同个体的口音和不同的乐器音。例如，双簧管与提琴，即使它们的基频音相同，也很容易区别开来，原因就是这两种乐器具有不同的泛音，因而造成不同的音色。泛音愈多，声音愈感到丰美动听。所以同一把胡琴，初学者不如熟练者演奏得动听，就是因为熟练者能控制泛音的多少，使琴音柔和饱满，悦耳动听。

2. 波长和声速

物体或空气分子每完成一次往复运动或疏密相间运动所经过的距离称为波长，用符号λ表示，单位是 m。波长是由声波的频率所决定的，频率高，波长短；频率低，波长长。例如，在常温的空气中当频率为 125 Hz 时，波长约为 2.72 m；当频率为 500 Hz 时，波长约为 0.68 m；当频率为 2 000 Hz 时波长仅为 0.17 m 左右。

振动每秒钟在媒质中传播的距离叫作声波传播速度，简称声速，用符号 c 表示，单位是 m/s。

声音在不同的介质中的传播速度是不同的，在标准大气压下，0℃的空气中，声音的速度是 331.4 m/s。空气温度越高，声速越大，温度每增加 1℃，声速约增加 0.607 m/s。

$$c = c_0 + 0.607\, t \tag{2-2}$$

式中，c_0—— 标准大气压下，0℃时的声速，c_0=331.4 m/s；

t—— 空气温度，℃。

声音在固体中传播的速度最快，其次是液体，再次是气体。如在钢铁中的声速约为 5 000 m/s，水中的声速仅为 1 450 m/s；因此，将耳朵贴近钢轨能听到较远处开动着的火车声。但也有例外的，如橡胶中的声速只有 30～50 m/s。可见声速大小取决于传播媒质的性质，而与声源频率及强度无关。但是原子能爆炸等特别强烈的声音则是例外的，它在空气中声速可达每秒几千米。

根据频率、波长和声速的定义，它们之间有如下关系：

$$c = f\lambda \tag{2-3}$$

3. 声强和声功率

声源在单位时间内发射的总能量称为声功率，记为 W，单位为瓦（W）。

声强是衡量声波在传播过程中声音强弱的物理量。声场中某一点的声强，即在单位时间内，垂直于声波传播方向的单位面积上所通过的声能，记为 I，单位是 W/m^2。

$$I=\frac{W}{S} \tag{2-4}$$

式中，W—— 声功率，W；

S—— 声能所通过的面积，m^2。

在无反射声波的自由声场中，点声源发出的球面波，均匀地向四周辐射声能。因此，距声源中心为 r 的球面上的声强为：

$$I=\frac{W}{4\pi r^2} \tag{2-5}$$

因此，对于球面波，声强与点声源的声功率成正比，而与到声源的距离平方反比。对于平面波，声线互相平行，同一束声能通过与声源距离不同的表面时，声能没有聚集或离散，即与距离无关，所以声强不变。例如指向性极强的大型扬声器就是利用这一原理进行设计的，其声音可传播几十千米远。

4. 瞬时声压和有效声压

声音传播过程中媒质空间点的声压是时间的函数，即任一点的声压都是随时间而不断变化的，每一瞬间的声压称瞬时声压。如果声源在理想媒质中，在单一频率下作简谐振动，那么媒质中各质点也随着做同一频率的简谐振动。当媒质中的质点做单一频率的简谐振动时，声压对时间和位移的函数关系是：

$$p(x,t)=p_{\mathrm{A}}\cos(\omega t-kx) \tag{2-6}$$

式中，p（x，t）—— 声场中某位置 x 和某时刻 t 时的瞬时声压，Pa；

p_{A}—— 声压幅值，Pa；

ω—— 振动圆频率，rad/s；

k—— 圆波数，$k=\omega/c=2\pi/\lambda$。

声音传入人耳时，由于声波频率较高，耳膜又具有惯性作用，人耳分辨不出声压的起伏，感觉到的是一个稳定的声压值，定义这个稳定的声压值为有效声压，用 p_{e} 表示，计算方法是用瞬时声压对时间取均方根值，即：

$$p_{\mathrm{e}}=\sqrt{\frac{1}{t}\int_0^t p^2\mathrm{d}t} \tag{2-7}$$

将式（2-6）代入式（2-7），当时间 t 足够长或是周期的整数倍时，经积分和开方可得：

$$p_{\mathrm{e}}=p_{\mathrm{A}}/\sqrt{2} \tag{2-8}$$

由于人耳感觉到的以及声学仪器测量到的声压都是有效声压，在实际运用和以后章节中若没有另加说明，声压 p 即指有效声压，并省去脚注“e”。

声压与声强有着密切的关系。在自由声场中，某处的声强与该处声压平方成正比，而与媒质密度与声速的乘积成反比，即：

$$I = \frac{p^2}{\rho_0 c} \tag{2-9}$$

式中，p —— 有效声压，N/m^2；

ρ_0 —— 空气密度，kg/m^3；

c —— 空气中的声速，m/s。

5. **声能密度和声阻抗率**

声波的波动现象是媒质质点在平衡位置振动，同时在媒质中产生压缩和膨胀的过程。媒质质点的振动具有动能，媒质的形变具有弹性位能，这两种能量之和就是声能，是媒质所获得的总能量。若静态时，媒质体积为 V_0，具有的质量为 m_0，则 $m_0=V_0\rho_0$；当有声波扰动时，媒质产生压缩和膨胀过程，但质量保持一定，因此质量总为 m_0，在任一时刻的动能 E_k 为：

$$E_k = \frac{1}{2}\rho_0 V_0 u^2 \tag{2-10}$$

式（2-10）中 u 为质点振动速度，声波沿 x 正方向传播时其值为：

$$u = \frac{p_A}{\rho_0 c}\cos(\omega t - kx) = u_A \cos(\omega t - kx) \tag{2-11}$$

质点振动速度与声速不同，在声场中质点是以速度 u 在振动，这种振动过程是以速度 c 传播出去的。

将式（2-11）代入式（2-10）得：

$$E_k = \frac{1}{2}\rho_0 V_0 u_A{}^2 \cos^2(\omega t - kx) \tag{2-12}$$

由式（2-12）看出，E_k 按余弦函数平方的规律变化，如果在一个周期内按时间进行平均，并进行整理可得质点的平均动能为：

$$\overline{E_k} = \frac{p^2}{2\rho_0 c^2} V_0 \tag{2-13}$$

媒质任一时刻的弹性位能 E_p 等于声压由零增加到 p 时，体积被相应地压缩-dV 所做的功，即：

$$E_p = \int_0^p p(-\mathrm{d}V) = -\int_0^p p\mathrm{d}V \tag{2-14}$$

因为声扰动时，媒质体积在压缩和膨胀过程中质量保持一定，因此可得：

$$\mathrm{d}V = -\left(V_0/\rho_0 c^2\right)\mathrm{d}p \tag{2-15}$$

将式（2-15）代入式（2-14）进行积分，在一个周期内按时间进行平均并整理可得质点的平均弹性位能为：

$$\bar{E}_p = \frac{p^2}{2\rho_0 c^2} V_0 \tag{2-16}$$

平均声能密度 $\overline{D}$ 为单位体积媒质具有的平均动能和平均弹性位能之和，则有：

$$\overline{D} = \frac{\bar{E}_p + \bar{E}_\mathrm{k}}{V_0} = \frac{p^2}{\rho_0 c^2} \tag{2-17}$$

声阻抗率（Z_s）也称为声特性阻抗，定义为：

$$Z_\mathrm{s} = p/u \tag{2-18}$$

将式（2-6）和式（2-11）代入式（2-18），整理得：

$$Z_\mathrm{s} = \rho_0 c \tag{2-19}$$

声阻抗率的单位是 Pa·s/m，声阻抗率与声波频率等无关，只与媒质密度和声速有关，是媒质固有的一个常数。

三、声波的频谱特性

1. 频程

可听声频率为 20 Hz～20 kHz，为研究和实用上的需要，在声学学科中，把宽广的声频范围划分成若干个小区间，称其为频程，也称为频带或频段。

实测表明，两个不同频率的声音作相对比较时，有决定意义的是两个频率的比值，而不是其差值。如音乐中低音 6 的基音频率是 220 Hz，中音 6 是 440 Hz，高音 6 是 880 Hz，给人的感觉是中音 6 的音调较低音 6 提高 1 倍，高音 6 又较中音 6 提高 1 倍，称中音 6 和低音 6 相差 1 倍频程，高音 6 和低音 6 相差 2 倍频程。

由此可以看出，当某一频程的下限频率用 f_1 表示，上限频率用 f_2 表示时，彼此之间有如下关系：

$$f_2/f_1 = 2^n \tag{2-20}$$

式中，n 为倍频程数，当 n=1 时，称为 1 倍频程，简称倍频程；当 n=1/3 时，称为 1/3 倍频程。

由此可以看出，按倍频程均匀划分频率区间，相当于对频率按对数关系加以标度。由 f_1 到 f_2 称为一个频程，每频程用一个中心频率 f_0 表示，f_0 为各倍频程上、下限频率的几何平均值，即：

$$f_0 = \sqrt{f_1 f_2} \tag{2-21}$$

联解式（2-20）和式（2-21）可得：

$$f_1 = f_0 \Big/ \sqrt{2^n} \tag{2-22}$$

$$f_2 = \sqrt{2^n}\, f_0 \tag{2-23}$$

若定义$\Delta f = f_2 - f_1$为绝对频程宽度，则：

$$\Delta f = \left(\sqrt{2^n} - \frac{1}{\sqrt{2^n}}\right) f_0 \tag{2-24}$$

1 倍频程和 1/3 倍频程的上、下限频率和中心频率数值列于表 2-1。

表 2-1　1 倍频程和 1/3 倍频程的上、下限频率和中心频率数值　　单位：Hz

1 倍频程			1/3 倍频程		
下限频率	中心频率	上限频率	下限频率	中心频率	上限频率
11	16	22	14.1	16	17.8
			17.8	20	22.4
			22.4	25	28.2
22	31.5	44	28.2	31.5	35.5
			35.5	40	44.7
			44.7	50	56.2
44	63	88	56.2	63	70.8
			70.8	80	89.1
			89.1	100	112
88	125	177	112	125	141
			141	160	178
			178	200	224
177	250	355	224	250	282
			282	315	355
			355	400	447
355	500	710	447	500	562
			562	630	708
			708	800	891
710	1 000	1 420	891	1 000	1 122
			1 122	1 250	1 413
			1 413	1 600	1 778

1 倍频程			1/3 倍频程		
下限频率	中心频率	上限频率	下限频率	中心频率	上限频率
1 420	2 000	2 840	1 778	2 000	2 239
			2 239	2 500	2 818
			2 818	3 150	3 548
2 840	4 000	5 680	3 548	4 000	4 467
			4 467	5 000	5 623
			5 623	6 300	7 079
5 680	8 000	11 360	7 079	8 000	8 913
			8 913	10 000	12 200
			12 200	12 600	14 130
11 360	16 000	22 720	14 130	16 000	17 780
			17 780	20 000	22 390
			22 390	25 000	28 200

2. 频谱与频谱分析

频谱是用来描述不同频率声音的声压级随频率的分布规律的。如果用横坐标表示频率，纵坐标表示声压级，可以将不同频率成分的强度绘成图形，该图形称为频谱图。频谱图的形状大体上可分为三种，如图 2-6 所示。

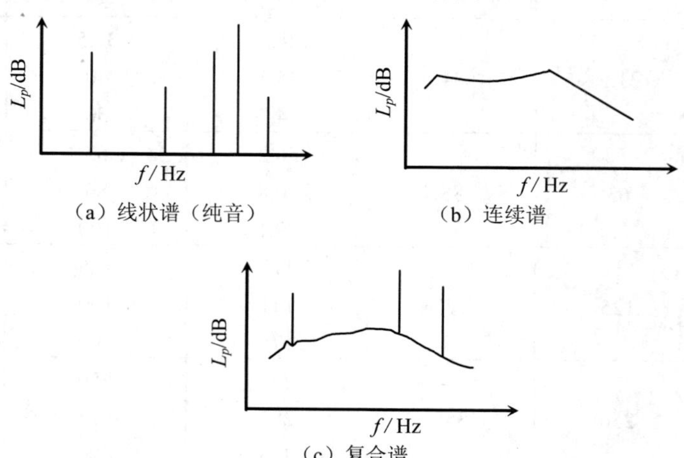

（a）线状谱（纯音）　（b）连续谱　（c）复合谱

图 2-6　几种典型的声音频谱图

线状谱是由一些离散频率成分形成的谱，在频谱图上是一系列竖直线段[图 2-6（a）]，一些乐器发出的声音属于线状谱；连续谱是一定频率范围内含有连续频率成分的谱，在频谱图上是一条连续曲线[图 2-6（b）]，大部分噪声属于连续谱；复合谱是连续频率成分和离散频率成分组成的谱[图 2-6（c）]，有调噪声属于复合谱。

在噪声控制中，对连续谱的噪声，一般是用 1 倍频程或 1/3 倍频程中心频率为横坐标，声压级为纵坐标，绘制出折线来表示噪声的频谱。如 FBCDZ-8-No. 26 型煤矿地面用防爆抽出式对旋轴流通风机，额定风量 5 540～11 800 m^3/min，风压 850～4 300 Pa，在距风机表面 1 m 远处测得的噪声声压级如表 2-2 所示，绘制的频谱图如图 2-7 所示。

表 2-2　FBCDZ-8-No. 26 型轴流通风机 1 倍频程声压级

中心频率/Hz	63	125	250	500	1 000	2 000	4 000	8 000
声压级/dB	82.7	87.5	97.1	93.3	85.3	77.4	72.7	66.9

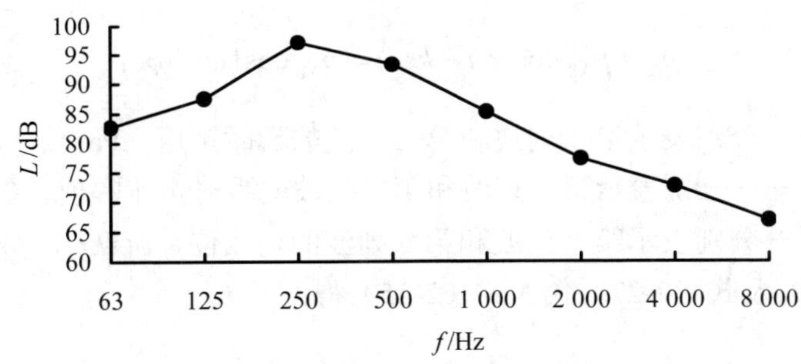

图 2-7　风机噪声频谱分析图

对于机械设备噪声的控制，必须测量噪声各中心频率的声压级，并做出频谱图。由噪声频谱图能清晰地表示出一定频率范围内声压级的分布情况，例如，从图 2-7 中就可清楚地看出中心频率为 250 Hz 的成分噪声辐射最强，是突出频率成分，在噪声控制中就可以有针对性地加以控制。

从噪声频谱中，分析了解噪声的成分和性质，称为频谱分析。频谱分析时，通常要了解突出频率成分（峰值噪声）在低频、中频还是高频范围，为噪声控制提供依据。

四、声波的叠加

一个噪声源发出的噪声通常包含许多不同的频率成分。同时，由于噪声的多发性决定了许多不同的噪声源都会发出各自的声波。这些声波在空间相遇时遵循波的叠加原理，即多列波合成声场的瞬时声压等于每列波瞬时声压之和，可用下式表示：

$$p_t = p_1 + p_2 + p_3 + \cdots + p_n = \sum_{i=1}^{n} p_i \tag{2-25}$$

式中，p_t—— 合成声场的瞬时声压，Pa；

p_i—— 第 i 列波的瞬时声压，Pa。

1. 相干波

现以频率相同的两列波的合成为例进行讨论。设声场中某点至两声源的距离为 x_1，x_2，两列波的瞬时声压分别为：

$$p_1 = p_{A1}\cos(\omega t - kx_1) = p_{A2}\cos(\omega t - \phi_1) \tag{2-26}$$

$$p_2 = p_{A2}\cos(\omega t - kx_2) = p_{A2}\cos(\omega t - \phi_2) \tag{2-27}$$

式中，p_1，p_2—— 分别表示第一列波和第二列波的瞬时声压，Pa；

p_{A1}，p_{A2}—— 分别表示第一列波和第二列波的瞬时声压幅值，Pa；

ϕ_1，ϕ_2—— 分别表示第一列波和第二列波的初相位，$\phi_1=kx_1$，$\phi_2=kx_2$。

将式（2-26）及式（2-27）代入式（2-25）得：

$$p_t = p_1 + p_2 = p_{A1}\cos(\omega t - \phi_1) + p_{A2}\cos(\omega t - \phi_2) = p_{At}\cos(\omega t - \phi_0) \tag{2-28}$$

式中
$$p_t^2 = p_{A1}^2 + p_{A2}^2 + 2p_{A1}p_{A2}\cos(\phi_2 - \phi_1) \tag{2-29}$$

$$\phi_0 = \mathrm{tg}^{-1}\frac{p_{A1}\sin\phi_1 + p_{A2}\sin\phi_2}{p_{A1}\cos\phi_1 + p_{A2}\cos\phi_2} \tag{2-30}$$

这两列频率相同的波的相位差$\Delta\phi$为：

$$\Delta\phi = (\omega t - \phi_1) - (\omega t - \phi_2) = \phi_2 - \phi_1 = 2\pi(x_2 - x_1)/\lambda \tag{2-31}$$

由式（2-31）可看出，$\Delta\phi$与时间无关，而声场中某固定点的 x_1、x_2 为定值，则$\Delta\phi$为定值。这种具有相同频率和固定相位差的声波称为相干波。相干波在合成声场中的声能密度可由式（2-29）除以 $2\rho_0c^2$ 导出，即：

$$\frac{p_t^{\ 2}}{2\rho_0c^2} = \frac{p_{A1}^{\ 2}}{2\rho_0c^2} + \frac{p_{A2}^{\ 2}}{2\rho_0c^2} + \frac{p_{A1}p_{A2}}{2\rho_0c^2}\cos(\phi_2 - \phi_1) \tag{2-32}$$

运用有效声压与声压幅值关系式 $p = p_A/\sqrt{2}$ 可将上式改写为：

$$\frac{p_t^2}{\rho_0 c^2}=\frac{p_1^{\ 2}}{\rho_0 c^2}+\frac{p_2^{\ 2}}{\rho_0 c^2}+\frac{p_1 p_2}{\rho_0 c^2}\cos\left(\phi_2-\phi_1\right)$$

因为声能密度 $D=p_{\mathrm{e}}^2\big/\rho_0 c^2$ ，因此可得：

$$\overline{D_t}=\overline{D_1}+\overline{D_2}+\frac{p_{\mathrm{A}1}p_{\mathrm{A}2}}{\rho_0 c^2}\cos\left(\phi_2-\phi_1\right) \tag{2-33}$$

式（2-33）说明，两列频率相同、相位差固定的声波，在合成声场中任一位置的平均声能密度等于两列波平均能量之和，加上增量 $\frac{p_{\mathrm{A}1}p_{\mathrm{A}2}}{\rho_0 c^2}\cos\left(\phi_2-\phi_1\right)$，此项与两列波相遇时的相位差有关。

当 $\phi_2-\phi_1=0$，$\pm 2\pi$，$\pm 4\pi$，…时，即在声场中任一点上，两列波均以相同相位到达时，其合成声压为：

$$p_t=p_{\mathrm{A}1}+p_{\mathrm{A}2} \tag{2-34}$$

$$\overline{D_t}=\overline{D_1}+\overline{D_2}+\frac{p_{\mathrm{A}1}p_{\mathrm{A}2}}{\rho_0 c^2} \tag{2-35}$$

式（2-34）及式（2-35）表明，在 $\Delta\phi=\pm 2n\pi$（$n=0$，1，2，3，…）的位置上，声波加强，合成声压幅值为两列波幅值之和；平均声能密度为两列声波平均声能密度之和再加一项增量 $\frac{p_{\mathrm{A}1}p_{\mathrm{A}2}}{\rho_0 c^2}$。

当 $\Delta\phi=\phi_2-\phi_1=\pm\pi$，$\pm 3\pi$，…时，即两列声波始终以相反相位到达，则：

$$p_t=\left|p_{\mathrm{A}1}-p_{\mathrm{A}2}\right| \tag{2-36}$$

$$\overline{D_t}=\overline{D_1}+\overline{D_2}-\frac{p_{\mathrm{A}1}p_{\mathrm{A}2}}{\rho_0 c^2} \tag{2-37}$$

式（2-36）及式（2-37）表明两列波在 $\Delta\phi=\pm\left(2n+1\right)\pi$（$n$=0，1，2，3，…）的位置上，合成声压幅值为两列波幅值之差；平均声能密度为两列声波平均声能密度之和减去 $\frac{p_{\mathrm{A}1}p_{\mathrm{A}2}}{\rho_0 c^2}$。

从上述两种情况的讨论可以看出，两列相干波在空间某些地方振动始终加强，而在另一地方振动始终减弱，这种现象称为干涉现象。通常只有在发出纯音时，才有可能出现干涉现象。若两相干波在同一直线上沿相反的方向行进，当其相遇时叠加形成的合成波称为驻波，驻波是干涉现象的特例。若 $p_{\mathrm{A}1}$=$p_{\mathrm{A}2}$，则驻波现象最明显，此时合成声压幅值有一个极大值和一个极小值，前者称为波腹，后者称为波节。声波的干涉如图 2-8 所示。

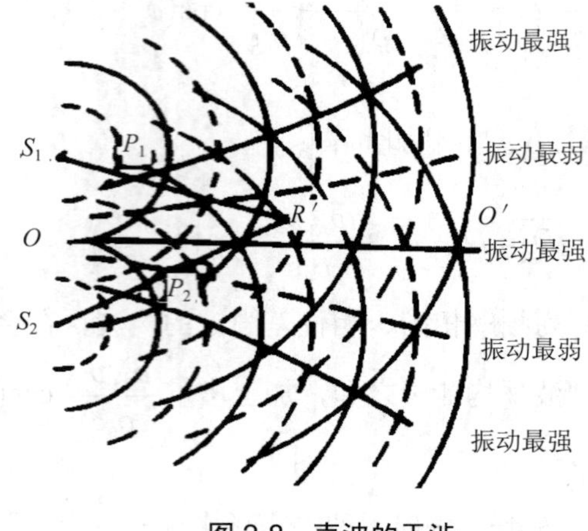

图 2-8　声波的干涉

2. 不相干波

下面进一步讨论具有相同频率，相位差不固定的两列波的声能密度合成。按声波的叠加原理，得到形式上与式（2-28）、式（2-29）、式（2-30）和式（2-32）相同的公式，但相位差$\Delta\phi$随时间做无规变化。对式（2-33）的$\cos(\phi_2-\phi_1)$取足够长时间的平均值，可得到合成声场的平均声能密度$\overline{D_t}=\overline{D_1}+\overline{D_2}+\dfrac{p_{A1}p_{A2}}{\rho_0 c^2}\overline{\cos(\phi_2-\phi_1)}$，当所取的平均时间足够长，则$\overline{\cos(\phi_2-\phi_1)}\propto 0$，则有：

$$\overline{D_t}=\overline{D_1}+\overline{D_2} \tag{2-38}$$

式（2-38）表明，具有相同频率，而相位差无规变化的声波，叠加后的平均声能密度等于每列声波平均声能密度之和，这说明两列波不发生干涉，称这两列波为不相干波。

对于具有不同频率，而有固定相位差的两列波，以及具有不同频率，且有无规变化相位差的两列波，运用上述方法，同样可得到$\overline{D_t}=\overline{D_1}+\overline{D_2}$。因此，这两种情况的声波也不发生干涉，也称其为不相干波。

由两列不相干波可以推广到 n 列不相干波，此时：

$$\overline{D_t}=\overline{D_1}+\overline{D_2}+\overline{D_3}+\cdots+\overline{D_n} \tag{2-39}$$

运用声能计算公式，可以得到合成噪声的总声压与各列波声压的关系式为：

$$p_t^{\ 2} = p_1^{\ 2} + p_2^{\ 2} + p_3^{\ 2} + \cdots + p_n^{\ 2} = \sum_{i=1}^{n} p_i^{\ 2} \qquad (2\text{-}40)$$

式中，p_t —— 合成声场的有效声压，Pa；

p_i —— 第 i 列波的有效声压，Pa。

一般由几个噪声源发出的声波或同一噪声源发出的不同频率成分的波都互不干涉，合成噪声的总声压均可用式（2-40）计算。

第二节　级的概念与分贝的计算

现实生活中的声音强弱差异非常大，如人通常讲话声功率大约为 10^{-5}W，火箭噪声的声功率可高达 10^9W，两者相差 14 个数量级，如果用声压来表示也有 6 个数量级的变化。这样表示声波的强弱很不方便，也没有必要。因此，一般采用对数标度衡量声压、声强和声功率的强弱，相应称为声压级、声强级和声功率级。

一、级的定义

1. 声压级

声压级定义是：

$$L_p = 20\lg\frac{p}{p_0} \qquad (2\text{-}41)$$

式中，L_p —— 声压级，dB；

p —— 有效声压，Pa；

p_0 —— 基准声压，Pa，$p_0=2\times10^{-5}$ Pa。

基准声压所取数值是正常人耳对 1 000 Hz 声音能够觉察到的最低声压，即 1 000 Hz 声音的可听阈。人耳的听阈范围是从可听阈的 2×10^{-5} Pa 到痛阈的 20 Pa，二者相差 6 个数量级，用声压和声强的绝对值衡量声音的强弱很不方便，因此引入级的概念。级在声学中的单位为分贝，用符号 dB 表示。用声压级来表示听阈则在 0～120 dB，一般人耳对于声音强弱的分辨能力约为 0.5 dB。可见声压级使声音的量度大大简化。

2. 声强级

声强级的单位也是分贝（dB），定义为：

$$L_I = 10\lg\frac{I}{I_0} \tag{2-42}$$

式中，L_I —— 声强级，dB；

I —— 声强，W/m^2；

I_0 —— 基准声强，W/m^2，I_0=10^{-12} W/m^2。

3. **声功率级**

声功率级的单位也是分贝（dB），定义为：

$$L_W = 10\lg\frac{W}{W_0} \tag{2-43}$$

式中，L_W —— 声功率级，dB；

W —— 声功率，W；

W_0 —— 基准声功率，W，W_0=10^{-12}W。

4. **声压级、声强级和声功率级的关系**

声强级与声压级间存在一定的关系。在自由声场中，由式（2-9）和式（2-42）可得：

$$L_I = 10\lg\frac{I}{I_0} = 10\lg\left(\frac{p^2}{p_0^2}\times\frac{p_0^2}{I_0\rho_0 c}\right) = L_p + 10\lg\frac{p_0^2}{I_0\rho_0 c} = L_p + b \tag{2-44}$$

设式中修正值 $b = 10\lg\frac{p_0^2}{I_0\rho_0 c}$，$b$ 与媒质的声特性阻抗有关，因此与空气的温度、压强有关，即：

$$b = 10\lg\frac{p_0^2}{I_0\rho_0 c} = -10\lg\left(\sqrt{\frac{293}{273+t}}\times\frac{p}{100}\right) \tag{2-45}$$

式中，p —— 大气压，kPa；

t —— 气温，℃，当 t=20℃时，不同海拔高度的 b 值见表 2-3。

表 2-3　20℃时不同海拔高度的 b 值

海拔高度/m	100	500	1 000	1 500	2 000	2 500	3 000
大气压强/kPa	100	95.4	89.8	84.5	79.5	74.7	70.1
b/dB	0	0.2	0.5	0.7	1.0	1.2	1.5

从表 2-3 可以看出，在海拔 500 m 的地区，b=0.2 dB，所以低海拔地区 b 的修正值可以忽略不计，声压级和声强级在数值上近似相等；2008 年颁布实施的噪声标准中，规定测量前后校准值不允许超过 0.5 dB，因此，在高原地区，$b>0.5$ dB，声压级与声强级的差别计算时应加以考虑。

在自由声场中，对于均匀辐射的声源有 $W=IS$，代入式（2-43）中可得：

$$L_W = 10\lg\frac{I}{I_0} + 10\lg\frac{S}{S_0} \tag{2-46}$$

式中，S—— 垂直于声波传播方向的封闭面积，m^2；

S_0—— 基准声功率对应的基准面积，m^2。

一般取 S_0=1 m^2，代入式（2-46）可得声功率级与声强级的关系式：

$$L_W = L_I + 10\lg S \tag{2-47}$$

对于自由声场中的球面波有 $S=4\pi r^2$，代入式（2-47）可得：

$$L_W = L_I + 10\lg 4\pi r^2 = L_I + 20\lg r + 11 \tag{2-48}$$

将式（2-44）代入式（2-48）可得声功率级与声压级的关系式：

$$L_W = L_I + 10\lg 4\pi r^2 = L_P + 20\lg r + 11 + b \tag{2-49}$$

二、分贝的计算

1. 分贝的加法

在有几个噪声源的情况下，通常要计算声场中某点的总声压级，有时还需要计算一个噪声源发出各种频率声波的总声压级、总声强级和总声功率级。上述这些计算都离不开分贝的相加。一般情况，噪声是由不同频率、无固定相位差的声波组成，因此不发生干涉现象，也就是说，噪声一般属于不相干波。分贝相加，可运用不相干波的公式计算，即：

$$p_t^2 = p_1^2 + p_2^2 + p_3^2 + \cdots + p_n^2 = \sum_{i=1}^{n} p_i^2 \tag{2-50}$$

按声压级的定义并经过对数计算，有 $p = p_0 \times 10^{L_p/20}$，将其代入式（2-50）得：

$$10^{L_{pt}/10} = 10^{L_{p1}/10} + 10^{L_{p2}/10} + 10^{L_{p3}/10} + \cdots + 10^{L_{pn}/10} \tag{2-51}$$

等式两边取对数，并经整理得：

$$L_{pt}=10\lg\sum_{i=1}^{n}10^{0.1L_{pi}} \tag{2-52}$$

若 $L_{p1}=L_{p2}=L_{p3}=\cdots=L_{pn}=L_p$，则：

$$L_{pt}=L_p+10\lg n \tag{2-53}$$

式中，L_{pt} —— 总声压级，dB；

L_{pi} —— 某点各声源产生的声压级或一个声源某频率下的声压级，dB；

n —— 声压级的总个数。

【例题 2-1】在某测点处测得噪声源的频带声压级如下表所示，试计算测点处总声压级是多少分贝？

中心频率/Hz	63	125	250	500	1 000	2 000	4 000	8 000
声压级/dB	84	87	90	95	96	91	85	80

解：由式（2-52）可得：

$$L_{pt}=10\lg\left(10^{8.4}+10^{8.7}+10^{9.0}+10^{9.5}+10^{9.6}+10^{9.1}+10^{8.5}+10^{8.0}\right)=100.2\ \text{dB}$$

【例题 2-2】两台机器在某测点处测得的声压级均为 87 dB，问总声压级是多少分贝？

解：由式（2-53）可得：

$$L_{pt}=L_p+10\lg n=87+10\lg 2=90\ \text{dB}$$

当已知两个声压级的差值时，分贝加法可利用图表进行计算。设两声压级分别为 L_{p1}、L_{p2}，且 $L_{p1}>L_{p2}$，并设 $L_{p1}-L_{p2}=\Delta L_p$，则：

$$L_{p2}=L_{p1}-\Delta L_p \tag{2-54}$$

由式（2-52）可得：

$$L_{pt}=10\lg\left[10^{0.1L_{p1}}+10^{0.1\left(L_{p1}-\Delta L_p\right)}\right]=L_{p1}+10\lg\left(1+10^{-0.1\Delta L_p}\right) \tag{2-55}$$

设

$$\Delta L_p'=10\lg\left(1+10^{-0.1\Delta L_p}\right)=10\lg\left[1+10^{-0.1\left(L_{p1}-L_{p2}\right)}\right] \tag{2-56}$$

称 $\Delta L_p'=10\lg\left[1+10^{-0.1\left(L_{p1}-L_{p2}\right)}\right]$ 为分贝的附加值，则有：

$$L_{pt} = L_{p1} + \Delta L_p{}' \tag{2-57}$$

从式（2-57）可以看出，$\Delta L_p{}'$仅是已知量 $L_{p1}-L_{p2}$ 的函数，设一系列 L_{p1}、L_{p2} 的差值，可以得到一系列相应的$\Delta L_p{}'$值，画成分贝相加曲线，如图 2-9 所示，或做出表 2-4，就可以从两个声压级的差值的$\Delta L_p{}'$求出合成后的总声压级。

用图或表计算分贝和的步骤是：

（1）将要相加的分贝值从大到小排列，按从大到小的顺序依次进行计算。

（2）用第 1 个分贝值减第 2 个分贝值得ΔL_p。

（3）由ΔL_p查图 2-9 或表 2-4 得$\Delta L_p{}'$，然后按式（2-57）计算出第 1、第 2 个分贝值的和。

（4）用第 1、第 2 个分贝值的和再与第 3 个分贝值相加，依次加下去，直到两分贝之差大于 10 dB，可停止相加，此时得到的分贝和即为所求。

表 2-4　分贝和的附加值

ΔL_p	0	1	2	3	4	5	6	7	8	9	10
$\Delta L_p{}'$	3.0	2.5	2.1	1.8	1.5	1.2	1.0	0.8	0.6	0.5	0.4

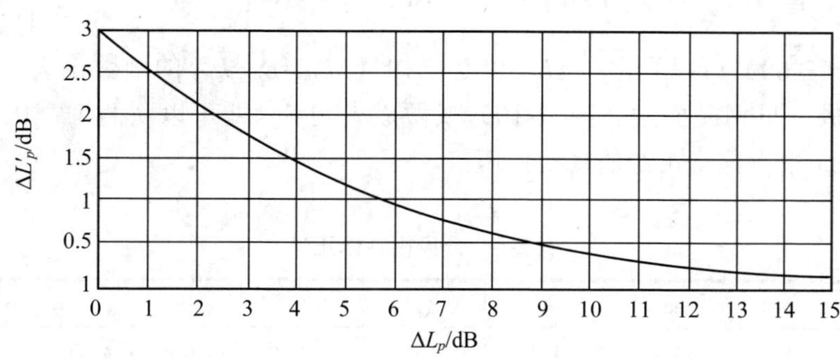

图 2-9　分贝相加曲线

【例题 2-3】用分贝相加曲线计算例题 2-1 的总声压级。

解：先将频带声压级从大到小排列，再进行计算。

单位：dB

L_{pi}	96	95	91	90	87	85	84	80
ΔL_p	1	7.5	9.2	12.7	14.9	16	—	
$\Delta L_p{}'$	2.5	0.7	0.5	0.2	0.1	—	—	
L_{pt}	98.5	99.2	99.7	99.9	100	—	—	

可得总声压级为 100 dB，与利用式（2-52）计算所得结果非常接近。

2. 分贝的减法

在噪声测量过程中，经常会受到外界噪声的干扰，一般将除去待测噪声以外的其他声音总称为背景噪声，也称为本底噪声。扣除背景噪声是获得真正声源引起噪声值的必要步骤。

如果在有背景噪声存在的情况下测得某噪声源的声压级为 L_{pt}，声源停止发声后测得背景噪声的声压级为 L_{pb}，则该噪源的真实声压级 L_{ps} 可以通过级的相减得到。由式（2-52）可以得到被测声源的声压级为：

$$L_{ps}=10\lg\left(10^{0.1L_{pt}}-10^{0.1L_{pb}}\right) \tag{2-58}$$

除可以用上式来计算分贝的减法外，也可以利用图或表进行计算。设总声压级 L_{pt} 与声源实际声压级 L_{ps} 的差值为：

$$\Delta L_{ps}=L_{pt}-L_{ps} \tag{2-59}$$

将式（2-58）代入式（2-59）得：

$$\Delta L_{ps}=L_{pt}-10\lg\left(10^{0.1L_{pt}}-10^{0.1L_{pb}}\right)=-10\lg\left[1-10^{-0.1\left(L_{pt}-L_{pb}\right)}\right] \tag{2-60}$$

由式（2-60）可以看出，ΔL_{ps} 仅是已知量$\Delta L_{pb}=L_{pt}-L_{pb}$ 的函数，设一系列ΔL_{pb} 值，绘制成分贝相减曲线（图 2-10）或做成表 2-5，即可以从两个声压级的差值$\Delta L_{pb}=L_{pt}-L_{pb}$ 求得该噪声源的真实声压级。

表 2-5　分贝相减修正值

ΔL_{pb}	3	4	5	6	7	8	9	10
ΔL_{ps}	3	2.3	1.7	1.3	1	0.8	0.6	0.45

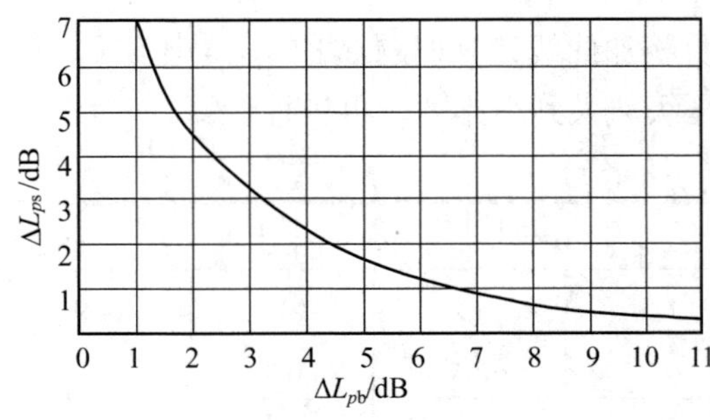

图 2-10　分贝相减曲线

【例题 2-4】在某点测得机器运转时声压级为 90 dB，当机器停止时声压级为 86 dB，求机器真实的声压级。

解：由题意可知，L_{pb}=86 dB，L_{pt}=90 dB，则$\Delta L_{pb}=L_{pt}-L_{pb}$ =4 dB

查图 2-10 或表 2-5 得ΔL_{ps}=2.3 dB，则 L_{ps}=90−2.3=87.7 dB

3. 分贝的平均

在计算指向性指数时，需要计算平均声压级；对于一点多次测量的结果，也需要计算平均声压级，这就涉及分贝平均的计算问题。分贝的平均是以分贝和的公式为基础来进行计算的，计算公式如下：

$$\overline{L}_p = 10\lg\left(\frac{1}{n}\sum_{i=1}^{n}10^{0.1L_{pi}}\right) \tag{2-61}$$

式中，$\overline{L}_p$ —— 几个声压级的平均值，dB；

L_{pi} —— 第 i 个声压级，dB。

【例题 2-5】某声源测量得到的声压级值为 100 dB、98 dB、95 dB 和 97 dB，试求其平均声压级。

解：按式（2-61）进行计算：

$$\overline{L}_p = 10\lg\left[\frac{1}{4}\left(10^{10}+10^{9.8}+10^{9.5}+10^{9.7}\right)\right] = 90+7.9 = 97.9\ \ \text{dB}$$

如果待平均的各分贝值中，$L_{max}-L_{min}$≤10 dB，在实际运算中常采用近似计算方法。当 $L_{max}-L_{min}$≤5 dB 时，可用算术平均值作近似计算，即：

$$\overline{L}_p = \frac{1}{n}\sum_{i=1}^{n}L_{pi} \tag{2-62}$$

当 5 dB＜$L_{max}-L_{min}$≤10 dB 时，可用下式计算：

$$\overline{L}_p = \left(\frac{1}{n}\sum_{i=1}^{n}L_{pi}\right)+1 \tag{2-63}$$

【例题 2-6】运用例题 2-5 的数据，采用近似计算法，计算声压级平均值。

解：因为 $L_{max}-L_{min}$=100−95=5 dB，可按式（2-62）计算：

$$\overline{L}_p = \frac{1}{4}(100+98+95+97) = 97.5\ \ \text{dB}$$

上述结果与例题 2-5 计算结果相差甚微。

本节内容以声压级推导出分贝的计算公式，因推导时是以能量叠加原理为基础，并且所得公式又与基准的选择无关，故本节所列的分贝加法、分贝减法及分贝平均的计算公式、图和表，均可适用于声强级和声功率级的计算。

第三节　声波的传播特性

一、声波传播的一般规律

（一）声源的指向性

理想点声源在均匀媒质中辐射声波的声压、声强等量在各个方向上都是相同的，声源不具有指向性。一般声源实际上可以看作是许多点声源的叠加，该声源辐射声波在各个方向上可能是不同的，这种声源被称为指向性声源，它们的波阵面不是以声源为圆心的球面，而是复杂的曲面。

声源的指向性对声波的传播特性有影响，缺乏声源指向性数据就无法准确预测声波实际传播情况。声源的指向性和声源的尺寸、形状以及发声机理有关，需要通过实际测试才能清楚。声源的指向性还与频率有关，声波的频率越高，声源的指向性越强。

声源的指向性常用指向性因数和指向性指数来表示。声源的指向性因数是指声场中某点的声强，与同一声功率声源在相同距离同心球辐射面上的平均声强之比，记为Q，由定义可知指向性因数与声强、声压的关系如下：

$$Q=\frac{I_\theta}{\overline{I}}=\frac{p_\theta^2}{\overline{p}^2} \tag{2-64}$$

式中，I_θ，p_θ—— 分别表示θ方向上距离声源r m处的声强（W/m^2）和声压（Pa）；

$\overline{I}, \overline{p}$ —— 半径为r的同心球面上的平均声强（W/m^2）和平均声压（Pa）。

指向性指数DI等于指向性因数以10为底的对数乘以10，即：

$$DI=10\lg Q=10\lg\frac{I_\theta}{\overline{I}}=10\lg\frac{p_\theta^2}{\overline{p}^2} \tag{2-65}$$

对于无声源指向性声源，$Q=1$，$DI=0$。

（二）声波的反射、折射和透射

声波在传播途中会遇到障碍物，一部分声波会在界面上反射和折射，一部分声波则透到第二种媒质中去。点声源辐射球面波，在两种媒质分界面上反射和折射的有关公式，推导起来比较复杂，本节仅讨论平面波的反射和折射。

1. 垂直入射声波的反射和透射

设媒质 I 的特性阻抗为 $\rho_1 c_1$，媒质 II 的特性阻抗为 $\rho_2 c_2$ 。入射声波 p_i 垂直入射到媒质 I 和媒质 II 的分界面（ $x=0$ ）时（图 2-11），由于分界面是无限薄的，因此在分界面两边的声压是连续相等的，即：

$$p_1 = p_2 \tag{2-66}$$

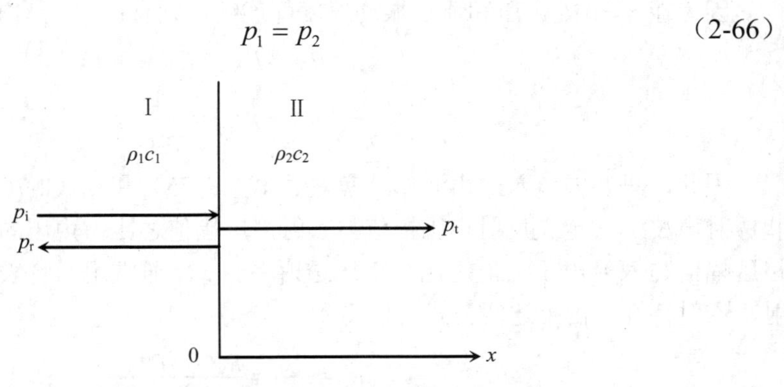

图 2-11　平面声波的反射和透射

又因为两种媒质在分界面处保持恒定接触，因此界面两边媒质质点的法向质点振动速度是连续相等的，即：

$$u_1 = u_2 \tag{2-67}$$

将在媒质 I 中沿正 x 方向传播的入射平面波表示为：

$$p_i = p_{Ai}\cos(\omega t - k_1 x) \tag{2-68}$$

当 p_i 入射到 $x=0$ 处的分界面时，在媒质 I 中产生负 x 方向传播的反射声波 p_r，在媒质 II 中产生沿正 x 方向传播的透射声波 p_t，分别表示为：

$$p_r = p_{Ar}\cos(\omega t + k_1 x) \tag{2-69}$$

$$p_t = p_{At}\cos(\omega t - k_2 x) \tag{2-70}$$

其中在媒质 I 中的声压：

$$p_1 = p_i + p_r = p_{Ai}\cos(\omega t - k_1 x) + p_{Ar}\cos(\omega t + k_1 x) \tag{2-71}$$

在媒质 II 中只有透射声波，则：

$$p_2 = p_t = p_{At}\cos(\omega t - k_2 x) \tag{2-72}$$

质点的振动速度相应为：

$$u_1 = u_i + u_r = \frac{p_{Ai}}{\rho_1 c_1}\cos(\omega t - k_1 x) - \frac{p_{Ar}}{\rho_1 c_1}(\omega t + k_1 x) \tag{2-73}$$

$$u_2 = u_t = \frac{p_{At}}{\rho_2 c_2}\cos(\omega t - k_2 x) \tag{2-74}$$

因为在 $x=0$ 处声压和质点振动速度都连续，则有：

$$p_{Ai} + p_{Ar} = p_{At} \tag{2-75}$$

$$\frac{1}{\rho_1 c_1}(p_{Ai} - p_{Ar}) = \frac{1}{\rho_2 c_2} p_{At} \tag{2-76}$$

因此，只要知道入射声波 p_i，就能由式（2-75）和式（2-76）求出反射声波 p_r 和透射声波 p_t。定义反射声压幅值与入射声压幅值之比为声压的反射系数 r_p；透射声压幅值与入射声压幅值之比为声压透射系数τ_p。通常用两者表示界面处的声波反射、透射特性。由上述两公式可以得到：

$$r_p = \frac{p_{Ar}}{p_{Ai}} = \frac{\rho_2 c_2 - \rho_1 c_1}{\rho_2 c_2 + \rho_1 c_1} \tag{2-77}$$

$$\tau_p = \frac{p_{At}}{p_{Ai}} = \frac{2\rho_2 c_2}{\rho_1 c_1 + \rho_2 c_2} \tag{2-78}$$

同样可定义反射声强与入射声强之比为声强的反射系数 r_I；透射声强与入射声强之比为透射系数τ_I，其值为：

$$r_I = \frac{p_r^{\ 2}/\rho_1 c_1}{p_i^{\ 2}/\rho_1 c_1} = \frac{p_{Ar}^{\ 2}}{p_{Ai}^{\ 2}} = r_p^{\ 2} = \frac{(\rho_2 c_2 - \rho_1 c_1)^2}{(\rho_2 c_2 + \rho_1 c_1)^2} \tag{2-79}$$

$$\tau_I = \frac{I_t}{I_i} = \frac{p_t^{\ 2}/\rho_2 c_2}{p_i^{\ 2}/\rho_1 c_1} = \frac{p_{Ar}^{\ 2}}{p_{Ai}^{\ 2}} \times \frac{\rho_1 c_1}{\rho_2 c_2} = \tau_p^{\ 2} \times \frac{\rho_1 c_1}{\rho_2 c_2} = \frac{4\rho_2 c_2 \rho_1 c_1}{(\rho_2 c_2 + \rho_1 c_1)^2} \tag{2-80}$$

将式（2-79）与式（2-80）相加得：

$$r_I + \tau_I = 1 \tag{2-81}$$

符合能量守恒定律。

当 $\rho_1 c_1 = \rho_2 c_2$ 时，$r_p = 0$、$\tau_p = 1$、$r_I = 0$、$\tau_I = 1$，说明声波没有反射，而是全部透射。可以看出，两种不同的传声媒质，只要声特性阻抗相等，对声的传播就好像不存在分界面一样。

当 $\rho_2 c_2 > \rho_1 c_1$ 时，说明媒质Ⅱ比媒质Ⅰ“硬”。$\rho_2 c_2 \quad \rho_1 c_1$，说明媒质Ⅱ对媒质Ⅰ来说是十分“坚硬”，如声波入射到空气与水的界面上或空气与坚实墙面的界面上，就近似于这种情况，此时 $r_p \approx 1$、$r_I \approx 1$、$\tau_p \approx 2$、$\tau_I \approx 0$。在媒质中声波发生全反射，并且入射与反射声波相位相同、频率相同，形成驻波，界面处形成声压波腹，值为 $2p_{\mathrm{Ai}}$。在媒质Ⅱ中，媒质Ⅱ的质点并未因媒质Ⅰ质点的冲击而运动，媒质Ⅱ中存在的压强仅是分界面处压强（$p_{\mathrm{At}} = 2p_{\mathrm{Ai}}$）的静态传递，并不出现疏密交替的声压，故在媒质Ⅱ中没有声波的传播。如人在空气中讲话，讲话声不可能透过水面在水中传播。

当 $\rho_2 c_2 < \rho_1 c_1$ 时，说明媒质Ⅱ比媒质Ⅰ“软”。$\rho_2 c_2$　　$\rho_1 c_1$，边界十分“柔软”，此时，$\tau_p \approx 0$，$\tau_I \approx 0$，说明在媒质Ⅱ中没有透射声波；$r_p \approx -1$、$r_I \approx 1$，说明声波在媒质Ⅰ中发生全反射，并且入射波与反射波相位相反，两列波形成驻波，在分界面处出现声压波节。声波从水中传播到水与空气的相界面上的反射，就近似于这种情况。

2. 斜入射的反射和折射

平面声波斜入射时不是沿分界面的法线方向入射，而是与法线形成入射角 θ_{i}，这种斜入射比垂直入射情况要复杂一些。当入射声波 p_{i} 以 θ_{i} 斜入射于分界面时，一部分声波 p_{r} 将按一定的反射角 θ_{r} 反射回媒质Ⅰ，透射声波 p_{t} 通过界面在媒质Ⅱ中传播，此时透射声波不再按入射声波的方向传播而是偏转一定的角度，与法线形成折射角 θ_{t} 而发生折射。

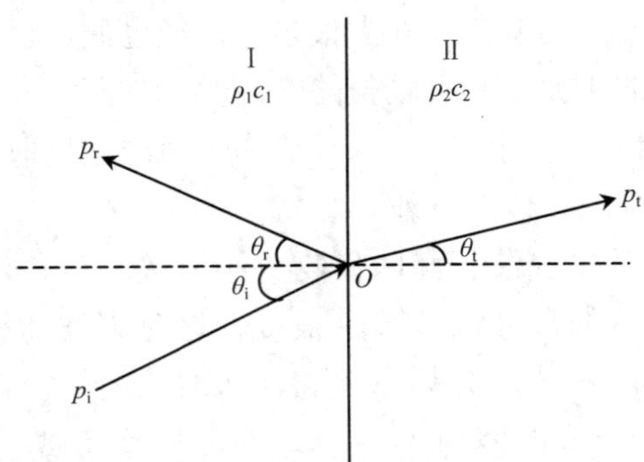

图 2-12　声波斜入射的反射和折射

斜入射时，入射声波、反射声波与折射声波的传播方向应满足折射定律，即：

$$\frac{\sin\theta_{\mathrm{i}}}{c_1} = \frac{\sin\theta_{\mathrm{r}}}{c_1} = \frac{\sin\theta_{\mathrm{t}}}{c_2} \tag{2-82}$$

式（2-82）也可以写成反射定律：入射角等于反射角，即：

$$\theta_i = \theta_r \tag{2-83}$$

折射定律：入射角的正弦与折射角的正弦之比等于两种媒质中的声速之比，即：

$$\frac{\sin\theta_i}{\sin\theta_t} = \frac{c_1}{c_2} \tag{2-84}$$

式（2-84）表明当 $c_1 > c_2$，$\theta_i > \theta_t$ 时，即折射线靠向法线；当 $c_1 < c_2$，$\theta_i < \theta_t$ 时，折射线折离法线。可见，两种媒质的声速不同，声波传入媒质Ⅱ时方向就要改变。就是同一种媒质，因某种原因引起声速分布不同，也会发生折射。

当 $c_1 < c_2$ 时，θ_i 总小于 θ_t，当 θ_i 增至某角度 θ_c 时，使 $\theta_t=90°$，即折射波沿界面传播，称 θ_c 为全反射临界角。当 $\theta_i > \theta_c$ 时，则 $\theta_t > 90°$，无透射波，入射波全部反射回媒质Ⅰ。

（三）声波的衍射

当声波遇到障碍物时除了发生反射和折射外还会产生衍射现象。声波在传播过程中，遇到障碍物（或孔洞），当声波波长比障碍物或孔洞尺寸大得多时，能够绕过障碍物（或孔洞）的边缘前进，并引起声波传播方向的改变，称为声波的衍射（也称绕射）。

例如，当声波通过障碍物的洞孔时，也会发生衍射现象。此时，洞口好像一个新的点声源。当声波的波长比洞口尺寸大很多时，经过洞口后的声波从洞口向各个方向传播。而频率较高的声波则具有较强的方向性，从洞口向前方传播。因此，当室内有一声源时，声波将会遇到墙壁、家具等物体而产生反射、衍射等现象，而且声波还会通过门、窗的缝隙处传到室外。

声波的衍射与声波频率、波长和障碍物大小有关。若声波频率低，即波长较长，而障碍物（或孔洞）的尺寸比波长小很多，这时声波能绕过障碍物（或透过孔）继续传播（图 2-13a）；若声波频率较高，即波长较短，而障碍物或孔的几何尺寸又比波长大很多，形成的绕射不明显，在障碍物后或孔的外侧形成声影区（图 2-13b）。

绕射现象在噪声控制中是很有用的，如采用屏障隔声对高频声有较好的降噪效果。因此，屏障隔声常被用来减弱高频噪声的影响。例如，可以在辐射噪声的机器和工作人员之间放置一道用金属板或胶合板制成的声屏障，就可减弱高频噪声。屏障的高度愈高、面积愈大，效果就愈好，如果在屏障上再覆盖一层吸声材料则效果更好，而低频声波的绕射能力较强频声强，隔声能力会变差。

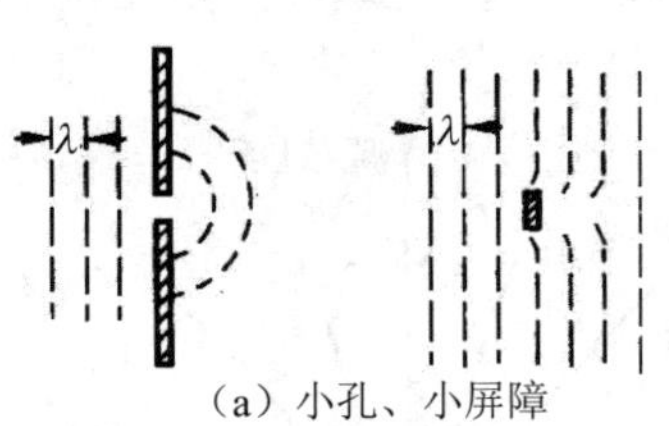

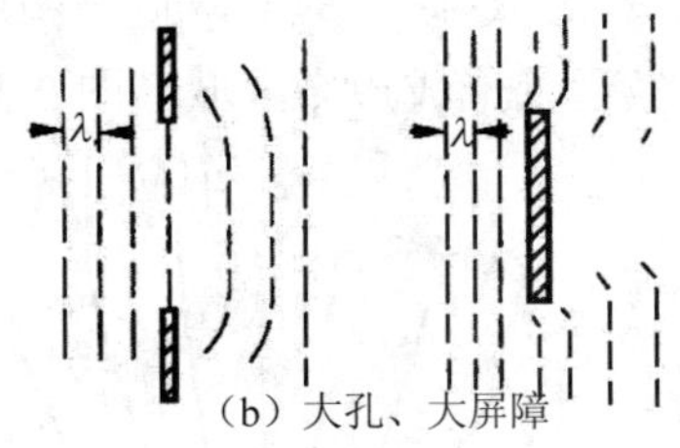

图 2-13　声波的衍射示意图

（四）气象条件对声传播的影响

雨、雪、雾等对声波的散射能引起声能的衰减，但这种因素引起的衰减量很小，大约每 1 000 m 衰减不到 0.5 dB，可以忽略。

声波从声速大的媒质进入声速小的媒质时传播方向要发生变化。与入射声波的传播方向相比较，折射声波的传播方向将靠拢法线方向。反之声波从声速小的媒质进入声速大的媒质时，折射声波的传播方向将背离法线方向。因此，当声速随着离开地面的高度单调变化时，声波的传播方向将发生弯曲。

当声波顺风传播时，相对于地面的声速应叠加上风速。由于地面对空气运动的摩擦阻尼，风速随着离开地面的高度增大，也就是说声速随着高度增大，从而将使声传播方向向下弯曲。反之，声波逆风传播时，相对于地面的声速应扣除风速（图 2-14）。因此，风速随高度减小，从而将使声传播方向向上弯曲。这一现象说明了为什么声波顺风往往比逆风传播更远的距离。

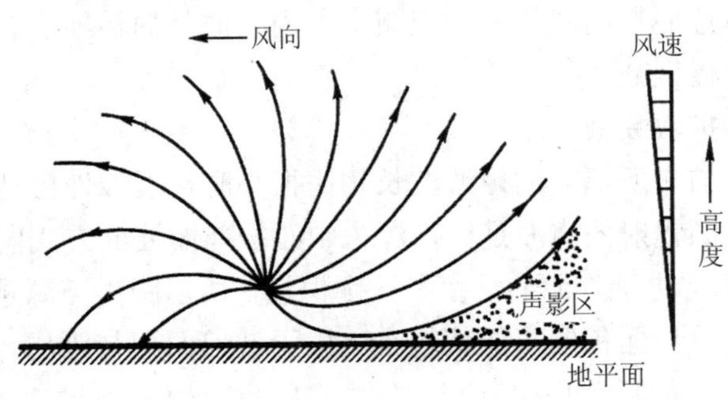

图 2-14　风速梯度对声波的折射

与此相类似，由于大气中的声速与绝对温度的平方根成正比，因此，当大气温度随着高度增大时（温度梯度为正），声速随高度增大，从而使声传播方向向下弯曲。这时，地面上声源所发射的噪声，由于集中在地面附近区域，可以传播到较远的地方。反之，当大气温度随着高度减小时（温度梯度为负），声速随高度降低，声传播方向向上弯曲，这时，地面附近声源所发射的噪声将在离声源一定距离的地面上掠过，并在较远处形成声影区域（图 2-15）。

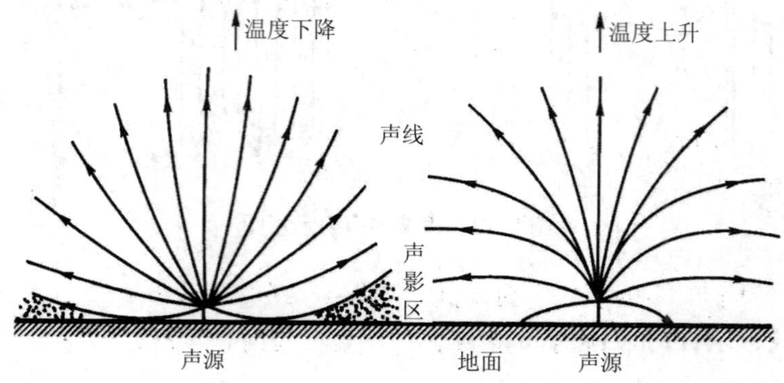

图 2-15　温度梯度对声波的折射

例如，在晴天的夜晚，地面由于热辐射和热传导迅速冷却，靠近地面的空气温度下降，而离地面较高处仍保持较高的温度。反之，在晴朗的白天，大气温度则随高度下降。因此，地面上声源所发射的噪声在夜晚传播较远，而在白天传播较近。

二、声波在传播中的衰减

1. 声波的扩散衰减

声源发出的噪声在媒介中传播时，其声压或声强将随着传播距离的增加而逐渐衰减。声波在传播过程中波阵面要扩展，波阵面面积随着距声源的距离增加而不断扩大，这样通过单位面积的能量就相应减小。由于波阵面扩展引起的声强随距离而减弱的现象称为传播衰减。

（1）点声源的扩散衰减

当声源的尺寸与它所辐射的声波波长相比很小时，近似地可把这个声源看作是理想点声源。点声源辐射的声波是以声源为中心按球面波的方式向四面八方扩散，如图 2-16（a）所示。由于声源的功率是一个恒量，所以距离声源越远，声能分布的面积越大，则通过单位面积的声能就越小。由于波前面积与距离 r 的平方成正比，因此，声强按距离 r^2 的反比规律衰减。如果在距离声源 r_1 处的声压级为 L_{p1} 时，则在距离声源 r_2 处的声压级 L_{p2} 可用下式计算：

$$L_{p2} = L_{p1} - 20\lg\left(r_2/r_1\right) \qquad (2\text{-}85)$$

（2）线声源的扩散衰减

高速行驶的火车，川流不息的车辆形成的交通干线等都可以看成是线声源，线声源发出的声波是一个柱面波。在自由声场中，一个无限长的线声源，其声压随着距离的衰减可用下式计算：

$$L_{p2} = L_{p1} - 10\lg(r_2/r_1) \tag{2-86}$$

如果线声源的长度不能看成无限长，设其长度为l时，如图 2-16（b）所示，则声压随距离r的衰减分两种情况：

① 当$r \leqslant l/\pi$时，可以按无限长的线声源考虑，即可按式（2-86）计算；

② 当$r > l/\pi$时，可以按点声源考虑，即按式（2-85）计算。

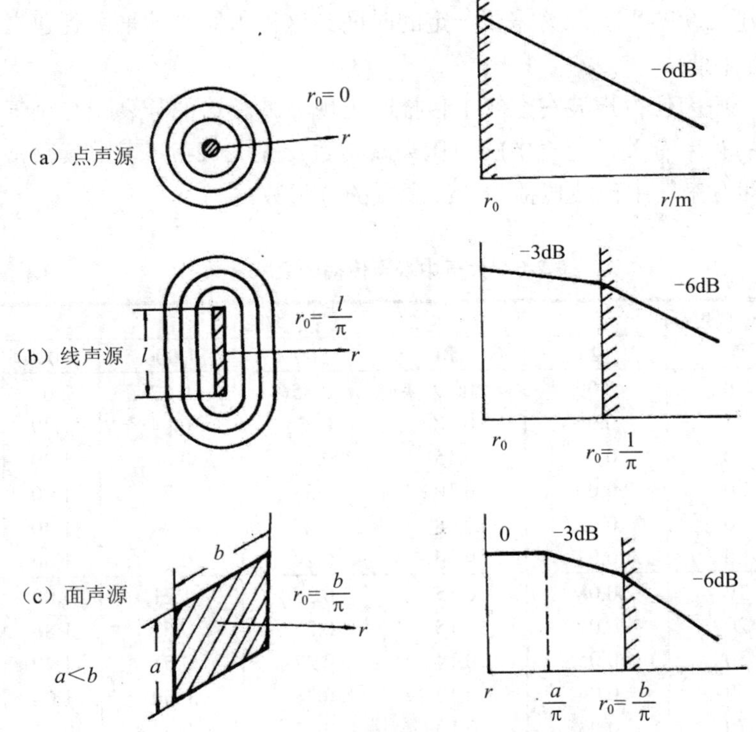

图 2-16　点声源、线声源和面声源随距离增加的衰减

（3）面声源的扩散衰减

声源为一个长方形的面声源，两个边长分别为a，b（$a<b$）[图 2-16（c）]，设距声源中心的距离为r，声压级随距离的衰减可以按下面三种情况考虑。

① 当$r \leqslant a/\pi$时，衰减量为 0，即在面声源附近，声源发射的是平面波，距离变化，声压级无变化；

② 当$a/\pi \leqslant r < b/\pi$时，可以按照线声源考虑，即可按式（2-86）计算；

③ 当$r \geqslant b/\pi$时，可以按点声源考虑，即可按式（2-85）计算。

2. 空气吸收引起的衰减

空气吸收之所以能引起衰减是因为：

（1）声波在空气中传播，由于空气中相邻质点的运动速度不同，而产生黏滞力，使声能转变为热能。

（2）声波传播时，空气产生压缩和膨胀的变化，相应地出现温度的升高和降低，温度梯度的出现，将以热传导的方式发生热交换，声能转变为热能。

（3）空气中的主要成分是双原子分子的氮和氧。一定状态下，分子的平动能、转动能和振动能处于一种平衡状态。当有声扰动时，这三种能量发生变化，打破原来的平衡，建立新的平衡，这需要一定的时间。这种由原来的平衡到建立新平衡的过程将使声能耗散。

上述三个原因使得声波在空气中传播时出现衰减。这部分衰减与空气的温度、湿度和声波的频率有关，空气中的声压衰减常数α见表 2-6，表中衰减常数单位为 dB/100 m，即在空气中声波传播 100 m 衰减的分贝数。

表 2-6　大气中噪声传播的衰减常数　　单位：dB/100 m

温度/℃	相对湿度/%	频率/Hz					
		125	250	500	1 000	2 000	4 000
30	10	0.09	0.19	0.35	0.82	2.60	8.80
	20	0.06	0.18	0.37	0.64	1.39	4.19
	30	0.04	0.15	0.38	0.68	1.20	3.20
	50	0.03	0.10	0.33	0.75	1.30	2.53
	70	0.02	0.08	0.27	0.74	1.40	2.25
	90	0.02	0.06	0.24	0.70	1.50	2.06
20	10	0.08	0.15	0.38	1.21	4.00	10.92
	20	0.07	0.15	0.27	0.62	1.86	6.70
	30	0.05	0.14	0.27	0.51	1.29	4.40
	50	0.04	0.12	0.28	0.50	1.04	2.80
	70	0.03	0.10	0.27	0.54	0.96	2.31
	90	0.02	0.08	0.26	0.56	0.99	2.14
10	10	0.07	0.19	0.61	1.90	4.50	7.01
	20	0.06	0.11	0.29	0.94	3.20	9.09
	30	0.05	0.11	0.22	0.61	2.10	7.02
	50	0.05	0.11	0.20	0.41	1.17	4.20
	70	0.04	0.10	0.20	0.38	0.92	2.76
	90	0.03	0.10	0.21	0.38	0.81	2.28
0	10	0.10	0.30	0.89	1.80	2.30	2.61
	20	0.05	0.15	0.50	1.60	3.70	5.70
	30	0.04	0.10	0.31	1.08	3.30	7.48
	50	0.04	0.08	0.19	0.60	2.11	6.70
	70	0.04	0.08	0.16	0.42	1.40	5.12
	90	0.03	0.08	0.15	0.36	1.10	4.10

声波在空气中传播，若声波的衰减包括扩散衰减和空气吸收时，设点声源在 r_1 处的声压级为 L_{p1}，声波传播到 r_2 处时，经衰减以后的声压级为 L_{p2}，对于点声源辐射的球面波和半球面波，则有：

$$L_{p2} = L_{p1} - 20\lg\left(r_2/r_1\right) - \alpha\left(r_2 - r_1\right) \tag{2-87}$$

对于无限长线声源，则有：

$$L_{p2} = L_{p1} - 10\lg\left(r_2/r_1\right) - \alpha\left(r_2 - r_1\right) \tag{2-88}$$

【例题 2-7】点声源在空气相对湿度 20%、气温 20℃下辐射噪声。已知距声源 20 m 处的 500 Hz 和 4 000 Hz 的声压级均为 100 dB，问 120 m、800 m 处两频率的声压级各为多少？

解：解的过程列于下表，表中 r_1=20 m。计算结果见第六行。

传播距离 r_2/m	120		800	
频率/Hz	500	4 000	500	4 000
20 lg（r_2/ r_1）/dB	15.6	15.6	32.0	32.0
衰减常数/（dB/100 m）	0.27	6.7	0.27	6.7
α（r_2−r_1）/dB	0.3	6.7	2.1	52.3
L_{p2}/dB	84.1	77.7	65.9	15.7

由例题 2-7 可以看出，离声源较近的地方，扩散衰减占主导地位；离声源较远处，空气吸收使高频声衰减很快，而低频声衰减不明显。可见，低频噪声能传播到较远的地方，会在很大范围内形成噪声污染，故对低频噪声要给予充分注意。

3. 地面构筑物引起的衰减

声波在传播途径中遇到屏障和建筑物发生反射，而使噪声降低。

树木和草坪对传播的声波有一定的衰减，树干对高频率的声波起散射作用，树叶的周长接近和大于声波波长时，有较大的吸收作用。绿化带的降噪效果与林带宽度、高度、位置、配置以及树木种类等有密切关系。结构良好的林带，有明显的降噪效果。例如，日本近年的调查结果表明，40 m 宽的结构良好的林带可以降低噪声 10～15 dB。

思考题与习题

1. 什么是声源？声源可分为哪些类型？

2. 声波是如何产生的？

3. 声波的频率和波长是如何定义的？它们之间有何关系？

4. 什么是声压、声强和声功率？它们之间有何关系？

5. 声速和气温有何关系？

6. 什么是频谱？频谱分析有何意义？

7. 简述声波叠加的基本原理。

8. 声压级、声强级和声功率级是如何定义的？它们之间有何关系？

9. 解释声源的指向性以及声源的指向性如何描述。

10. 什么是声波的衍射？什么情况下声波才能发生衍射？

11. 气象条件对声的传播是如何影响的？

12. 空气对声波的吸收原因是什么？

13. 已知空气密度 1.21 kg/m^3，声速 340 m/s。若两不相干波在声场某点的声压幅值分别为 5 Pa 和 4 Pa，问在该点的总声压和平均声能密度是多少？

14. 在某测点处噪声的倍频带声压级列于下表，计算该噪声的总声压级。

中心频率/Hz	63	125	250	500	1 000	2 000	4 000	8 000
声压级/dB	98	101	103	102	99	92	80	60

15. *m* 个相同的声源同时发声时，声压级比一个这样的声源单独发声时的声压级大多少分贝？要再增加相同的分贝数，还需要增加多少个这样的声源？

16. 有大、中、小 3 台机器，每台发出的声压级分别为 90 dB、75 dB 和 60 dB。试就下述四种情况求车间内的总声压级是多少分贝？设车间内有：

① 1 台大机器和 10 台中机器；

② 1 台大机器和 10 台小机器；

③ 1 台大机器和 100 台中机器；

④ 1 台大机器和 100 台小机器。

17. 在车间内测量某机器的噪声，机器运转时测得声压级为 87 dB，机器没有运转时的本底噪声 79 dB，问机器发出的声压级是多少分贝？

18. 两台机器的声功率级分别为 108 dB 和 117 dB，某测点到两台机器的距离分别为 5 m 和 9 m，求测点处总声压级为多少分贝？

19. 小汽笛发出的声功率为 0.1 W，试求：

① 它的声功率级；

② 距汽笛 10 m 远处的声压级。

20. 飞机发动机的声功率级可达 165 dB，为了保护人耳不受损害，在人耳处声压级应小于 120 dB，求飞机起飞时人至少应离开跑道多远？

21. 要求距广场上的扬声器 40 m 远处的直达声声级不小于 80 dB，如把扬声器看作是点声源，它的声功率至少为多少？声功率级是多少？

22. 一声源在半自由声场中辐射半球面波，气温 20℃、相对湿度 20%。在距离声源 10 m处，测得 1 000 Hz 的声压级为 100 dB。问 100 m 处该频率的声压级为多少分贝？

第三章 噪声评价与标准

【知识目标】

本章要求了解一般性行业噪声标准；熟悉等响曲线及噪声对语言干扰的评价；理解计权网络及 NR 数在噪声控制工程中应用的意义；掌握噪声直接评价量及噪声排放标准。

【能力目标】

通过对本章内容的学习，学生能应用噪声评价量进行环境噪声评价；能根据噪源现场情况判断区域环境噪声污染控制标准，并在噪声控制工程中正确应用。

第一节 噪声的评价量

声压和声压级是衡量声音强度的量，声压级越高，声音越强。但人耳对声音的感觉不仅和声压有关，还与频率及时间变化有关。人耳对高频声敏感，对低频声感觉迟钝。即使声压级相同，但频率不同的声音，人耳听起来却不一样。例如，声压级同为 60 dB，频率为 100 Hz 和 1 000 Hz 的两个声音，人耳听起来会感觉到前者要轻得多。而声压级高于 120 dB、频率为 30 kHz 的超声波，尽管声压级很高，人耳却完全听不见。

声压和声压级只能表征声音在物理上的强弱，不能表征人们对声音的主观感觉。而环境噪声控制的目的是为人类服务的，如何才能把噪声的客观物理量与人的主观感觉结合起来，得出与主观响应相对应的评价量，用于评价噪声对人的干扰程度，这是一个复杂的问题。迄今为止，噪声的评价量和评价方法多达几十种，现将常用的评价量介绍如下。

一、响度和响度级的评价量

（一）响度级和响度

1. 响度级与等响曲线

响度级是表示声音响度的量，既考虑声音的物理效应，又考虑声音对人耳听觉的生理效应，是噪声的主观评价量之一。

响度级是以 1 000 Hz 的纯音为基准音，以其他频率的纯音（噪声）和 1 000 Hz 纯音相比较，调整噪声的声压级，使其和基准纯音（1 000 Hz）听起来一样响，则该噪声的响度级在数值上就等于这个纯音（1 000 Hz）的声压级。响度级记为 L_N，单位是"方"(phon)。如 60 dB、1 000 Hz 的纯音的响度级是 60 方，而声压级为 67 dB 的 100 Hz 的纯音与 60 dB、1 000 Hz 的纯音听起来一样响。因此，声压级为 67 dB 的 100 Hz 的纯音的响度级也是 60 方。

如果将各个频率的声音都与 1 000 Hz 的纯音做试听比较，把听起来同样响的各声压级按频率连成一条条曲线，这些曲线便称为等响曲线，如图 3-1 所示。在同一条曲线上的每一个频率的声音在感觉上都一样响，它们的响度级就是这条曲线上 1 000 Hz 处的声压级值。等响曲线反映了人耳对各频率的敏感程度。

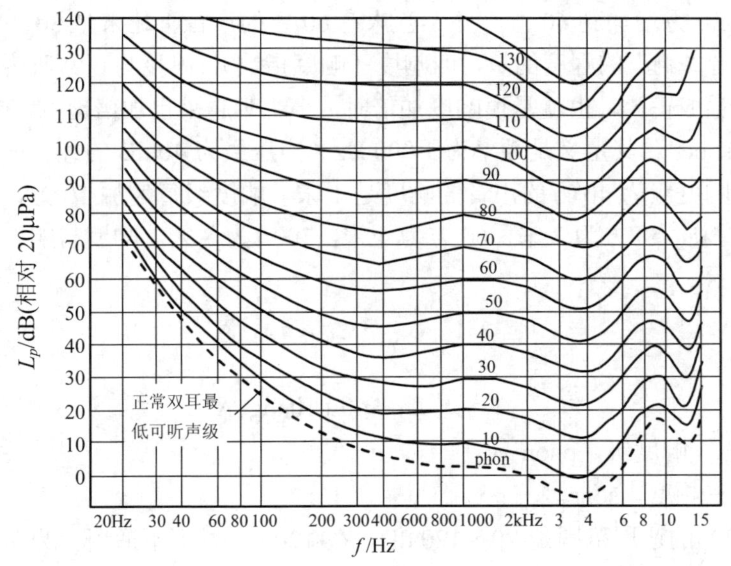

图 3-1 等响曲线

等响曲线的测试条件是：（1）声音在被测试者头顶上方；（2）声波为自由平面波；（3）测量声压级时，被测试者离开现场；（4）用双耳听声音；（5）被测者为 18～25 岁的听力正常者。

等响曲线的横坐标是频率，纵坐标是声压级，每一条曲线相当于声压级和频率不同而响度相同的声音，即相当于一定响度级（phon）的声音。图 3-1 中最下面的一条曲线（虚线）是听阈曲线，也叫零方响度级曲线，表示人耳刚能听到声音的频率和声压级，低于这条曲线的声音人耳是听不到的；最上面的曲线是痛阈曲线，超过此曲线的声音人耳也听不到，感觉到的是痛觉。听阈和痛阈之间是正常人可以听到的全部声音。

从等响曲线可以看出，人耳对低频声不敏感，对高频声敏感。如同样是响度级为 70 方，对于 40 Hz 的声音来说，声压级是 89 dB；对于 400 Hz 的声音来说，声压级是 66 dB；对于 4 000 Hz 的声音来说，声压级是 60 dB。当声压级小、频率低时，对某一声音来说，其声压级和响度级的差别很大，如声压级为 30 dB、频率为 30 Hz 的低频声是听不见的（低于听阈线），而相同声压级下频率为 100 Hz 的声音响度级是 10 方，频率为 1 000 Hz 的声音响度级为 30 方；当声压级高于 100 dB 时，等响曲线逐渐拉平，说明当声压级高于 100 dB 时，人耳分辨高、低频声音的能力变差，此时声音的响度级与频率关系已不大，而主要取决于声压级。

2. 响度

响度级和声压级一样是一种对数标度的单位，不同响度级的声音不能直接比较，如响度级由 30 方增加到 60 方，并不意味着 60 方的声音听起来是 30 方声音的加倍响。表示声音“响”的程度的量，叫响度（响度指数），响度与正常听力者对声音强弱的主观感觉成正比，也就是说响度加倍时，声音听起来也加倍地响。响度记为 N，单位是宋（sone）。其定义是频率为 1 000 Hz、声压级为 40 dB 的纯音所产生的响度为 1 宋，即响度级为 40 方的声音的响度是 1 宋。响度级每增加 10 方，响度加倍，即 40 方为 1 宋，50 方为 2 宋，60 方为 4 宋，70 方为 8 宋。响度与响度级的关系也可用公式表示：

$$N = 2^{0.1(L_N - 40)} \tag{3-1}$$

$$L_N = 40 + 10\log_2 N \tag{3-2}$$

式中，L_N —— 响度级，phon；

N —— 响度，sone。

式（3-2）的适用范围是 20～120 dB，在 120 dB 以下不适用。为了方便使用，一般将式（3-2）决定的响度级和响度的关系做成线图，如图 3-2 所示。

响度不能直接测量，而是通过计算得到，斯蒂文斯（Stevens）根据大量的生理声学实验，并考虑掩蔽等听觉效应，对连续频谱的噪声，提出根据倍频带声压级计算响度级的方法。首先，测得噪声的倍频带声压级；其次，由图 3-2 查得各倍频带的响度指数，再次，由式（3-3）计算出总响度。

$$N_{总} = N_{max} + F\left(\sum N_i - N_{max}\right) \tag{3-3}$$

式中，$N_{总}$ —— 总响度，sone；

N_{max} —— 各频带响度指数中最大者，sone；

$\sum N_i$ —— 所有频带响度指数之和，sone；

F —— 修正系数，倍频带 F=0.3，1/2 倍频带 F=0.2，1/3 倍频带 F=0.15。

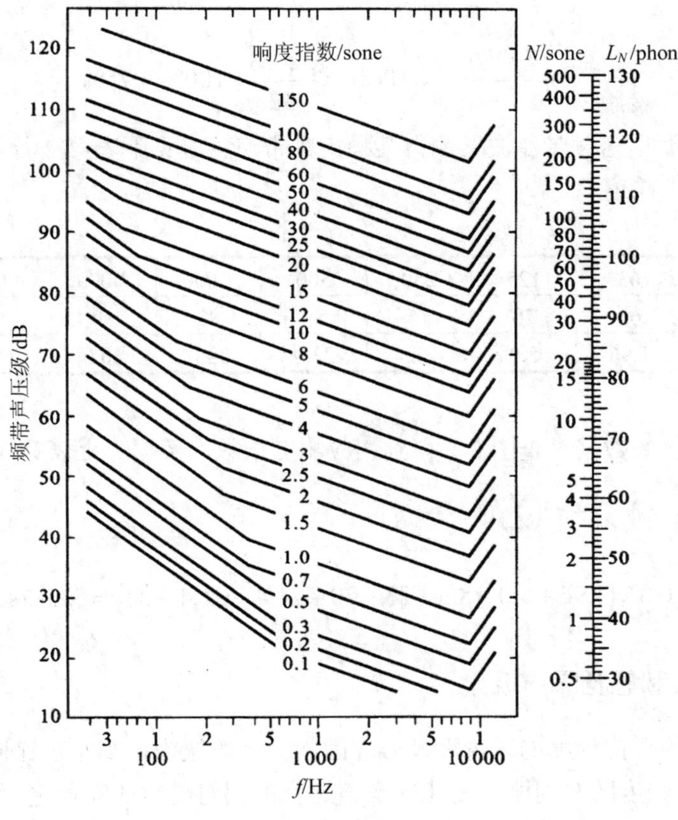

图 3-2　斯蒂文斯等响度指数曲线

有时用响度下降百分率来衡量噪声治理后的效果，响度下降的百分率为：

$$\eta = \frac{N_1 - N_2}{N_1} \times 100\% \tag{3-4}$$

式中，η —— 噪声治理后响度下降的百分率；

N_1 —— 噪声治理前的响度，sone；

N_2 —— 噪声治理后的响度，sone。

【例题 3-1】一台机器发出噪声，降噪处理后，其响度级由 90 phon 降低到 70 phon，求响度降低了多少？

解：设治理前、后响度分别为 N_1、N_2，根据响度与响度级之间的关系式可得：

$$N_1 = 2^{0.1(L_N - 40)} = 2^{0.1(90-40)} = 32\ \text{sone}$$

$$N_2 = 2^{0.1(L_N-40)} = 2^{0.1(70-40)} = 8\ \text{sone}$$

$$\eta = \frac{N_1 - N_2}{N_1}\times 100\% = \frac{32-8}{32}\times 100\% = 75\%$$

【例题 3-2】用倍频带滤波器测得某噪声频带声压级见下表第 2 行，利用响度指数图求该噪声的响度。

频带/Hz	63	125	250	500	1 000	2 000	4 000	8 000
声压级/dB	63	70	75	88	85	80	78	75
响度指数	1.96	5.0	8.3	23.0	23.0	20.0	21.4	21.4

解：根据已知数据，查图 3-2 得到相应响度指数，数据见上表第 3 行。

由公式 $N_{总} = N_{\max} + F\left(\sum N_i - N_{\max}\right)$，得：

$$N_{总} = 23 + 0.3\times\left(1.96+5.0+8.3+23+20+21.4+21.4-23\right) = 53.32\ \text{sone}$$

（二）噪度和感觉噪声级

噪声对人的干扰程度的评价涉及心理因素。一般认为，高频声比同样响的低频声更“吵闹”；强度随时间剧烈变化的噪声比强度相对稳定的噪声更“吵闹”；声源位置观察不到的声音比位置确定的噪声更“吵闹”；夜间出现的噪声比白天出现的同样噪声更“吵闹”；两个声强相同的声音，其中一个包含纯音或声能集中在窄频带内，则该声音更令人觉得烦恼。克利特（Kryter）等考虑这些因素的一部分，提出了类似于等响曲线的等感觉噪度曲线，如图 3-3 所示。由这些曲线可以确定感觉噪度与声压级、频带的关系。

1. 噪度

与人们主观判断噪声的“吵闹”程度成比例的数值量称为噪度。噪度的单位是呐（noy），用 N_a 表示，类似于响度宋的表示。定义在中心频率为 1 000 Hz 的倍频带上，声压级为 40 dB 的噪声的噪度为 1 noy。噪度为 3 noy 的噪声听起来是噪度 1 noy 噪声的 3 倍“吵闹”。

等噪度曲线与等响曲线的区别在于，它对受试者提出的问题不是等响不等响，而是比较两个噪声是否给人以相同的烦躁感觉。等噪度曲线与等响曲线线性相似，但高频部分下凹更明显，这反映了人们对高频噪声的厌烦程度比低频更明显。

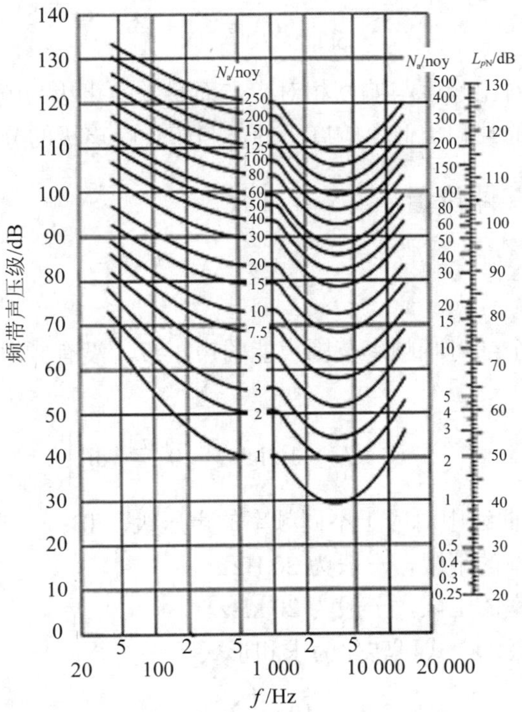

图 3-3　等感觉噪度曲线

对于复合噪声来讲，总的感觉噪度计算可用下式求得：

$$N_{a总} = N_{a\max} + F\left(\sum N_{ai} - N_{a\max}\right) \tag{3-5}$$

式中，$N_{a总}$ —— 总噪度，noy；

$N_{a\max}$ —— 最大感觉噪度，noy；

N_{ai} —— 第 i 个频带的噪度，noy；

F —— 频带计权因子，倍频程 F=0.3，1/3 倍频程 F=0.15。

2. 感觉噪声级

将噪度转换成分贝指标，称为感觉噪声级，用 L_{pN} 表示，单位为 dB，它们之间可由图 3-3 右侧的列线图转换。当感觉噪度呐值每增加 1 倍，感觉噪声级增加 10 dB，它们之间可以通过下式换算：

$$L_{pN} = 40 + 10\log_2 N_a \tag{3-6}$$

感觉噪声级的应用比较普遍，但从感觉噪度计算感觉噪声级比较复杂，实际测量中常近似地由 A 计权声级加 13 dB 求得，用公式表示为：

$$L_{pN} = L_A + 13 \tag{3-7}$$

由上述介绍可以看出噪度与响度相对应，而感觉噪声级与响度级相对应；并且计算响度的宋与噪度的呐相类似，响度级的方与感觉噪声级的分贝相类似。

二、声音的直接评价量

（一）总声压级

总声压级包含了全部可听频率范围声能的声压级，没有频率计权，单位为分贝（dB），定义为：

$$L_p = 10\lg\left[\int_{f_1}^{f_2} 10^{0.1L_{p(f)}}\,\mathrm{d}f\right] \tag{3-8}$$

式中，$L_{p(f)}$ —— 频谱曲线中对应于不同频率的声压级，dB；

f_1 —— 可听频率的下限，一般为 20 Hz；

f_2 —— 可听频率的上限，一般为 20 kHz。

如果用频带声压级，上式可转化为求和形式：

$$L_p = 10\lg\left(\sum_{i=1}^{n} 10^{0.1L_{pi}}\right) \tag{3-9}$$

式中，L_{pi} —— 第 i 个频带的声压级，dB；

n —— 频带数目。

总声压级客观地反映出噪声信号总能量的声压级，但是用它来进行噪声的主观表述，其相关性一般较差。同时，总声压级测量的精度还取决于所选用的传声器和连接放大器等测试电路的频响特性。

（二）计权声级和计权网络

由等响曲线可以看出，人耳对于高频声，特别是对于 1 000～5 000 Hz 的声音比较敏感，而对低频声，特别是 100 Hz 以下的可听声不敏感，且频率越低越不敏感，即声压级相同的声音由于频率不同所产生的主观感觉不一样。而人耳不能定量地判定出噪声的频率成分和相应强度，需要借助仪器来反映人耳的听觉特性。通常是在测量声音的仪器上加上一个滤波器，对所接受的声音按频率进行一定的衰减来模拟人耳的听觉特性，使仪器反映的读数与人的主观感觉相接近。这种通过频率计权后测量得到的声压级称为计权声级。这种对低频声有较大的衰减，对高频声衰减较小或略有放大的滤波器叫作计权网络。根据需要，声级计可设置 A、B、C 和 D 计权网络，最常用的是 A 计权网络和 C 计权网络。

A 计权网络模拟人耳对 40 phon 纯音的响应，与 40 phon 的等响曲线倒置后的形状相接近，它使接收、通过的低频段（500 Hz 以下）声音有较大的衰减。

B 计权网络模拟人耳对 70 phon 纯音的响应，与 70 phon 等响曲线倒置后形状相接近，它使接收、通过的低频段声音有一定的衰减。因此，用于 60～70 dB 的噪声评价，事实上 B 计权几乎不用。

C 计权网络模拟人耳对 100 phon 纯音的响应，与 100 phon 等响曲线倒置后形状相接近，在整个可听频率范围内有近乎平直的特性。所以，C 计权与线性声压级是比较接近的。在低频段，C 计权与 A 计权的差别最大，因此，可以根据 C 声级与 A 声级的差值大小，大致判断该噪声是否以低频成分为主。根据预期的主观反应，认为 C 计权声级原则上适用于评价高声级的噪声。事实上，该评价量只是用来代替总声压级。

D 计权网络是对高频声作了补偿，它主要用于航空噪声的评价。

图 3-4 显示了 A、B、C、D 计权网络衰减特性。表 3-1 列出了 A 计权网络频率的计权衰减值，表中各数值均为相对于 1 000 Hz 的衰减量。

用 A、B、C 和 D 计权网络测得的分贝数，分别称为 A 声级、B 声级、C 声级和 D 声级，单位分别记为 dB（A）或分贝（A）、dB（B）或分贝（B）、dB（C）或分贝（C）、dB（D）或分贝（D）。

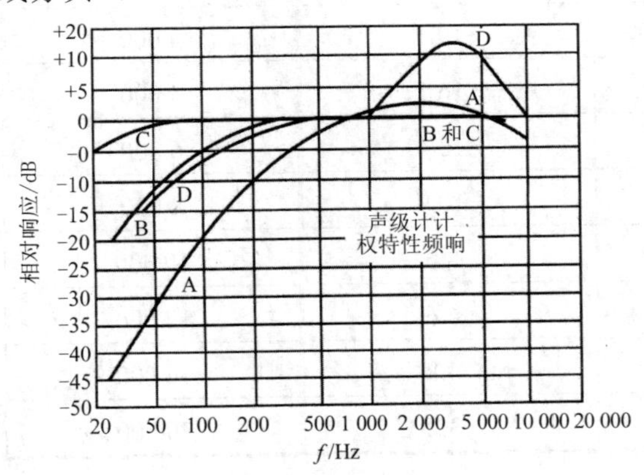

图 3-4　计权网络频率特性

实践表明，A 声级的测量结果与人耳对噪声的主观感受近似一致，即对高频声敏感，对低频声不敏感。A 声级越高，人越觉得吵闹，A 声级能较好地反映出人们对噪声吵闹的主观感觉；A 声级同噪声对人耳的损伤程度也对应得较合理，即 A 声级越高，损伤越严重。因此，A 声级是目前广泛应用的一个噪声评价量，已成为国际标准化组织和绝大多数国家作为评价噪声的主要指标。许多环境噪声的容许标准和机器噪声的评价标准都采用 A 声级或以 A 声级为基础。当然，A 声级不能代替倍频程声压级，因为 A 声级不能全面反映噪声源的频谱特性，具有相同的 A 声级，其频谱差别可能非常大，故不能准确反映噪声的危害，其主要用于宽频带稳态噪声的一般测量。它的特点是能与人对噪声的主观评价有良好的相关性，测量简便。

A 声级可以直接测量得到，也可以由倍频程或 1/3 倍频程计算得到。首先根据倍频程或 1/3 倍频程声压级，查表得 A 计权网络的修正值（衰减值），通过计算得到各个频率下的 A 声级，其次由总声压级计算公式计算得到不同频率下的总 A 声级。

表 3-1　A 计权网络频率响应特性的修正值

频率/Hz	A 计权修正值/dB	频率/Hz	A 计权修正值/dB
16	−56.7	630	−1.9
20	−50.5	800	−0.8
25	−44.7	1 000	0
31.5	−39.4	1 250	0.6
40	−34.6	1 600	1.0
50	−30.2	2 000	1.2
63	−26.2	2 500	1.3
80	−22.5	3 150	1.2
100	−19.1	4 000	1.0
125	−16.1	5 000	0.5
160	−13.4	6 300	−0.1
200	−10.9	8 000	−1.1
250	−8.6	10 000	−2.5
315	−6.6	12 500	−4.3
400	−4.8	16 000	−6.6
500	−3.2	20 000	−9.3

【例题 3-3】用频带分析仪对某噪声进行测量，得相应的频带声压级列于下表第 2 行，试计算出该噪声的 A 声级。

频带/Hz	63	125	250	500	1 000	2 000	4 000	8 000
声压级/dB	100	95	90	85	85	82	68	56
A 计权修正值	−26.2	−16.1	−8.6	−3.2	0	1.2	1.0	−1.1

解：由表 3-1 查出 A 计权修正值列于上表第 3 行。

根据分贝加法计算公式，求出该噪声的 A 声级：

$$L_A = 10\lg\Big[10^{0.1(100-26.2)} + 10^{0.1(95-16.1)} + 10^{0.1(90-8.6)} + 10^{0.1(85-3.2)} +$$

$$10^{0.1(85-0)} + 10^{0.1(82+1.2)} + 10^{0.1(68+1)} + 10^{0.1(56-1.1)}\Big] = 89.7 \text{ dB（A）}$$

（三）等效连续 A 声级

人们工作的环境有可能是稳态噪声（噪声的强度和频率基本不随时间而变化）环境，但实际噪声很少是稳定地保持固定声级，而是随时间忽高忽低地起伏变化，噪声对人的影响，不仅与噪声的声级大小有关，而且还与噪声的状态、性质以及噪声作用的时间长短有关。例如，某人一天工作 8 h，始终处于稳态噪声 85 dB（A）下，而另一人在 85 dB（A）下工作 2h、在 80 dB（A）下工作 5 h、在 90dB（A）下工作 1 h，同样工作 8 h，这两个人谁受的噪声干扰大呢？可见，评价噪声的影响，只有 A 声级是不够的，需要将非稳态噪声转变为一个在一定时间内稳定不变的值才能进行比较，为此提出了等效连续 A 声级评价量。

等效连续 A 声级又称为等能量 A 计权声级，它等效于在相同的时间间隔 t 内与非稳态噪声能量相等的连续稳定噪声的 A 声级，即将某一时段内非稳态噪声的不同 A 声级，用能量平均的方法，转化为一个在相同时间内声能与之相等的连续稳定的 A 声级，记为 L_{eq}，数学表达式为：

$$L_{eq} = 10\lg\frac{1}{T}\int_0^t 10^{0.1L_A}\,dt \tag{3-10}$$

式中，L_{eq} —— 在 t 时段内的等效连续 A 声级，dB（A）；

T —— 噪声暴露的时间，h 或 min；

L_A —— 在 t 时间内，A 声级变化的瞬时值，dB（A）。

当 L_A 为非连续离散值时，式（3-10）可写为：

$$L_{eq} = 10\lg\frac{1}{\sum t_i}\left(\sum 10^{0.1L_{Ai}}t_i\right) \tag{3-11}$$

式中，L_{Ai} —— t_i 时段内的 A 声级，dB（A）；

t_i —— 第 i 段时间，h 或 min。

由式（3-11）可知，某一时段（一天或一周时间）的稳态不变的噪声，其 A 声级就是等效连续 A 声级；如果某一时段（一天或一周时间）的非稳态噪声，可将不同的 A 声级按式（3-10）计算出其等效连续 A 声级，即折合成一个 A 声级表示这段时间内的噪声大小。等效 A 声级可用于持续时间不同的起伏噪声的测量。但对个别持续时间极短、脉冲噪声值较大的声级不能正确地反映，即危害程度不同的噪声仍可能有相同的等效连续 A 声级。

等效连续 A 声级的测量方法取决于噪声的变化情况。如果一天之内噪声的变化较大，而每天有相同的规律，则测量具有代表性的一天的等效连续 A 声级即可；如果噪声级不但在一天之内有变化，而且每天之间有较大变化，但仍有明显的周期性规律，则需要测量具有代表性的一周时间内的等效连续 A 声级。

由于噪声测量实际上是采用等时间间隔采样的，若时间划分的段数为 N，则式（3-11）可写为：

$$L_{eq}=10\lg\frac{1}{N}\sum 10^{0.1L_{Ai}} \tag{3-12}$$

如果 $N=100$，则：

$$L_{eq}=10\lg\left(\sum_{i=1}^{100}10^{0.1L_{Ai}}\right)-20 \tag{3-13}$$

如果 $N=200$，则：

$$L_{eq}=10\lg\left(\sum_{i=1}^{200}10^{0.1L_{Ai}}\right)-23 \tag{3-14}$$

【例题 3-4】某人一天工作 8 h，其中在 90 dB（A）下工作 2 h，在 88 dB（A）下工作 1 h，在 84 dB（A）下工作 3 h，其余时间在 78 dB（A）下工作，计算等效连续 A 声级。

解：将已知数据代入式（3-11）得：

$$L_{eq}=10\lg\frac{1}{2+1+3+2}\left(10^{0.1\times90}\times2+10^{0.1\times88}\times1+10^{0.1\times84}\times3+10^{0.1\times78}\times2\right)=86.4\text{ dB（A）}$$

按式（3-11）可导出一个近似计算公式，即按测量得到的 A 声级大小及持续时间进行整理，将其从小到大分成数段排列，略去 78 dB（A）以下的声级，78 dB（A）以上的声级按每段相差 5 dB（A）排列，每段以中心声级来表示，第一段规定用中心声级 80 dB（A）表示 78～82 dB（A）的声级，其余各段依此类推，分别为 80 dB（A）、85 dB（A）、90 dB（A）、95 dB（A）、100 dB（A）、105 dB（A）、110 dB（A）、115 dB（A）。段数与相应的中心声级和暴露时间表示见表 3-2。

表 3-2　各段中心声级和暴露时间

段数/n	1	2	3	4	5	6	7	8
中心声级/dB（A）	80	85	90	95	100	105	110	115
暴露时间/min	t_1	t_2	t_3	t_4	t_5	t_6	t_7	t_8

段数与中心频率的通式： $$L_n = 80 + (n-1) \times 5 \tag{3-15}$$

若每天工作时间以 8 h 计，低于 78 dB（A）的不予考虑，则一天的等效连续 A 声级有下列近似公式：

$$L_{eq} = 80 + 10\lg\frac{\sum_n 10^{\frac{n-1}{2}} \times t_n}{480} \tag{3-16}$$

式中，n —— 段数；

t_n —— 第 n 段噪声级在一天内的总暴露时间，min。

若每周工作时间以 40 h 计，则该噪声一周的等效连续 A 声级由下式计算：

$$L_{eq} = 70 + 10\lg\sum E_i \tag{3-17}$$

式中，E_i —— 相应于声级 L_i 部分的噪声暴露指数，$E_i = \frac{\Delta t_i}{40} \times 10^{0.1(L_i - 70)}$；

Δt_i —— 1 周 40 h 内声级 $L_i \pm 25$[dB(A)] 的时间。

（四）昼夜等效声级

等效声级对于衡量人群噪声暴露量是一个很重要的物理量，许多噪声生理效应的评价都可以用等效声级为指标评价。但是，等效声级也有缺点，有时会低估噪声的效应，特别是包含有脉冲成分与纯音成分的噪声。为了更好地评价城市环境噪声，在等效噪声的基础上，提出了昼夜等效声级评价量。

昼夜等效声级是考虑了噪声在夜间对人影响更严重，对所有夜间（22：00～06：00）出现的声级增加 10 dB（A）加权处理，用能量平均的方法得出 24 h 内 A 声级的平均值，记为 L_{dn}。计算公式为：

$$L_{dn} = 10\lg\frac{1}{24}\left[16 \times 10^{0.1L_d} + 8 \times 10^{0.1(L_n+10)}\right] \tag{3-18}$$

式中，L_{dn} —— 昼夜等效声级，dB（A）；

L_d —— 白天（06：00～22：00）的等效声级，dB（A）；

L_n —— 夜间（22：00～06：00）的等效声级，dB（A）。

三、噪声对语言干扰的评价

该类评价量着重描述影响语言交流的背景噪声，在影响语言交流的频率范围内，选择几个有代表性的频率，进行声压级平均。这类评价量主要有清晰度指数、语言干扰级和噪声评价曲线等。

（一）语言清晰度指数

语言清晰度指数是指一个正常的语言信号能被听者听懂的百分数。其评价通常在特定的实验条件下来进行，选择具有正常听力的男性和女性组成特定的试听队，对经过仔细选择的包括意义不连贯的音节和单句组成的试听材料进行测试。经过实验测得听者对音节所做出的正确响应与发送的音节总数之比的百分数，称为音节清晰度 S，若为有意义的语言单位，则称为语言可懂度，即语言清晰度指数 SI。

语言清晰度指数与声音的频率 f 有关，高频声比低频声的语言清晰度指数要高。同时，语言清晰度指数与背景噪声以及对话者之间的距离有关（图 3-5）。一般 95% 清晰度对语言通话是允许的，这是因为有些听不懂的单字或音节可以从句子中推测出来。在一对一的交谈中，距离通常为 1.5 m，背景噪声在 60 dB（A）以下即可保证正常的语言对话；若是在公共会议室或室外庭院环境中，交谈者之间的距离一般较远一些，背景噪声的 A 计权声级必须保持在 45～55 dB（A）以下方可保证正常的语言对话。

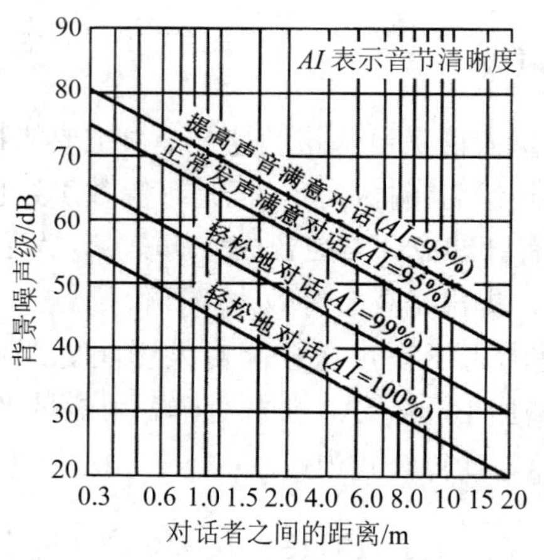

图 3-5　清晰度受干扰程度

（二）语言干扰级

人们在交谈时，背景噪声的大小会影响交谈的清晰度，为确定背景噪声对交谈的干扰程度，常用语言干扰级（SIL）来描述。它是由白瑞纳克（Beranek）提出的，作为对语言清晰度指数 SI 的简化代用量，它是中心频率 600～4 800 Hz 的 3 个倍频带声压级的算术平均值。后来的研究发现低于 600 Hz 的低频噪声的影响不能忽略，于是对原有的语言干扰级 SIL 作了修改，提出以 500 Hz、1 000 Hz、2 000 Hz 为中心频率的 3 个倍频带的平均声压级来表示，称为更佳语言干扰级（PSIL），常用来评价飞机座舱的噪声或其他场合下的噪声。其计算公式为：

$$\mathrm{PSIL}=\frac{L_{500}+L_{1\,000}+L_{2\,000}}{3} \tag{3-19}$$

式中，PSIL —— 更佳语言干扰级，dB；

L_{500}、$L_{1\,000}$、$L_{2\,000}$ —— 分别为 500 Hz、1 000 Hz、2 000 Hz 中心频率下的声压级，dB。

更佳语言干扰级 PSIL 与讲话声音的大小、交谈者距离之间的关系如表 3-3 所示。表中分贝值表示以稳态连续噪声作为背景噪声的 PSIL 值，表中所列出的是男性谈话者在一定的距离和相应干扰级情况下能勉强保证有效的语言通信。对于女性谈话者，应将干扰级降低 5 dB。测试条件是讲话者与听者面对面，用意想不到的字，并假定附近没有反射面加强语言声级。

表 3-3　更佳语言干扰级

对话者之间的距离/m	声音正常/dB	声音提高/dB	声音很响/dB	非常响/dB
0.15	74	80	86	92
0.30	68	74	80	86
0.60	62	68	74	80
1.20	56	62	68	74
1.80	52	58	64	70
3.70	46	52	58	64

从表中可以看出，两人相距 0.6 m 以正常声音对话，能保证听懂话的干扰级只允许 62 dB，如果背景噪声再提高，例如干扰级达到 74 dB，就必须提高讲话的声音或缩短谈话者之间的距离才能听懂讲话。

（三）噪声评价数曲线

A 声级和等效连续 A 声级等噪声评价量，可以对噪声的所有频率进行综合反映，也很容易测量，因此，国内外广泛使用，但不能对噪声的频谱特性以及相应的频带声压级进行评价。为了表示不同声级和不同频率的噪声对人造成的听力损失、语言干扰和烦恼的程度，国际标准化组织推荐使用一簇噪声评价曲线，即 NR 曲线，又称噪声评价数 NR。它是由柯士汀（Kosten）和范·奥斯（Vanos）于 1962 年提出的，可用于室内噪声评价或外界噪声评价，也可用于噪声控制工程设计。

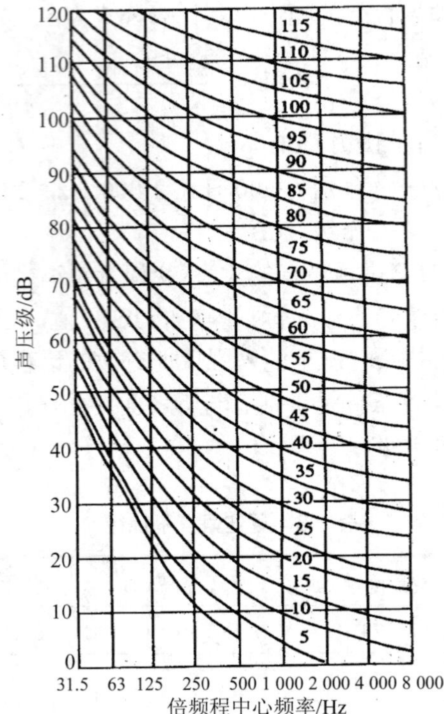

图 3-6 噪声评价数（NR）曲线

NR 曲线的序号为曲线通过中心频率 1 000 Hz 的声压级数值。它评价的噪声级范围是 0～130 dB，频率范围是 31.5～8 000 Hz 的 9 个倍频程，如图 3-6 所示。每一条曲线各中心频率下的声压级，均可查图得到，也可以按式（3-20）和表 3-4 计算得到。

$$L_p = a + b\text{NR} \tag{3-20}$$

式中，L_p —— 各中心频率下 NR 数对应的声压级，dB；

a，b —— 各中心频率对应的系数，dB；

NR —— 噪声评价曲线的 NR 号数。

表 3-4 不同中心频率的系数 ***a*** 和 ***b***

中心频率/Hz	63	125	250	500	1 000	2 000	4 000	8 000
a/dB	35.5	22.0	12.0	4.8	0	−3.5	−6.1	8.0
b/dB	0.790	0.870	0.930	0.974	1.000	1.015	1.025	1.030

NR 数与 A 声级有较好的相关性，一般来说，NR 数比 A 声级低 5 dB。

$$L_{\text{A}} = \text{NR} + 5 \tag{3-21}$$

式中，L_A —— 噪声 A 声级，dB（A）；

NR —— 噪声评价数。

这个关系可以应用于噪声控制的设计中，可以按比 A 声级低 5 dB（A）的噪声评价曲线来对各个倍频带声压级进行控制。例如，某风机房要求噪声低于 80 dB（A），则在进行噪声控制设计时，可以按 NR=75 dB 的曲线所对应的各倍频程声压级进行设计，即 63 Hz 带不超过 98 dB，125 Hz 带不超过 92 dB，250 Hz 带不超过 87 dB，500 Hz 带不超过 83 dB……依此类推。这样通过控制后的 A 声级就不会超过 80 dB（A）。

四、城市公共噪声的评价

现实生活中，许多环境噪声是属于非稳态的，对于这类噪声可以用前面叙述的等效连续 A 声级等评价量表达其大小，但噪声随机的起伏程度却没有表达出来，特别是对于城市公共噪声（交通噪声等），它时时刻刻在变化之中，是一种无规则噪声，声级会随着地点、时间和车辆种类的变化而起伏不定，往往几秒钟内变化数分贝甚至数十分贝，很显然不能用前面所介绍的评价量去评价城市公共噪声这种随时间变化强烈的特性。因此，通常采用统计的方法来评价城市公共噪声。

（一）累积百分声级

评价城市公共噪声常用统计方法，以噪声级出现的时间概率或累积概率来表示，称为统计声级或累积百分声级，它是在某点噪声级有较大波动时，用于描述该点噪声随时间变化状况的统计物理量，一般用 L_x 表示，指 x%的测量时间所超过的声级，更多时候用 L_{10}、L_{50}、L_{90} 表示。

L_{10}=90 dB（A）表示整个测量时间内有 10%的测量时间，噪声都超过 90 dB（A），称为峰值噪声，相当于峰值噪声级。

L_{50}=70 dB（A）表示整个测量时间内有 50%的测量时间，噪声超过 70 dB（A），称为平均噪声，相当于中值噪声级。

L_{90}=50 dB（A）表示整个测量时间内有 90%的测量时间，噪声都超过 50 dB（A），称为背景噪声，相当于本底噪声级。

根据数理统计方法，用累积百分声级求出标准偏差 σ，在规定的时间内，如采样数为 n，则标准偏差为：

$$\sigma=\sqrt{\frac{1}{n-1}\sum_{i=1}^{n}(L_i-\overline{L})^2} \tag{3-22}$$

式中，L_i —— 第 i 个声级，dB（A）；

$\overline{L}$ —— 所有声级的算术平均值，dB（A）；

n —— 测得声级的总个数。

由于城市交通干线噪声一般符合正态分布（$L_{eq}<L_{10}$），计算标准偏差可简单取近似值：

$$\sigma=\frac{1}{2}(L_{16}-L_{84}) \tag{3-23}$$

这种情况下的等效连续声级可近似计算为：

$$L_{eq}=L_{50}+\frac{(L_{10}-L_{90})^2}{60}=L_{50}+\frac{d^2}{60} \tag{3-24}$$

统计声级的计算方法是：将等时间间隔测量的 100 个数据从大到小顺序排列，第 10 个数据即为 L_{10}，第 50 个数据即为 L_{50}，第 90 个数据为 L_{90}。

实践证明，对于车辆流量较大的马路，L_{50} 数值和人们的主观吵闹感觉程度有较好的相关性，有些国家直接采用 L_{50} 评价交通噪声。但是，当车辆流量较少时，噪声随时间起伏变化较大，同样 L_{50} 数值的马路，噪声起伏变化数值越大，人们的主观烦恼度也越高。因此，在评价此类马路的噪声时，除了考虑 L_{50} 之外，也要兼顾 L_{10} 和 L_{90} 之间的差值。

等效声级、累积百分声级和标准偏差都是区域环境噪声与交通干线噪声的评价量。等效声级是噪声强度的评价值，累积百分声级和标准偏差则反映噪声起伏的情况。

（二）噪声污染级

噪声污染级也是用来评价人对噪声的烦恼程度的一种评价量，它是由综合能量平均值和变动特性两者的影响而提出的评价值，因此，它既包含了对噪声能量的评价，同时也包含了噪声涨落的影响。噪声污染级用标准偏差来反映噪声的涨落，标准偏差越大，表示噪声的离散程度越大，即噪声的起伏越大。噪声污染级用符号 L_{NP} 表示，其表达式为：

$$L_{NP}=L_{eq}+k\sigma \tag{3-25}$$

式中，σ —— 规定时间内噪声瞬时声级的标准偏差，dB（A）；

k —— 常量，一般取 2.56。

从式（3-25）可以看出：式中第一项取决于干扰噪声能量，累积了各个噪声在总的噪声暴露中所占的分量，其难以反映噪声起伏的情况；第二项取决于噪声事件的持续时间，是由于声级的起伏而带来增加的烦扰。起伏大的噪声，$k\sigma$ 项也大，对噪声污染级的影响就越大，更能引起人的烦恼。所以噪声污染级的意义是一种噪声的吵闹程度，除了与这种噪声的平均大小有关外，还与它的高低变化有关系，变化越大，同样使人觉得越吵闹。

噪声污染级的提出，最初是试图对各种变化的噪声做出一个统一的评价量，但到目前为止的主观调查结果并未显示出它与主观反映的良好相关性。事实上，噪声污染级并不能说明噪声环境中许多较小的起伏和一个大的起伏（如脉冲声）对人影响的区别。但它对许多公共噪声的评价，如道路交通噪声、航空噪声以及公共场所的噪声等评价是较适当的，它与噪声暴露的物理测量具有很好的一致性。

五、交通噪声评价

（一）城市道路交通噪声评价

交通噪声指数 TNI 是城市道路交通噪声评价的一个重要参量，它是在 24 h 周期内进行大量的室外 A 计权声级取样的基础上，统计得到随机噪声峰值 L_{10} 和本底噪声级 L_{90}，定义交通噪声指数为：

$$\mathrm{TNI}=4(L_{10}-L_{90})+L_{90}-30 \tag{3-26}$$

式中第一项表示“噪声气候”的范围，说明噪声的起伏变化程度，变化越大就越吵；第二项表示本底噪声状况，也是越大越吵；第三项是为了凑成一个较为方便的数据而加入的修正值。

TNI 评价量只适用于机动车辆噪声对周围环境干扰的评价，而且只限于车流量较多及附近无固定声源的时间和地段环境。对于车流量较少的环境，L_{10} 和 L_{90} 的差值较大，得到的 TNI 也很大，使计算数值明显地夸大了噪声的干扰程度。如繁忙的交通干线，L_{90}=65 dB，L_{10}=80 dB，TNI=95 dB；而车流量较少的街道，L_{10} 可能仍为 80 dB，但 L_{90} 却会降低到如 50 dB 的水平，TNI=140 dB。显然，后者因为噪声涨落大，引起的烦恼程度比前者大，但两者的差别如此之大，显然不合情理。

（二）铁路噪声的评价

随着列车的提速及运输量的增加，铁路噪声对沿线居民的干扰问题日益突出和普遍，如何正确地评价铁路噪声的污染和对周围环境的影响就显得非常重要。

铁路环境噪声评价方法主要有如下几种：

（1）主要考虑铁路噪声对环境的客观影响程度及范围，可用等效连续 A 声级作为评价指标。

（2）主要考虑噪声级出现的时间概率或累积概率，可用累积百分声级、交通噪声指数等作为评价指标。

（3）结合铁路环境噪声级的大小，综合考虑人口数量的因素，即考虑铁路噪声对沿线居民的实际影响。事实上，有些铁路沿线居民区的噪声级虽然比较高，但由于受其影响的人数较少，铁路环境噪声对居民的冲击影响不大。相反，人口较多的居民区噪声级虽然不高，但其对居民的实际冲击影响却很大。而且居民区内昼夜人口变化波动较大，一般白天家居人口较少，夜间较多。因此，以声级计权人口（LWP）

评价方法来综合评价铁路环境噪声对居民的实际影响较为合适。

该方法是对每一声级确定一个计权因子，然后把计权因子与该声级作用下的人口数相乘，乘积为 LWP 值。基本公式可表示为：

$$\mathrm{LWP} = \sum W_i P_i \tag{3-27}$$

式中，W_i —— 某一声级的计权因子，无因次量；

P_i —— 某一声级作用下的人口数。

具体做法是将评价区域内的声级按大小分成 n 个声级段，先分别求出每一声级段的 LWP，然后再把所有声级段的 LWP 相加，求出总的声级计权人口数 LWP。

采用声级计权人口来评价铁路环境噪声污染，使得低噪声对多数人的干扰和强噪声对少数人的干扰有了比较的依据，可以对铁路噪声对居民的实际影响做出合理的综合比较评价。

（三）有效感觉噪声级

为了更好地评价航空噪声，提出了有效感觉噪声级，它是在感觉噪声级 L_{PN} 的基础上，加上对持续时间的噪声中存在的可闻纯音或离散频率修正后的声级，用 L_{EPN} 表示。感觉噪声级 L_{PN} 经纯音修正后的声级表示为 L_{TPN}，持续时间修正为飞机飞越上空，其声级从未达到最高峰值前 10 dB 开始到从峰值下降 10 dB 为止的时间内，每隔 0.5 s 间隔的所有 L_{TPN} 的能量相加，并加以时间归一化（20 s）。修正过程如图 3-7 所示。

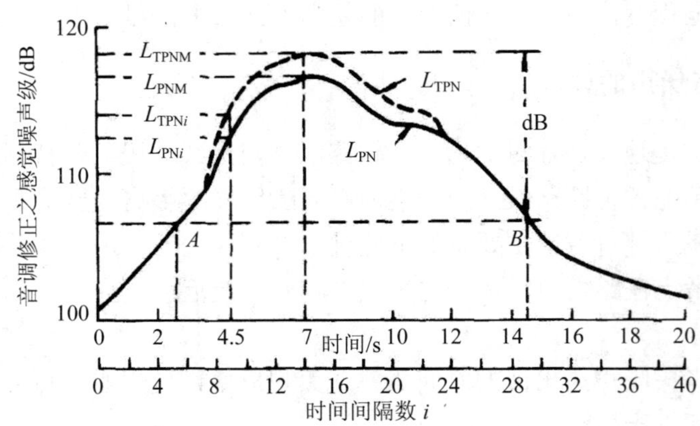

图 3-7　将纯音加在感觉噪声级相应分量上所得到的纯音修正的感觉噪声级随时间变化的曲线

经修正后得到的有效感觉噪声级可用数学表达式表示为：

$$L_{\mathrm{EPN}}=10\lg\sum_{i=0}^{N}10^{0.1L_{\mathrm{TPN}i}}-13 \tag{3-28}$$

式中，$L_{\mathrm{TPN}i}$ —— 第 i 个时间间隔的 L_{TPN}；

N —— 0.5 s 间隔的个数，$N=t/0.5$，t 为图中 A 到 B 的飞行时间。

（四）计权有效连续感觉噪声级

计权有效连续感觉噪声级是在有效感觉噪声级的基础上发展起来的，用于航空噪声的评价，用 L_{WECPN} 来表示。它的特点在于既考虑了 24 h 的时间内，飞机通过一固定点的飞行引起的总噪声级，同时也考虑了不同时间内的飞行所造成的不同环境影响。我国现行的《机场周围飞机噪声环境标准》就规定采用此法进行评价。

一日内计权有效连续感觉噪声级的计算公式为：

$$L_{\mathrm{WECPN}}=\overline{L}_{\mathrm{EPN}}+10\lg(N_1+3N_2+10N_3)-39.4 \tag{3-29}$$

式中，$\overline{L}_{\mathrm{EPN}}$ —— N 次飞行的有效感觉噪声级的能量平均值，dB；

N_1 —— 白天（07：00—19：00）的飞行次数；

N_2 —— 傍晚（19：00—22：00）的飞行次数；

N_3 —— 夜间（22：00—次日 7：00）的飞行次数。

六、其他类型噪声评价

（一）脉冲噪声的评价

根据噪声持续时间和出现的形态，可将其分为连续声和间断声；稳态声和非稳态声，非稳态声又包括波动声和脉冲声。声音持续时间小于 0.5 s，间隔时间大于 1 s，声压有效值在 0.5 s 以内变化大于 40 dB 者称脉冲噪声；声压波动小于 5 dB 称稳态噪声。

脉冲声对人的影响主要是主观听觉上的响度。由于脉冲噪声对人耳主观响度感觉的时间常数一般为 20～100 ms，当脉冲噪声在 100 ms 以上时，主观感觉的响度只与脉冲噪声的强度（声压级）有关；在 100 ms 以下时，响度除与声压级有关外，还和脉冲噪声的持续时间长短有关，持续时间长，人的主观感觉就越响，例如，一个短促的脉冲声，如果强度不变，时间长度由 3 ms 变为 5 ms，人听起来不是脉冲声时间长了，而是更响了。因此，短促的脉冲声其响度与声音的总能量有关，即与强度和时间的乘积有关。

评价脉冲噪声的主要物理参量有峰值声压级、持续时间、脉冲次数、脉冲的时间间隔（重复频率）、临界声压级、频谱和脉冲峰值上升时间等。无论从人的主观感觉响度，还是听力损伤和健康安全方面评价，峰值声压级都是主要的物理参量。国内外对枪炮噪声和爆炸声进行评价时，在其噪声标准中都将峰值声压级列为评价参量的首位。

（二）噪声冲击指数

要合理地评价噪声对环境的影响，除考虑噪声的强度、频率分布和波动等本身的性质以外，还应考虑受某一声级影响的人口数，即人口密度这一因素。人口密度较低情况下的高声级与人口密度较高条件下的低声级，对人群造成的总体干扰可以相仿。为此，提出了噪声冲击指数的概念，它表示在人类社会生活环境，如工作、学习、休息和生活多个方面，噪声长期或短期作用于某区域内全部人群的危害的总影响，它与一般噪声对单个人的作用不同。

噪声冲击指数 NII 可用下式计算：

$$\mathrm{NII}=\frac{\mathrm{TWP}}{\sum\limits_i P_i}=\frac{\sum\limits_i W_i P_i}{\sum\limits_i P_i} \tag{3-30}$$

式中，TWP —— 噪声冲击的总计权人口数，人；

P_i —— 全年或某段时间内受第 i 昼夜等效声级范围内影响的人口数，人；

$\sum\limits_i P_i$ —— 总人口数，人；

W_i —— 第 i 昼夜等效声级的计权因子，其数值见表 3-5。

表 3-5　不同 L_{dn} 范围的计权因子 W_i

L_{dn}/dB（A）	W_i	L_{dn}/dB（A）	W_i	L_{dn}/dB（A）	W_i
35～40	0.01	55～60	0.18	75～80	1.2
40～45	0.02	60～65	0.32	80～85	1.7
45～50	0.05	65～70	0.54	85～90	2.31
50～55	0.09	70～75	0.83	—	—

由公式可知，噪声冲击指数，也就是平均每人所受到的噪声冲击量。因此，它可用作对声环境质量的评价和不同环境的相互比较，以及供城市规划布局时考虑噪声对环境的影响，并做出选择，也可以用于计算和比较采取噪声控制后的效果。噪声冲击指数大，就表明噪声污染严重，利用噪声冲击指数可按表 3-6 来确定噪声影响的等级。

表 3-6　城市噪声影响评价等级

NII	≤0.03	≤0.07	≤0.25	≤0.44	≤1	>1
等级	1	2	3	4	5	6
	优	良	合格	差	很差	恶化

【例题 3-5】某居住区暴露在各种交通噪声的昼夜等效声级下的人数，如下表所列，计算噪声冲击指数，并说明该居住区噪声影响评价等级。

解：由 L_{dn} 的范围，从表 3-5 查出相应的计权因子 W_i 列于第 3 列，计算计权人口列于第 4 列。

噪声冲击指数
$$\text{NII}=\frac{\text{TWP}}{\sum_i P_i}=\frac{\sum_i W_i P_i}{\sum_i P_i}=\frac{20.11}{121.7}=0.165\,\text{dB（A）}$$

因为 0.165<0.25，故该居住区噪声影响评价等级为 3 级，属合格。

L_{dn}/dB（A）	P_i/100 万人	W_i	W_iP_i/100 万人
45～50	42.0	0.05	2.10
50～55	32.4	0.09	2.92
55～60	21.3	0.18	3.83
60～65	15.2	0.32	4.86
65～70	9.1	0.54	4.91
70～75	1.5	0.83	1.25
75～80	0.2	1.20	0.24
合计	121.7	—	20.11

第二节　噪声评价标准

制定科学而且可行的噪声评价标准应考虑以下问题：首先，应对噪声进行综合性研究；其次，应结合心理学、生理学和卫生学等知识；再次，要考虑国家的科学技术和经济发展水平。我国目前颁布实施的噪声法规及标准有《环境噪声污染防治法》《声环境质量标准》《交通运输限值标准》《产品限值标准》《噪声排放标准》等几大类。

一、声环境质量标准

（一）声环境质量标准

2008 年 10 月 1 日实施的《声环境质量标准》（GB 3096—2008）规定了五类环境功能区的环境噪声限值及测量方法。该标准适用于声环境质量评价与管理。机场周围区域受飞机通过（起飞、降落、低空飞越）噪声的影响，不适用于该标准。按区域的使用功能特点和环境质量要求，声环境功能区分为以下五种类型：

0 类声环境功能区：指康复疗养区等特别需要安静的区域。

1 类声环境功能区：指以居民住宅、医疗卫生、文化体育、科研设计、行政办公为主要功能，需要保持安静的区域。

2 类声环境功能区：指以商业金融、集市贸易为主要功能，或者居住、商业、工业混杂，需要维护住宅安静的区域。

3 类声环境功能区：指以工业生产、仓储物流为主要功能，需要防止工业噪声对周围环境产生严重影响的区域。

4 类声环境功能区：指交通干线两侧一定区域之内，需要防止交通噪声对周围环境产生严重影响的区域，包括 4a 类和 4b 类两种类型。4a 类为高速公路、一级公路、二级公路、城市快速路、城市主干路、城市次干路、城市轨道交通（地面段）、内河航道两侧区域；4b 类为铁路干线两侧区域。

各类声环境功能区使用于表 3-7 规定的环境噪声等效声级限值。

表 3-7　环境噪声限值　　单位：dB（A）

声环境功能区类别		时段	
		昼间	夜间
0 类		50	40
1 类		55	45
2 类		60	50
3 类		65	55
4 类	4a 类	70	55
	4b 类	70	60

表 3-7 中 4b 类声环境功能区类别环境噪声限值，适用于 2011 年 1 月 1 日起环境影响评价文件通过审批的新建铁路（含新开廊道的增建铁路）干线建设项目两侧区域。在下列情况下，铁路干线两侧区域不通过列车时的环境背景噪声限值，按昼间 70 dB（A）、夜间 55 dB（A）执行。① 穿越城区的既有铁路干线；② 对穿越城区的既有铁路干线进行改建、扩建的铁路建设项目。既有铁路是指 2010 年 12 月 31

日前已建成运营的铁路或环境影响评价文件已通过审批的铁路建设项目。

各类声环境功能区夜间突发噪声，其最大声级超过环境噪声限值的幅度不得高于 15 dB（A）。

城市区域应按照 GB/T 15190 的规定划分声环境功能区，分别执行本标准规定的 0、1、2、3、4 类声环境功能区环境噪声限值。

乡村区域一般不划分声环境功能区，根据环境管理的需要，县级以上人民政府环境保护行政主管部门可按以下要求确定乡村区域适用的声环境质量要求：① 位于乡村的康复疗养区执行 0 类声环境功能区规定；② 村庄原则上执行 1 类声环境功能区要求，工业活动较多的村庄以及有交通干线通过的村庄（指执行 4 类声环境功能区要求以外的地区）可局部或全部执行 2 类声环境功能区要求；③ 集镇执行 2 类声环境功能区要求；④ 独立于村庄、集镇之外的工业、仓储集中区执行 3 类声环境功能区要求；⑤ 位于交通干线两侧一定距离（参考 GB/T 15190 第 8.3 条规定）内噪声敏感建筑物执行 4 类声环境功能区要求。

（二）工业企业噪声卫生标准

1980 年 1 月 1 日开始试行《工业企业噪声卫生标准（试行草案）》规定：对于新建、扩建、改建的工业企业的生产车间和作业场所的工作地点，其噪声标准为 85 dB（A）；对于现有企业经过努力，暂时达不到标准的，其噪声容许值可取 90 dB（A）。对于每天接触噪声不到 8 h 的工种，根据企业种类和条件，噪声标准可按表 3-8 相应放宽。

表 3-8　车间内部容许噪声级

每个工作日噪声暴露时间/h	8	4	2	1
新建、扩建、改建企业允许噪声级/dB（A）	85	88	91	94
现有企业的允许噪声级/dB（A）	90	93	96	99
最高噪声级/dB（A）	不得超过 115			

《工业企业噪声卫生标准（试行草案）》对噪声源的频谱特性未做明确的规定。国际标准化组织（ISO）曾先后建议噪声评价数 *NR*=85 dB、*NR*=80 dB 作为听力损失的危险标准，这与上述标准一致，可作为使用时参考。

（三）机场周围环境噪声标准

《机场周围飞机噪声环境标准》（GB 9660—88）于 1988 年颁布实施。表 3-9 规定了两类区域的噪声最高限值。两类标准的适用区域为：

一类区域：特殊居住区；居住、文教区；

二类区域：除一类区域以外的生活区。

表 3-9 机场周围飞机噪声限值

适用区域	标准值/dB
一类区域	≤70
二类区域	≤75

本标准采用一昼夜的计权等效连续感觉噪声级作为评价量，用 L_{WECPN} 表示，单位为 dB。区域地带范围由当地人民政府划定。监测方法按照《机场周围飞机噪声测量方法》（GB 9661—88）执行。

二、交通运输噪声限值标准

（一）汽车加速行驶车外噪声限值

《汽车加速行驶车外噪声限值及测量方法》（GB 1495—2002）中规定了汽车加速行驶时，其车外最大噪声级不应超过表 3-10 规定的限值。GVM——最大总质量（t）；*P*——发动机额定功率（kW）。

表 3-10 汽车加速行驶车外噪声限值

汽车分类	噪声限值/ dB（A）	
	第一阶段	第二阶段
	2002.10.1—2004.12.30 期间生产的汽车	2005.1.1 以后生产的汽车
M_1	77	74
M_2（GVM≤3.5 t）或 N_1（GVM≤3.5 t）：		
GVM≤2 t	78	76
2 t<GVM≤3.5 t	79	77
M_2（3.5 t<GVM≤5 t）或 M_3（GVM>5 t）：		
P<150 kW	82	80
P≥150 kW	85	83
N_2（3.5 t<GVM≤12 t）或 N_3（GVM>12 t）：		
P<75 kW	83	81
75 kW≤*P*<150 kW	86	83
P≥150 kW	88	84

说明：①M_1，M_2（GVM≤3.5 t）和 N_1 类汽车装用直喷式柴油机时，其限值增加 1 dB（A）。
②对于越野汽车，其 GVM≤2 t 时，如果 *P*<150 kW，其限值增加 1 dB（A）；如果 *P*≥150 kW，其限值增加 2 dB（A）。
③M_1 类汽车，若其变速器前进挡多于四个，*P*>140 kW，*P*/GVM 之比大于 75 kW/t，并且用第三挡测试时其尾端出线的速度大于 61 km/h，则其限值增加 1 dB（A）

（二）三轮汽车和低速货车加速行驶车外噪声限值

《三轮汽车和低速货车加速行驶车外噪声限值及测量方法》（GB 19757—2005）中规定了三轮汽车和低速货车加速行驶时，其车外噪声限值应符合表3-11中的规定。

表3-11　三轮汽车和低速货车加速行驶车外噪声限值

试验性质	实施阶段	噪声限值/ dB（A）	
		装多缸柴油机的低速货车	三轮汽车及装单缸柴油机的低速货车
型式核准	第Ⅰ阶段	≤83	≤84
	第Ⅱ阶段	≤81	≤82
生产一致性检查	第Ⅰ阶段	≤84	≤85
	第Ⅱ阶段	≤82	≤83

表3-11中第Ⅰ阶段为2005年7月1日，第Ⅱ阶段为2007年7月1日。自规定的型式核准执行日起，凡进行加速行驶噪声排放型式核准的三轮汽车和低速货车都必须符合标准要求。在规定执行日期之前，可以按照本标准的相应要求进行型式核准的申请和批准。对于按照本标准批准型式核准的三轮汽车和低速货车，其生产一致性检查，自批准之日起执行。自规定的型式核准执行日期之后一年起，所有制造和销售的三轮汽车和低速货车，其如加速行驶噪声排放必须符合本标准生产一致性检查限值要求。

（三）摩托车和轻便摩托车定置噪声排放限值和加速行驶噪声限值

《摩托车和轻便摩托车定置噪声排放限值及测量方法》（GB 4569—2005）中规定了在用摩托车和轻便摩托车定置噪声限值如表3-12所示。

表3-12　摩托车和轻便摩托车定置噪声排放限值

发动机排量/ml	噪声限值/ dB（A）	
	第一阶段	第二阶段
	2005年7月1日前生产的摩托车和轻便摩托车	2005年7月1日起生产的摩托车和轻便摩托车
≤50	85	83
＞50且≤125	90	88
＞125	94	92

《摩托车和轻便摩托车加速行驶噪声限值及测量方法》（GB 16169—2005）中规定了摩托车和轻便摩托车型式核准试验加速行驶噪声限值如表 3-13 和表 3-14 所示。

表 3-13　摩托车型式核准试验加速行驶噪声限值

发动机排量/ml	噪声限值/ dB（A）			
	第一阶段		第二阶段	
	2005 年 7 月 1 日前		2005 年 7 月 1 日起	
	两轮摩托车	三轮摩托车	两轮摩托车	三轮摩托车
≤50	77		75	
＞50 且≤125	80	82	77	80
＞125	82		80	

表 3-14　轻便摩托车型式核准试验加速行驶噪声限值

设计最高车速/（km/h）	噪声限值/ dB（A）			
	第一阶段		第二阶段	
	2005 年 7 月 1 日前		2005 年 7 月 1 日起	
	两轮轻便摩托车	三轮轻便摩托车	两轮轻便摩托车	三轮轻便摩托车
≤25	70	76	66	76
＞25 且≤50	73		71	

各阶段生产摩托车（含轻便摩托车）生产一致性检查试验的实施日期与型式核准试验相同，生产一致性检查试验加速行驶噪声限值比型式核准试验加速行驶噪声限值高 1 dB（A），并且生产一致性检查试验的实测噪声值不得高于型式核准试验的实测噪声值加 3 dB（A）。

三、家用电器噪声限值标准

《家用和类似用途电器噪声限值》（GB 19606—2004）规定的电冰箱、空调器、洗衣机、微波炉、油烟机、电风扇噪声限值见表 3-15～表 3-20。

表 3-15　电冰箱噪声限值（声功率级）　　单位：dB（A）

容积/L	直冷式电冰箱	风冷式电冰箱	冷柜
＜250	45	47	47
＞250	48	52	55

表 3-16 空调器噪声限值（声压级） 单位：dB（A）

额定制冷量/kW	室内噪声限值/dB（A）		室外噪声限值/dB（A）	
	整体式	分体式	整体式	分体式
＜2.5	52	40	57	52
2.5～4.5	55	45	60	55
＞4.5～7.1	60	52	65	60
＞7.1～14		55		65
＞14～28		63		68

表 3-17 洗衣机噪声限值（声功率级） 单位：dB（A）

洗衣机洗涤噪声限值	62
洗衣机脱水噪声限值	72

表 3-18 微波炉噪声限值（声功率级） 单位：dB（A）

微波炉噪声限值	68

表 3-19 吸油烟机噪声限值（声功率级） 单位：dB（A）

风量/（m^3/min）	噪声/ dB（A）
≥7～10	71
≥1～12	72
≥12	73

表 3-20 电风扇噪声限值（声功率级） 单位：dB（A）

台扇、壁扇、台地扇、落地扇		吊扇	
规格/mm	噪声/dB（A）	规格/mm	噪声/dB（A）
≤200	59	≤900	62
＞200～250	61	＞900～1 050	65
＞250～300	63	＞1 050～1 200	67
＞300～350	65	＞1 200～1 400	70
＞350～400	67	＞1 400～1 500	72
＞400～500	70	＞1 500～1 800	75
＞500～600	73		

四、噪声控制限值标准

（一）工业企业厂界环境噪声排放标准

2008年10月1日实施的《工业企业厂界环境噪声排放标准》（GB 12348—2008）规定了工业企业和固定设备厂界环境噪声排放限值及其测量方法。该标准适用于工业企业噪声排放的管理、评价及控制。机关、事业单位、团体等对外环境排放噪声的单位也按该标准执行。标准规定工业企业厂界环境噪声不得超过表3-21规定的排放限值。

表3-21 工业企业厂界环境噪声排放限值 单位：dB（A）

厂界外声环境功能区类别	时段	
	昼间	夜间
0类	50	40
1类	55	45
2类	60	50
3类	65	55
4类	70	55

夜间频发噪声的最大声级超过限值的幅度不得高于 10 dB（A）；夜间偶发噪声的最大声级超过限值的幅度不得高于15 dB（A）。

工业企业若位于未划分声环境功能区的区域，当厂界外有噪声敏感建筑物时，由当地县级以上人民政府参照GB 3096和GB/T 15190的规定确定厂界外区域的声环境质量要求，并执行相应的厂界环境噪声排放限值。

当厂界与噪声敏感建筑物距离小于1 m时，厂界环境噪声应在噪声敏感建筑物的室内测量，并将表3-21中相应的限值减10 dB（A）作为评价依据。

当固定设备排放的噪声通过建筑物结构传播至噪声敏感建筑物室内时，噪声敏感建筑物室内等效声级不得超过表3-22和表3-23规定的限值。

（二）社会生活环境噪声排放标准

2008年10月1日实施的《社会生活环境噪声排放标准》（22337—2008）规定了营业性文化娱乐场所和商业经营活动中可能产生环境噪声污染的设备、设施边界噪声排放限值和测量方法。本标准适用于对营业性文化娱乐场所和商业经营活动中使用了向环境排放噪声的设备、设施管理、评价与控制。标准规定社会生活噪声排放源边界噪声不得超过表3-24规定的排放限值。

表 3-22　结构传播固定设备室内噪声排放限值（等效声级）　　单位：dB（A）

噪声敏感建筑物声环境所处功能区类别＼时段＼房间类型	A 类房间		B 类房间	
	昼间	夜间	昼间	夜间
0	40	30	40	30
1	40	30	45	35
2、3、4	45	35	50	40

说明：A 类房间是指以睡眠为主要目的，需要保证夜间安静的房间，包括住宅卧室、医院病房、宾馆客房等。B 类房间是指主要在昼间使用，需要保证思考与精神集中、正常讲话不被干扰的房间，包括学校教室、会议室、办公室、住宅中卧室以外的其他房间等。

表 3-23　结构传播固定设备室内噪声排放限值（倍频带声压级）　　单位：dB

噪声敏感建筑所处声环境动能区类别	时段	频率/Hz＼房间类别	室内噪声倍频带声压级限值				
			31.5	63	125	250	500
0	昼间	A、B 类房间	76	59	48	39	34
	夜间	A、B 类房间	69	51	39	30	24
1	昼间	A 类房间	76	59	48	39	34
		B 类房间	79	63	52	44	38
	夜间	A 类房间	69	51	39	30	24
		B 类房间	72	55	43	35	29
2、3、4	昼间	A 类房间	79	63	52	44	38
		B 类房间	82	67	56	49	34
	夜间	A 类房间	72	55	43	35	29
		B 类房间	76	59	48	39	34

表 3-24　社会生活噪声排放源边界噪声排放限值　　单位：dB（A）

边界外声环境功能区类别	时段	
	昼间	夜间
0 类	50	40
1 类	55	45
2 类	60	50
3 类	65	55
4 类	70	55

在社会生活噪声排放源边界处无法进行噪声测量或测量的结果不能如实反映其对噪声敏感建筑物的影响程度下，噪声测量应在可能受影响的敏感建筑物窗外 1 m 处进行。

当社会生活噪声排放源边界与噪声敏感建筑物距离小于 1 m 时，应在噪声敏感建筑物的室内测量，并将表 3-24 中相应的限值减 10 dB（A）作为评价依据。

在社会生活噪声排放源位于噪声敏感建筑物内情况下，噪声通过建筑物结构传播至噪声敏感建筑物室内时，噪声敏感建筑物室内等效声级不得超过表 3-22 和表 3-23 规定的限值。

对于在噪声测量期间发生非稳态噪声（如电梯噪声等）的情况，最大声级超过限值的幅度不得高于 10 dB（A）。

（三）工业企业噪声控制设计规范

《工业企业噪声控制设计规范》（GBJ 87—1985）规定了工业企业厂区内各类地点噪声 A 声级的噪声限值，见表 3-25。表中限制值为工作 8 h 的情况，当每天噪声暴露时间不足 8 h，按噪声暴露时间减半，噪声限值增加 3 dB（A）处理。表内的室内背景噪声是指室内无声源发声的条件下，从室外经由墙、门、窗（门窗开闭状态为常规状态）传入室内的平均噪声值。

表 3-25　工业企业厂区内各类地点噪声标准　　单位：dB（A）

<table>
<tr><th colspan="2">地点类别</th><th>噪声限值</th></tr>
<tr><td colspan="2">生产车间及作业场所（工人每天连续接触噪声 8 h）</td><td>90</td></tr>
<tr><td rowspan="2">高噪声车间设置的值班室、观察室、休息室（室内噪声背景值）</td><td>无电话通话要求时</td><td>75</td></tr>
<tr><td>有电话通话要求时</td><td>70</td></tr>
<tr><td colspan="2">精密装配线、精密加工车间的工作地点、计算机房（正常工作状态）</td><td>70</td></tr>
<tr><td colspan="2">车间所属办公室、实验室、设计室（室内背景噪声级）</td><td>70</td></tr>
<tr><td colspan="2">主控制室、集中控制室、通信室、电话总机室、消防值班室（室内背景噪声级）</td><td>60</td></tr>
<tr><td colspan="2">厂部所属办公室、会议室、设计室、中心实验室（包括试验、化验、计量室）（室内背景噪声级）</td><td>60</td></tr>
<tr><td colspan="2">医务室、教室、哺乳室、托儿所、工人值班宿舍（室内背景噪声级）</td><td>55</td></tr>
</table>

（四）建筑施工场界噪声限值

2012 年 7 月 1 日实施的《建筑施工场界环境噪声排放标准》（GB 12523—2011）规定了建筑施工场界环境噪声排放限值及测量方法。该标准适用于周围有噪声敏感建筑物的建筑施工噪声排放的管理、评价及控制。市政、通信、交通、水利等其他类型的施工噪声排放可参照该标准执行。该标准不适用于抢修、抢险施工过程中产生噪声的排放监管。建筑施工过程中场界环境噪声不得超过表3-26规定的排放限值。

表 3-26 建筑施工场界环境噪声限值 单位：dB（A）

昼间	夜间
70	55

夜间噪声最大声级超过限值的幅度不得高于 15 dB（A）。当场界距噪声敏感建筑物较近，其室外不满足测量条件时，可在噪声敏感建筑物室内测量，并将表 3-26 中相应的限值减 10 dB（A）作为评价依据。

（五）铁路边界噪声限值

1991 年 3 月 1 日实施的《铁路边界噪声限值及其测量方法》（GB 12525—90）修改方案规定既有铁路是指2010年12月31日前已经建成运营的铁路或环境影响评价文件已通过审批的铁路建设项目。既有铁路噪声按表 3-27 的规定执行。

表 3-27 既有铁路边界噪声限值（等效声级 L_{eq}） 单位：dB（A）

时段	噪声限值
昼间	70
夜间	70

新建铁路（含新开廊道的增建铁路）边界铁路噪声按表 3-28 的规定执行。新建铁路是指自 2011 年 1 月 1 日起环境影响评价文件通过审批的铁路建设项目（不包括改、扩建既有铁路建设项目）。

表 3-28 新建铁路边界铁路噪声限值（等效声级） 单位：dB（A）

时段	噪声限值
昼间	70
夜间	60

思考题与习题

1. 什么是响度和响度级，等响曲线有什么实际意义？
2. 什么是计权声级，常见的计权网络有哪几种，各有何特点？
3. 什么是等效连续 A 声级，它的作用是什么？
4. 什么叫统计声级，有何意义？

5. 什么是噪声污染级，噪声污染级的意义是什么？

6. 什么是交通噪声指数，解释其计算公式中各项的意义。

7. 为什么要引入噪声冲击指数，有什么作用？

8. 某噪声各倍频带声压级如下表所示，请根据计算响度的斯蒂文斯法，计算此噪声的总响度和响度级。

频率/Hz	63	125	250	500	1 000	2 000	4 000	8 000
声压级/dB	45	50	54	63	67	65	53	70

9. 某噪声源治理前后的声压级测量结果如下表所示，求响度下降的百分率。

中心频率/Hz	500	1 000	2 000	4 000	8 000
治理前声压级/dB	89	91	88	84	81
治理后声压级/dB	82	84	80	79	73

10. 某噪声的倍频程声压级如下表所示，试求该噪声的A计权声级及其NR数。

频率/Hz	63	125	250	500	1 000	2 000	4 000	8 000
声压级/dB	55	58	59	63	79	73	68	65

11. 某发电机房工人一个工作日暴露于91 dB（A）噪声中2.5 h，95 dB（A）噪声中3 h，其余时间均在噪声为75 dB（A）的环境中。试求该工人一个工作日所受噪声的等效连续A声级。

12. 工人甲每天在80 dB（A）的噪声环境下工作8 h，工人乙每天在73 dB（A）的噪声环境下工作4 h、在80 dB（A）的噪声环境下工作2 h、在90 dB（A）的噪声环境下工作2 h，问甲乙二人谁受到噪声的危害比较大。

13. 为考核某车间内8 h的等效连续A声级。8 h中按等时间间隔测量车间内噪声的A计权声级，共测试得到96个数据。经统计，A声级在85 dB（A）段[包括83～87 dB（A）]的共12次，在90 dB（A）段[包括88～92 dB（A）]的共12次，在95dB（A）段[包括93～97 dB（A）]的共48次，在100 dB（A）段[包括98～102 dB（A）]的共24次。试求该车间的等效连续A声级。

14. 甲地区白天等效连续A声级为63 dB（A），夜间为50 dB（A）；乙地区白天等效A声级为61 dB（A），夜间为53 dB（A），请问哪一地区的环境对人们的影响更大？

15. 对某区域噪声普查，测得的结果见下表，计算该区域的昼夜等效声级。

昼夜	白天（06：00～22：00）				夜间（22：00～06：00）		
时间/h	4	5	3	4	1	3	4
A声级/dB（A）	55	58	53	59	45	47	49

16. 阅读《工业企业噪声卫生标准（试行草案）》，如果某车间设备发出稳态连续噪声，噪声控制前后的声压级如下表所示。根据该标准判断，治理前后操作人员分别能在其环境中工作多长时间？

中心频率/Hz	125	250	500	1 000	2 000	4 000	8 000
治理前声压级/dB	102	99	97	94	85	83	74
治理后声压级/dB	92	89	91	85	81	79	71

第四章 噪声测量技术

【知识目标】

本章要求了解噪声测量技术的背景与发展动态；熟悉声级计的构造与性能；理解声级计的工作原理；掌握仪器的使用方法及噪声测量方法。

【能力目标】

通过对本章内容的学习，学生能熟练使用普通声级计、精密声级计及频谱分析仪等噪声测量仪器；能独立完成一般性噪声测量及噪声控制工程测量。

噪声测量是环境噪声监测、评价、控制和研究的重要手段。熟悉噪声测量仪器的性能及使用方法，掌握噪声测量方法，是准确测量噪声的基础。

第一节　噪声测量仪器

随着集成电路和信号处理技术的快速发展，声学测量仪器的研发与生产正向着体积小、重量轻以及多功能的方向发展。

一、声级计

声级计是根据国际及国家标准按一定频率计权和时间计权测量声压级和计权声级的仪器，是声学测量中最常用的基本仪器。适用于室内噪声、环境噪声、机器噪声、车辆噪声等各种噪声的测量。也可用于电声学、建筑声学等的测量。

1. 声级计的分类

除一般用途的普通声级计，特殊用途的声级计种类较多，如脉冲声级计、积分声级计、噪声统计分析仪、噪声剂量计、噪声采集器、噪声显示屏和可以进行频谱分析的声级计等。

国际电工委员会发布的IEC651标准和国家标准GB 3785—83按照测量精度将声级计分成四种基本类型（表 4-1），在环境噪声测量中，主要使用Ⅰ型和Ⅱ型声级计。

表 4-1 声级计分类表（按测量精度区分）

类型	精密级声级计		普通级声级计	
	0	I	II	III
精度	±0.4 dB	±0.7 dB	±1 dB	±1.5 dB
用途	实验室标准仪器	实验室精密仪器	现场测量仪器	监测普查仪器

2. 声级计的构造和工作原理

声级计一般由传声器、放大器、衰减器、计权网络、方均根检波器和指示仪表组成（图 4-1）。

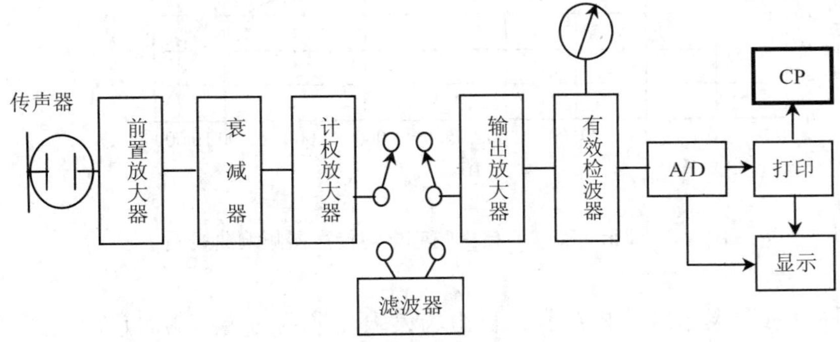

图 4-1 声级计构造示意图

（1）传声器

传声器是将声信号（声压）转换为电信号（交变电压）的声电换能装置。按照换能原理和结构的不同，传声器可分为晶体传声器、电动式传声器、电容传声器和驻极体传声器等。在声级计中一般均用电容式测试传声器，它具有性能稳定、动态范围宽、频率响应平直、体积小等优点，但内阻高，需要用阻抗变换器与后面的衰减器和放大器匹配才能正常工作。电容传声器的结构示意图如图 4-2 所示。

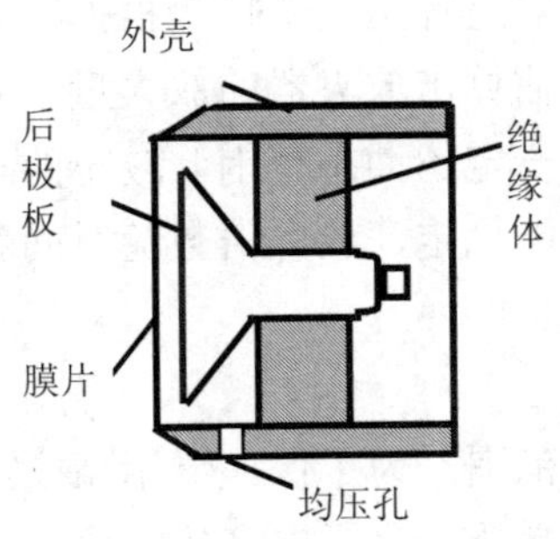

图 4-2 电容传声器结构示意图

电容传声器的灵敏度有三种表示方法：自由场灵敏度、声压灵敏度和扩散场灵敏度。自由场灵敏度是传声器输出端的开路电压与传声器放入前测点自由场声压的比值；声压灵敏度是输出端开路电压与作用在传声器膜片上的声压的比值；扩散场灵敏度是输出端的开路电压与传声器未放入前测点扩散场声压的比值。

因为传声器放入声场，在该点产生散射作用，从而使实际作用在膜片上的声压比传声器放入前该点的声压大，高频时比较明显。图 4-3 给出了 1 in[1 in（英寸）=2.54 cm]自由场响应电容传声器的三种灵敏度频响曲线。它们在 1 kHz 以下是相同的，而且基本平直，1 kHz 以上则响应不同。

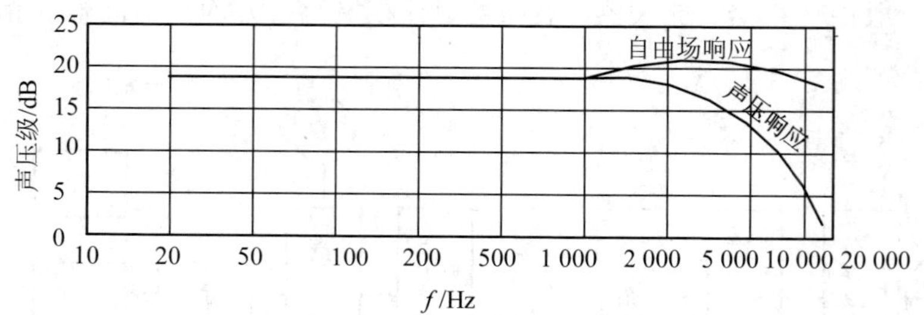

图 4-3　1 in（英寸）自由响应电容传声器频响曲线图

与三种灵敏度表示方法相对应，自由场灵敏度平直的传声器叫自由场型（或声场型）传声器，主要用于消声室等自由场测试，它能比较真实地测量出传声器放入前该点原来的自由场声压，声级计中就是使用这种传声器。声压灵敏度平直的传声器叫声压型传声器，主要用于仿真耳等腔室内使用。扩散场灵敏度平直的叫扩散场型传声器，用于扩散场测量。

传声器的外形尺寸有 1 in（英寸）（ϕ23.77 mm）、1/2 in（ϕ12.7 mm）、1/4 in（ϕ6.35 mm）、1/8 in 等。现在用得最多的是 1/2 in，它的保护罩外径为 ϕ13.2 mm。

（2）前置放大器

由于电容传声器电容量很小，内阻很高，而后级衰减器和放大器阻抗不可能很高，因此中间需要加前置放大器进行阻抗变换。根据声级计的最低声级测量范围要求及电表电路的灵敏度，可以估算出放大器的放大量。对放大器要求具有较高的输入阻抗和较低的输出阻抗，有一定的动态范围，较小的非线性失真和较宽的频率范围，并要求在使用过程中，性能稳定，放大倍数随时间和温度的变化小，以保证测量的准确性和可靠性。

（3）衰减器

声级计要求有较大的测量范围，为了保证显示精度，检波器和指示器量程范围一般都很小，这就需要采用衰减器。为了提高信噪比，将衰减器分为输入衰减器和输出衰减器。输入衰减器放在第一组放大器前面，作用是将接收的强信号衰减，不使输入放大器过载。由于输入衰减器不能降低第一组放大器所产生的噪声，信噪比指标不好，而输出衰减器接在第一组放大器和第二组放大器之间，获得的信噪比指标好，所以使用时输出衰减器尽量处在最大衰减位置。

（4）计权放大器

用于将微弱信号放大，按要求进行频率计权，即频率滤波。声级计中一般均设置有 A 计权，也可设置 C 计权或线性等计权网络。通常 A、B、C 计权分别模拟 40 方、70 方和 100 方等响曲线倒置加权，线性计权的测量值是声音的声压级。

（5）有效检波器

用于将交流信号检波整流成直流信号。直流信号大小与交流信号有效值成比例，有时也增加峰值检波器。检波器要有一定的时间计权特性："快"特性时间常数为 0.125 s，"慢"特性时间常数为 1 s。在脉冲声级计中，为了测量不连续的脉冲声和冲击声，设置有"脉冲"特性，它具有快上升、慢下降的特性，上升时间常数为 15 ms，下降时间常数为 1 s。

（6）电表、A/D 变换器、数字指示器

电表即模拟指示器，用来直接指示被测声级的分贝数。A/D 变换器将模拟信号变换成数字信号，以便进行数字指示或送 CPU 进行计算处理。数字指示器以数字形式直接指示被测声级的分贝数，读数更加直观。数字显示器通常为液晶显示（LCD）或发光二极管显示（LED），前者耗电省，后者亮度高。采用数字指示的声级计又称数显声级计。

（7）CPU 和打印机

微处理器（单片机 CPU）对测量值进行计算和处理。打印机打印测量结果，通常使用微型打印机。

3. 声级计的校准和主要附件

（1）声级计的校准

为保证测量的准确性，声级计使用前后要进行校准。通常使用活塞发声器、声级校准器或其他声压校准仪器来进行声学校准。

使用活塞发声器对声级计进行校准时，声级计计权开关应置于"线性"或"C"计权位置。因为活塞发声器发出的是 250 Hz 的声音，"线性"和"C"计权在 250 Hz 处的频率响应是平直的，而"A"和"B"计权在 250 Hz 处分别有 8.6 dB 和 1.3 dB 的衰减，不能用于校准。校准时，① 把活塞发生器紧密套入电容传声器的头部，推开活塞发生器的电源开关，使其发出 124 dB 的声信号；② 调节声级计的"校准"电位器，使其读数刚好是 124 dB；③ 关闭并取下活塞发声器，声级计校准完毕。

使用声级校准器进行声学校准时，因为它发声的频率是 1 000 Hz，声级计可以置于任意计权开关位置。因为在 1 000 Hz 处任何计权或线性响应，灵敏度都相同。

校准时，把声级校准器套入电容传声器头部，调节声级计“校准”电位器，使声级计读数刚好是声级校准器产生的声压级。对于 1 in 或 φ24 mm 外径的自由场响应电容传声器，校准值为 93.6 dB；对于 1/2 in 或 φ12 mm 外径的自由场响应电容传声器，校准值为 93.8 dB。

（2）声级计的主要附件

声级计的主要附件有防风罩、鼻锥、延伸电缆等。防风罩是用多孔泡沫塑料或尼龙细网做成的球。在室外测量时，为了防止风吹在传声器上而产生附加的风噪声，应将风罩套在传声器头上，这可以大大衰减风噪声，而对声音并无衰减。防风罩的使用有一定的限度，当风速大于 5 m/s 时，即使采用防风罩，对不太高的声级测量结果仍有影响，所测量的声压级越高，风速的影响就越小。

有较高风速影响的情况下，在传声器上将会因为湍流而产生噪声。鼻锥尤其适宜于在固定风向和固定风速中测量噪声。鼻锥做成流线型是为了尽可能降低对空气的阻力，从而降低因气流而产生的噪声的影响，同时也改善了传声器的全方向特性。

在一些对测量结果要求较高的情况下，为避免测量仪器和监测人员对声场的干扰，或在不可能接近测点的情况下，可以使用延伸电缆将传声器延伸到测点位置。延伸电缆有两种结构，对于前置放大器不能移出的声级计，采用双层屏蔽延伸电缆，连接在传声器和声级计之间，长度一般不超过 3 m，大约有不到 1 dB 的附加衰减，这时应重新进行声学校准。对于前置放大器可以移出的声级计，采用多芯延伸电缆，连接在前置放大器和声级计之间。由于前置放大器的输出阻抗较低，因此，可以使用较长的延伸电缆，如 30 m。

二、频谱分析仪

为了解噪声的频率组成，需要进行频谱分析时，可以配备 1 倍频程滤波器或 1/3 倍频程滤波器。这是两种恒定百分比带宽的带通滤波器。1 倍频程滤波器的带宽是 100%，1/3 倍频程滤波器是 23%。为了统一起见，国际标准及国家标准对滤波器的中心频率、带宽及衰减特性等做了规定。

声级计、积分声级计或噪声统计分析仪，与 1 倍频程滤波器或 1/3 倍频程滤波器结合在一起，就组成了频谱分析仪，如 AWA5633A 型数显声级计或 AWA5610B 型积分声级计加 AWA5721 型倍频程滤波器组成一般用途的频谱分析仪，可进行 1 倍频程频谱分析；AWA5671 型积分声级计和 AWA6218 型噪声统计分析仪加上 AWA5721 型 1 倍频程滤波器或 AWA5722 型 1/3 倍频程滤波器组成频谱分析仪，可进行 1 倍频程、1/3 倍频程频谱分析，并在 LCD 上列表显示每个频带的声压级或显示频谱分布图，还可以通过 UPS40TS 打印机，列表打印或打印频谱分布图。

有的仪器将声级计和滤波器装在一个机壳内组成频谱分析仪，如 AWA6270 型噪声频谱分析仪，它既可以进行 1 倍频程、1/3 倍频程分析，也可以进行噪声的统计分析，还可以用于机场噪声和建筑声学的测量，使用更加方便。

近年来，实时频谱分析仪已逐渐广泛应用。采用数字滤波、FFT 等先进数字信号处理技术，对噪声信号进行实时分析，在很短的几十毫秒时间内即可获得整个频率范围的频谱分析图。AWA6290 型频谱分析仪就是一种全数字化 I 型声级计。由主机及笔记本电脑（或微机）组成，主机采集声信号，电脑进行数字信号处理。可以同时测量并显示 A（或 C）声级、声压级、1（或 1/3）倍频程频谱图及列表、8192 线 FFT 分析，也可以进行时域或频域数据存盘。

三、记录仪

为了在实验室详细研究和分析噪声的频谱特性，常需要在现场把噪声信号记录并储存起来。经常采用的信号记录和储存仪器有电平记录仪和磁带记录仪。

电平记录仪是实验室经常使用的一种记录仪器，它可以将声级计、振动计、频谱仪和磁带记录仪的电信号直接记录在坐标纸上，以便于保存和分析。常用的记录方式有两种，级—时间图形和级—频率图形。电平记录仪是由电路和机械装置构成的。声音由传声器转换成电信号，经放大器输入记录仪线圈，线圈位于记录仪的磁性系统中，由轻质金属杆相连，杆的另一端装有笔尖。当信号输入电平记录仪时，线圈中有电流变化，在磁场力的作用下沿直线滑竿运动，运动的幅度和速度与声压级成正比关系，带动与之相连的金属杆，笔尖在等速齿轮带动的纸带上绘出噪声级随时间变化的时间谱。如果把频谱仪和电平记录仪联合使用，可记录噪声的频谱图。频谱的带宽可以按需要选择不同的滤波器。

磁带记录仪是一种经常采用的现场测量信号记录储存仪器，可将噪声信号记录在磁带上。磁带记录仪的工作原理与家用录音机相同，但在频响范围、动态范围和信噪比等性能上比录音机性能要求高得多。它的组成大致可分为以下三个部分。

① 机械系统。它由电动机、机械传动部件、飞轮、带盘等部分组成。它的作用是使磁带以一定的速度通过磁头。除保证正确走带之外，还具有使磁带快进、倒带、停止等功能。对稳定录音质量有很重要的作用。

② 磁系统。包括录音、放音和抹音磁头三个部分。录音磁头是把声频电信号变成为磁场强度的变化信号；放音磁头是把磁带上的磁感应强度变化信号变成声频电信号；抹音磁头是抹掉磁带上录制的声音信号。

③ 电子放大系统。由录音放大器、放音放大器、抹音和偏磁振荡器、电源整流器等部分组成，主要部分是录放音放大器，它的作用是将电磁信号放大。偏磁振荡器的作用是使磁带在录音时预加磁化以减小录音的非线性畸变。

四、微机控制测量仪器

计算机技术的快速发展，带动了噪声测量和分析技术的迅速发展，涌现了一系列新型的噪声测量和分析仪器，使噪声测量和分析更加快速与准确。

1. 噪声声级分析仪

对于道路交通噪声、航空噪声、某些环境噪声等随时间变化的非稳态噪声，我国标准规定采用 L_{eq}、L_5、L_{10}、L_{50}、L_{90}、L_{95} 等量作为评价量。噪声声级分析仪可以和带有前置放大器的传声器及声级计联用，可以有 1～4 个通道同时进行测量。动态范围一般为 70～110 dB，不用变挡即可测量梯度变化较大的噪声。声级分档、取样时间及取样时间间隔可以自行调节。时间网络有快、慢、脉冲峰值等档位。通常可以打印出瞬时值 L_p、等效声级 L_{eq}、统计声级 L_X、交通噪声指数 TNI、噪声污染级 L_{pN} 等。有些声级分析仪还可以计算出最大值、最小值、标准偏差，同时能绘出统计曲线和累积曲线。

2. 实时分析仪

进行频率分析时，噪声必须依次通过相邻的滤波器，无论是自动记录还是手动调节，一次频率分析都需要一定的时间才能完成，窄带分析则需要更多的时间。但有的噪声持续时间很短，如行驶中的汽车、飞机、火车发出的噪声，以及瞬时即逝的脉冲声级等，用依次通过的滤波器测量时间不够，对这类噪声进行频谱分析，必须使用具有瞬时频率分析功能的装置。实时分析仪就是把瞬时噪声信号立即全部显示在屏幕上，存储后可以利用电平记录仪、计算机等记录或打印。

经常使用的实时分析仪有两种，一种是 1/3 倍频带实时分析仪，另一种是窄带实时分析仪。1/3 倍频带实时分析仪是将输入信号通过前置放大器，输给多个并联的 1/3 倍频程滤波器，每一个滤波器都有自己的检波器、积分器和储存电路。通过开关和逻辑电路在显示器上显示，几十毫秒的时间即可显示一个频谱。

窄带实时分析仪是利用时间压缩原理，把输入信号存入数字储存器，通过模/数转换系统中的高速取样，用模拟滤波器分析。窄带实时分析仪分辨率很高。如果把窄带实时分析仪和小型电子计算机连接起来，可以组成一个数据自动采集和处理系统。

3. 快速傅里叶分析仪

快速傅里叶分析仪的原理是通过若干取样的瞬时值，借助傅里叶分析方法在计算机上快速计算，求出各个频率的分量，通过附属设备进行显示和记录。

利用快速傅里叶分析仪的基本软件可以求出功率谱、互功率谱、自相关函数、互相关函数、相干函数、传输函数等参数。此类仪器和分析技术被广泛应用于声源分析、声源识别、振动传播过程分析等领域。

简便、迅速和准确地测量和分析噪声的前提是选择合理的测量系统和仪器组合。

测量仪器的选择和组合是根据测量目的及现场条件等确定的。各种测量仪器可能组合的示意图见图 4-4。

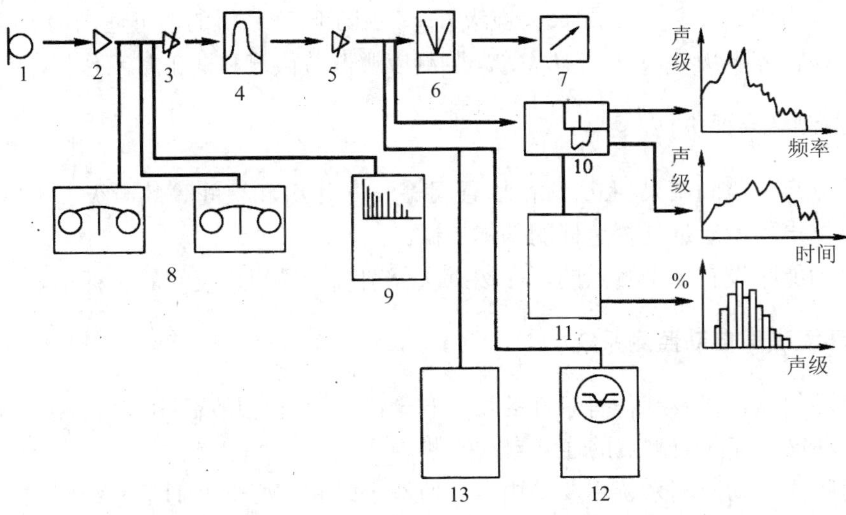

1. 传声器；2. 前置放大器；3，5. 放大器；4. 滤波器；6. 检波器；7. 表头；8. 磁带记录仪；9. 实时分析仪；10. 电平分析仪；11. 统计分布仪；12. 示波器；13. 声级分析仪

图 4-4 测量系统的仪器组合示意图

第二节 噪声测量方法

一、声环境功能区监测方法

声环境功能区噪声监测目的是评价不同声环境功能区昼间、夜间的声环境质量，了解功能区环境噪声时空分布特征。

（一）定点监测法

1. 监测要求

选择能反映各类功能区声环境质量特征的监测点 1 至若干个，进行长期定点监测，每次测量的位置、高度应保持不变。

对于 0、1、2、3 类声环境功能区，该监测点应为户外长期稳定、距地面高度为声场空间垂直分布的可能最大值处，其位置应能避开反射面和附近的固定噪声源；4 类声环境功能区监测点设于 4 类区内第一排敏感建筑物户外交通噪声空间垂直分布的可能最大处。

声环境功能区监测每次至少进行一昼夜 24 h 的连续监测，得出每小时及昼间、夜间的等效声级 L_{eq}、L_d、L_n 和最大声级 L_{max}。用于噪声分析的，可适当增加监测项目，如累积百分声级 L_{10}、L_{50}、L_{90} 等。监测应避开节假日和非正常工作日。

2．监测结果评价

各监测点位监测结果独立评价，以昼间等效声级 L_d 和夜间等效声级 L_n 作为评价各监测点位声环境质量是否达标的基本依据。

一个功能区设有多个测点的，应按点次分别统计昼间、夜间的达标率。

3．环境噪声自动监测系统

重点环保城市以及其他有条件的城市和地区宜设置环境噪声自动监测系统，进行不同声环境功能区监测点的连续自动监测。

环境噪声自动监测系统主要是由自动监测子站和中心站及通信系统组成，其中自动监测子站由全天候户外传声器、智能噪声自动监测仪器、数据传输设备等构成。

（二）普查监测法

1．0～3 类声环境功能区普查监测

（1）监测要求

将要普查监测的某一声环境功能区划分成多个等大的正方格，网格要完全覆盖住被普查的区域，且有效网格总数应多于 100 个。测点应设在每一个网格的中心，测点条件为一般户外条件。

监测分别在昼间工作时间和夜间 22：00～24：00（时间不足可顺延）进行。在前述监测时间内，每次每个测点测量 10 min 的等效声级 L_{eq}，同时记录噪声主要来源。监测应避开节假日和非正常工作日。

（2）监测结果评价

将全部网格中心测点测量 10 min 的等效声级 L_{eq} 做算术平均运算，所得到的平均值代表某一声环境功能区的总体环境噪声水平，并计算标准偏差。

根据每个网格中心的噪声值及对应的网格面积，统计不同噪声影响水平下的面积百分比，以及昼间、夜间的达标面积比例。有条件可估算受影响人口数量。

2．4 类声环境功能区普查监测

（1）监测要求

以自然路段、站场、河段等为基础，考虑交通运行特征和两侧噪声敏感建筑物

分布情况，划分典型路段（包括河段）。在每个典型路段对应的 4 类区边界上（指 4 类区内无噪声敏感建筑物存在时）或第一排噪声敏感建筑物户外（指 4 类区内有敏感建筑物存在时）选择 1 个测点进行噪声监测。这些测点应与站、场、码头、岔路口、河流汇入口等相隔一定的距离，避开这些地点的噪声干扰。

监测分昼、夜两个时段进行。分别测量如下规定时间内的等效声级 L_{eq} 和交通流量，对铁路、城市轨道交通线路（地面段），应同时测量最大声级 L_{max}，对道路交通噪声应同时测量累积百分声级 L_{10}、L_{50}、L_{90}。

根据交通类型的差异，规定的测量时间为：

铁路、城市轨道交通（地面段）、内河航道两侧：昼、夜间各测量不低于平均运行密度的 1 h 值，若城市轨道交通（地面段）的运行车次密集，测量时间可缩短至 20 min。

高速公路、一级公路、二级公路、城市快速路、城市主干路、城市次干路两侧：昼、夜间各测量不低于平均运行密度的 20 min 值。

监测应避开节假日和非正常工作日。

（2）监测结果评价

将某条交通干线各典型路段测得的噪声值，按路段长度进行加权算术平均，以此得出某条交通干线两侧 4 类声环境功能区的环境噪声平均值。

也可以对某一区域内的所有铁路、确定为交通干线的道路、城市轨道交通（地面段）、内河航道按前述方法进行长度加权统计，得出针对某一区域某一交通类型的环境噪声平均值。

根据每个典型路段的噪声值及对应的路段长度，统计不同噪声影响水平下的路段百分比，以及昼间、夜间的达标路段比例。有条件的可估算受影响人口数量。

对某条交通干线或某一区域某一交通类型采取抽样测量的，应统计抽样路段比例。

二、噪声敏感建筑物监测方法

噪声敏感建筑物监测的目的是了解敏感建筑物户外（或室内）的环境噪声水平，评价是否符合所处声环境功能区的环境质量要求。

（一）监测要求

监测点一般设于噪声敏感建筑物户外。不得不在噪声敏感建筑物室内监测时，应在门窗全打开状况下进行室内噪声监测，并采用较该噪声敏感建筑物所在声环境功能区对应环境噪声限值低 10 dB（A）的值作为评价依据。

对敏感建筑物的环境噪声监测应在周围环境噪声源正常工作条件下测量，视噪声源的运行工况，分昼、夜两个时段连续进行。根据环境噪声源的特征，可优化测量时间：

1．受固定噪声源的噪声影响

稳态噪声测量 1 min 的等效声级 L_{eq}；非稳态噪声测量整个正常工作时间（或代表性时段）的等效声级 L_{eq}。

2．受交通噪声源的噪声影响

对于铁路、城市轨道交通（地面段）、内河航道，昼、夜各测量不低于平均运行密度的 1 h 等效声级 L_{eq}，若城市轨道交通（地面段）的运行车次密集，测量时间可缩短至 20 min。对于道路交通，昼、夜各测量不低于平均运行密度的 20 min 等效声级 L_{eq}。

3．受突发噪声的影响

以上监测对象夜间存在突发噪声的，应同时监测测量时段内的最大声级 L_{max}。

（二）监测结果评价

以昼间、夜间环境噪声源正常工作时段的 L_{eq} 和夜间突发噪声 L_{max} 作为评价噪声敏感建筑物户外（或室内）环境噪声水平，是否符合所处声环境功能区的环境质量要求的依据。

三、工业企业厂界环境噪声测量方法

（一）测量仪器

（1）测量仪器为积分平均声级计或环境噪声自动监测仪，其性能应不低于 GB 3785 和 GB/T 17181 对 2 型仪器的要求。测量 35 dB（A）以下的噪声应使用 1 型声级计，且测量范围应满足所测量噪声的需要。校准所用仪器应符合 GB/T 15173 对 1 级或 2 级声校准器的要求。当需要进行噪声的频谱分析时，仪器性能应符合 GB/T 3241 中对滤波器的要求。

（2）测量仪器和校准仪器应定期检定合格，并在有效使用期限内使用；每次测量前、后必须在测量现场进行声学校准，其前、后校准示值偏差不得大于 0.5 dB（A），否则测量结果无效。

（3）测量时传声器加防风罩。

（4）测量仪器时间计权特性设为“F”档，采样时间间隔不大于 1 s。

（二）测量条件

1. 气象条件

测量应在无雨雪、无雷电天气，风速为 5m/s 以下时进行。不得不在特殊气象条件下测量时，应采取必要措施保证测量准确性，同时注明当时所采取的措施及气象情况。

2. 测量工况

测量应在被测声源正常工作时间进行，同时注明当时的工况。

（三）测点位置

1. 测点布设

根据工业企业声源、周围噪声敏感建筑物的布局以及毗邻的区域类别，在工业企业厂界布设多个测点，其中包括距噪声敏感建筑物较近以及受被测声源影响大的位置。

2. 测点位置一般规定

一般情况下，测点选在工业企业厂界外 1 m、高度 1.2 m 以上、距任一反射面距离不小于 1 m 的位置。

3. 测点位置其他规定

（1）当厂界有围墙且周围有受影响的噪声敏感建筑物时，测点应选在厂界外 1 m，高于围墙 0.5 m 以上的位置。

（2）当厂界无法测量到声源的实际排放状况时（如声源位于高空、厂界设有声屏障等），应按测点位置一般规定设置测点，同时在受影响的噪声敏感建筑物户外 1 m 处另设测点。

（3）室内噪声测量时，室内测量点位设在距任一反射面至少 0.5 m 以上，距地面 1.2 m 高度处，在受噪声影响方向的窗户开启状态下测量。

（4）固定设备结构传声至噪声敏感建筑物室内，在噪声敏感建筑物室内测量时，测点应距任一反射面至少 0.5 m 以上，距地面 1.2 m，距外窗 1 m 以上，窗户关闭状态下测量。被测房间内的其他可能干扰测量的声源（如电视机、空调机、排气扇以及镇流器较响的日光灯、运转时出声的时钟等）应关闭。

（四）测量时段

（1）分别在昼间、夜间两个时段测量。夜间有频发、偶发噪声影响时同时测量最大声级。

（2）被测声源是稳态噪声，采用 1 min 的等效声级。

（3）被测声源是非稳态噪声，测量被测声源有代表性时段的等效声级，必要时测量被测声源整个正常工作时段的等效声级。

（五）背景噪声测量

1．测量环境

不受被测声源影响且其他声环境与测量被测声源时保持一致。

2．测量时段

与被测声源测量的时间长度相同。

（六）测量记录

噪声测量时需做测量记录。记录内容应主要包括：被测量单位名称、地址、厂界所处声环境功能区类别、测量时气象条件、测量仪器、校准仪器、测点位置、测量时间、测量时段、仪器校准值（测前、测后）、主要声源、测量工况、示意图（厂界、声源、噪声敏感建筑物、测点等位置）、噪声测量值、背景值、测量人员、校对人、审核人等相关信息。

（七）测量结果修正

（1）噪声测量值与背景噪声值相差大于 10 dB（A）时，噪声测量值不做修正。

（2）噪声测量值与背景噪声值相差在 3～10 dB（A）时，噪声测量值与背景噪声值的差值取整后，按表 4-2 进行修正。

（3）噪声测量值与背景噪声值相差小于 3 dB（A）时，应采取措施降低背景噪声后，视情况按 1 或 2 执行；仍无法满足前两款要求的，应按环境噪声监测技术规范的有关规定执行。

表 4-2　测量结果修正表　　单位：dB（A）

差值	3	4～5	6～10
修正值	－3	－2	－1

（八）测量结果评价

（1）各个测点的测量结果应单独评价。同一测点每天的测量结果按昼间、夜间进行评价。

（2）最大声级 L_{max} 直接评价。

四、机器设备噪声现场测量

机器设备噪声现场测量应遵照各有关测试规范进行，避免或减少环境背景噪声的影响，测点应尽可能接近机器噪声源，关闭其他无关的机器，减少测量环境的反射面，增加吸声面积等。对于室外或高大车间内的机器噪声，没有其他声源影响时，测点可选在距机器稍远的位置。选择测点应使被测机器的直达声大于本底噪声 10 dB（A），至少要大于 3 dB（A）。对于大小不同的机器和空气动力机械进排气噪声的测点位置和数目，一般情况下可按如下原则选择测点。

外形尺寸小于 0.3 m 的小型机器，测点距设备表面 0.3 m。外形尺寸在 0.3～1 m 的中型机器，测点距设备表面 0.5 m。尺寸大于 1 m 的大型机器，测点距设备表面 1 m。特大型或危险性设备，测点可选在较远的位置。测点数目可视机器设备的大小和发声部位的多少选取 4～8 个测点等。测点高度以机器设备半高度为准或选择在机器设备轴水平线的水平面上，传声器对准机器设备表面，测量 A、C 声级和倍频带声压级，并在相应测点上测量背景噪声。

测量各种类型的通风机、鼓风机、压缩机等空气动力性机械的进排气噪声和内燃机、燃气轮机的进排气噪声时，进气噪声测点应在吸气口轴向，与管口平面距离大于等于 1 倍管口直径，也可选在距离管口平面 0.5 m 或 1 m 等位置。排气噪声测点应选在与排气口轴线夹角成 45°方向，或在管口平面上距管口中心 0.5 m、1 m、2 m 处。测点布置见图 4-5。进排气噪声应测量 A、C 声级和倍频带声压级，必要时测量 1/3 倍频带声压级。

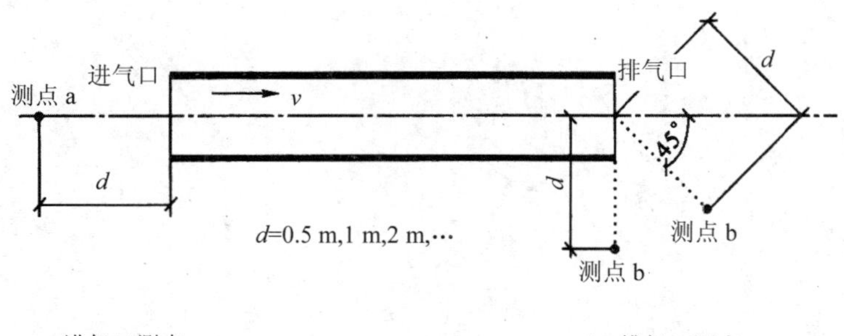

图 4-5　进、排气噪声测点位置示意图

机器设备噪声测量的结果，随测点位置的不同差异较大，各国的测量规范对测点位置都有专门的规定，如果受条件限制不能按规范要求布置测点时，必须注明测点位置，必要时应详细记录测量场地的声学环境。

思考题与习题

1. 国际电工委员会和国家标准将声级计分为哪几种基本类型，各有何用途，环境噪声测量时主要使用哪些类型的声级计？

2. 简述声级计的工作原理、使用方法和校准方法。

3. 环境噪声测量通常使用哪种传声器，请简述这种传声器的工作原理。

4. 简述声级计主要附件的作用和使用条件。

5. 欲了解城市噪声污染的空间分布规律时，可选择哪种测量方法，简述这种测量方法的基本要点。

6. 欲了解城市噪声污染的时间分布规律时可选择哪种测量方法，简述这种测量方法的基本要点。

7. 工业企业厂界噪声测量布点应注意什么问题？

8. 工业企业机器设备噪声现场测量时应如何布点？

9. 登录生态环境部网站，查阅《声环境质量标准》(GB 3096—2008)、《工业企业厂界环境噪声排放标准》(GB 12348 —2008)、《社会生活环境噪声排放标准》(GB 22337—2008)、《建筑施工场界环境噪声排放标准》(GB 12523—2011)，掌握测量条件、测点布置、测量方法和评价方法等。

第五章 吸声技术

【知识目标】

本章要求了解吸声系数及吸声量的概念；熟悉吸声材料的性能及影响材料吸声效果的因素；理解吸声结构的结构形式及吸声原理；掌握吸声结构设计的计算方法及设计要领。

【能力目标】

通过对本章内容的学习，学生能独立完成吸声工程的现场勘察与数据测量工作；能应用已有的吸声理论知识编制吸声工程方案；能独立完成小型吸声工程的设计工作。

工业与民用建筑的墙壁一般是由硬而实的材料构成，如混凝土天花板、抹灰墙面及水泥地面等。这些材料与空气的特性阻抗相差较大，吸声能力较小，反射能力较强，入射声波遇到此类壁面很容易发生反射。如果室内声源向空间辐射声波时，接收者听到的不仅有从声源直接传来的直达声，还有经过壁面一次和多次反射形成的混响声。当两个声音到达人耳的时间差在50毫秒之内时，人耳往往分辨不出是两个声音，因而由于直达声与混响声的叠加，会增强接收者听到的声音强度，同一台机器在室内时，给人的感觉比在室外响得多。试验表明，在室内离噪声源较远区域的声音强度，可比室外高出约10 dB（A）左右。

能够吸收较高声能的材料或结构称为吸声材料或吸声结构。如果将吸声材料或吸声结构安装在房间内表面，使其吸收部分入射到壁面上的声能，使反射声减弱，接收者听到的只有直达声和已减弱的混响声，使总噪声级降低，这种降低噪声的方法在工程上称作吸声技术，简称吸声。吸声处理可使一般建筑室内的噪声级降低3～5 dB（A），使混响声较强的车间降低6～10 dB（A）。

第一节　吸声系数和吸声量

一、吸声系数

（一）吸声系数的定义

当声波在传播过程中遇到各种固体材料时，一部分声能被反射，一部分声能被材料内部吸收，还有一部分声能透过材料继续向前传播，如图 5-1 所示。吸声材料吸声能力的大小通常用吸声系数表示，吸声系数定义为吸收声能（包括透射声能）与入射声能之比，记为α，即：

$$\alpha = \frac{E_\alpha + E_t}{E_i} = \frac{E_i - E_r}{E_i} = 1 - r_I \tag{5-1}$$

式中，E_i—— 入射总声能，J；

E_α—— 被材料吸收的声能，J；

E_t—— 透过材料的声能，J；

E_r—— 被材料反射的声能，J；

r_I—— 声强的反射系数。

α 值的变化一般在 0～1 之间。α=0，表示声能全反射，材料不吸声；α=1，表示材料吸收全部声能，无声能反射。吸声系数α 值越大，材料的吸声性能越好。

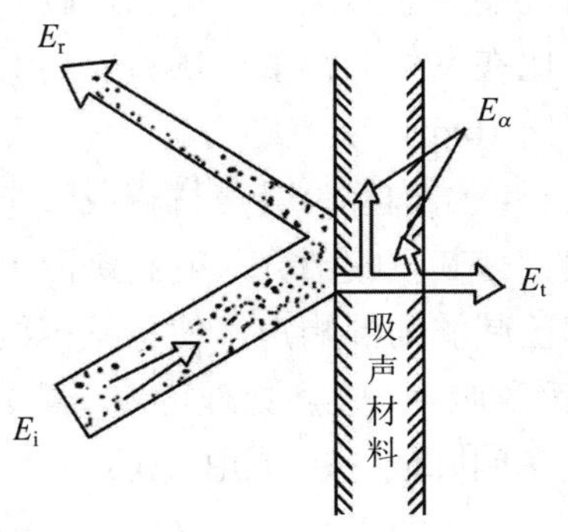

图 5-1　吸声示意图

（二）平均吸声系数

吸声系数不仅与吸声材料本身的吸声性能有关，而且与入射声波的频率有关，同样的吸声材料，如果入射声波的频率不同，吸声系数的大小也不同。在工程中常用平均吸声系数表示吸声材料的吸声能力大小，它是指吸声材料对 125～4 000 Hz 六个倍频程的吸声系数的算术平均值，记为$\overline{\alpha}$。$\overline{\alpha}>0.2$ 的材料称为吸声材料。

二、吸声量

吸声量定义为材料的吸声系数与其吸声面积的乘积，即：

$$A=\alpha S \tag{5-2}$$

式中，A —— 吸声量，m^2；

α —— 材料的吸声系数；

S —— 材料的吸声面积，m^2。

如果房间各壁面使用的是不同的吸声材料，则房间各壁面的总吸声量 A 为各壁面的吸声量之和，即：

$$A=\sum_{i=1}^{n}A_i=\sum_{i=1}^{n}\alpha_i s_i \tag{5-3}$$

式中，A_i —— 第 i 种材料组成的壁面的吸声量，m^2；

α_i —— 第 i 种材料的吸声系数；

s_i —— 第 i 种材料组成的壁面的面积，m^2。

由此可以计算出房间的平均吸声系数$\overline{\alpha}$为：

$$\overline{\alpha}=\frac{A}{S}=\frac{\sum_{i=1}^{n}\alpha_i s_i}{\sum_{i=1}^{n}s_i} \tag{5-4}$$

注意，这里所指房间的平均吸声系数，是房间各内表面积敷设的不同吸声材料吸声系数的平均值，而平均吸声系数则是同一种吸声材料的吸声系数对不同频率入射声波的平均值，两者不能混淆。

三、吸声系数的测量

吸声材料的吸声系数通常由试验测得，主要测量方法有混响室法和驻波管法两种。

（一）混响室法

把被测吸声材料（或吸声结构）按一定的要求放置于专门的声学实验室 —— 混响室中进行测量，将不同频率的声波以相同的概率从各个角度入射到材料的表面，然后根据混响室内放进吸声材料前后混响时间的变化来确定材料的吸声系数。用这种方法测得的吸声系数，称为混响室法吸声系数或无规则入射吸声系数，记为α_s。混响室法测得的吸声系数比较接近材料的使用实际，在材料的实际使用中具有普遍意义。

混响室内声场是理想的混响声场，且声波为无规则入射，其测量原理是：分别测量出空室的平均吸声系数、混响时间和有待测材料时的混响时间，根据赛宾公式有：

$$T = \frac{0.161V}{S\overline{\alpha} + 4mV} \tag{5-5}$$

$$T' = \frac{0.161V}{S\overline{\alpha'} + 4mV} \tag{5-6}$$

式中，T，T' —— 分别为空室和有待测材料时的混响时间，s；

$\overline{\alpha}$，$\overline{\alpha'}$ —— 分别为空室和有待测材料时的平均吸声系数；

V —— 混响室的容积，m^3；

S —— 混响室的内表面积，m^2；

m —— 声音在空气中的衰减常数，m^{-1}。

由上两式可得：

$$\overline{\alpha'} - \overline{\alpha} = \frac{0.161V}{S}\left(\frac{1}{T'} - \frac{1}{T}\right) \tag{5-7}$$

再根据房间的平均吸声系数的定义有：

$$\overline{\alpha'} = \frac{\alpha_m s_m + (S - s_m)\overline{\alpha}}{S} \tag{5-8}$$

式中，α_m，s_m —— 待测材料的吸声系数，面积。

整理得：

$$\alpha_m = \left(\overline{\alpha} - \overline{\alpha'}\right)\frac{S}{s_m} + \overline{\alpha} \tag{5-9}$$

即：

$$\alpha_m = \frac{0.161V}{s_m}\left(\frac{1}{T'} - \frac{1}{T}\right) + \overline{\alpha} \tag{5-10}$$

可见，只要在混响室中测量出$\overline{\alpha}$、T、T'即可用上式得出吸声材料的吸声系数。

（二）驻波管法

驻波管采用截面面积均匀的圆形或正方形管，管壁以密实且刚硬的材料制成，内表面平滑，且无微细缝隙。驻波管法测量的是声波沿材料表面垂直方向传播时的吸声系数，称为驻波管法吸声系数或垂直入射吸声系数，记为α_0。

用驻波管法测量的吸声系数，则是在垂直入射时的情况，与材料的实际相差较远。但驻波管法所用设备简单，方法简便，特别适用于不同材料吸声系数的对比测量。一般工程上使用以混响室法测量为好，但也可用驻波管法测量出材料的吸声系数α_0，再由表 5-1 换算出相应混响室法吸声系数α_s。

表 5-1　α_0和α_s的换算表

驻波管法吸声系数α_0	0.10	0.20	0.30	0.40	0.50	0.60	0.70	0.80
混响室法吸声系数α_s	0.25	0.40	0.50	0.60	0.75	0.85	0.95	0.98

第二节　多孔吸声材料

一、多孔材料的吸声原理

多孔吸声材料的结构特征是在材料表面和内部有无数的微细孔隙，这些孔隙互相贯通并且与外界相通，因而具有一定的通气性。其固体部分在空间组成骨架，称作筋络，筋络的作用就是把较大的空隙分隔成许多微小的通路。

当声波入射到材料表面时，一部分在材料表面上反射，另一部分则透入到材料内部向前传播，在传播过程中引起孔隙中的空气运动，与形成孔壁的固体筋络发生摩擦，由于黏滞性和热传导效应，将声能转变为热能而消耗掉。声波在刚性壁面反射后，经过材料内部回到表面，一部分声波透回空气中，另一部分又返回材料内部，声波的这种在材料内部反复传播的过程，就是将声能不断地转换为热能的过程，如此反复，直到平衡，这样，就使相当一部分声能被吸收。

二、影响吸声材料吸声特性的因素

多孔材料一般对中高频声波具有良好的吸声效果。多孔吸声材料的吸声特性不仅与入射声波的频率有关，它还与材料本身特性（如容重、厚度等因素）以及材料的使用条件（如温度、湿度、气流、背后空气层等因素）有关。因此，在选择吸声材料时，必须注意到影响吸声材料吸声性能的诸多因素。

（一）材料容重（密度）及厚度的影响

影响多孔材料吸声特性的主要因素是材料的孔隙率、空气流阻和结构因子，其中以空气流阻最为重要。

空气流阻是指在稳定的气流状态下，吸声材料中的压力梯度与气流速度之比，它反映了空气通过多孔材料时阻力的大小。单位厚度材料的流阻称为比流阻。当材料的厚度不大时，比流阻越大，说明空气穿透量越小，吸声性能会下降；若比流阻越小，空气穿透量大，但声能因摩擦力、黏滞力而损耗的效率也就低，吸声性能也会下降。所以多孔材料存在一个合适的比流阻范围。

在实际工程中，测定材料的比流阻比较困难，但可以通过材料的容重进行定性的分析。对于同一种纤维材料，容重越大，孔隙率越小，比流阻越大；反之比流阻越小。由于材料的比流阻有一个合适的范围，相应地，其容重也存在一个合适的范围，材料的容重过大或过小都对吸声不利（如常用超细玻璃棉的最佳容重是 15～25 kg/m^3）。通常，材料厚度一定时，随着容重的增加，较大吸声系数值将向低频方向移动。但是容重过大时，中、高频吸声性能会显著下降。

如果材料的容重确定，比流阻不变，增加厚度对吸声系数增大有利，同时对低频声的吸收增加，对高频声影响不大。厚度增加 1 倍，吸声频率特性曲线的峰值向低频方向近似移动一个倍频程。但增加到一定厚度时，再继续增加厚度，对吸声性能的改善作用就不明显了。在实际工程中，考虑经济成本及安装的方便，对于中、高频噪声，一般可采用 2～5 cm 厚的成型吸声板；对低频吸声要求较高时，则采用 5～10 cm 厚的吸声板。

图 5-2 分别给出了不同厚度和容重的超细玻璃棉的吸声系数随容重和厚度的变化情况。

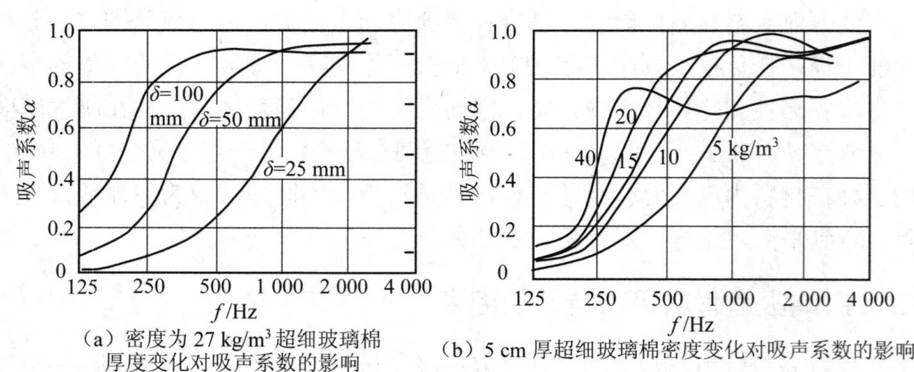

（a）密度为 27 kg/m^3 超细玻璃棉厚度变化对吸声系数的影响

（b）5 cm 厚超细玻璃棉密度变化对吸声系数的影响

图 5-2　不同厚度和密度的超细玻璃棉的吸声系数

（二）背后空腔的影响

若在材料层与刚性壁之间留一定距离的空腔，可以改善对低频声的吸声性能，其作用相当于增加了多孔材料的厚度，且更为经济。通常空腔增厚，对吸收低频声有利，如图 5-3 所示。当腔深为入射声波的 1/4 波长时，吸声系数最大；当腔深为 1/2 波长或其整倍数时，吸声系数最小。使用时，过厚不切实际，过薄对低频声不起作用，故常取腔深为 5～10 cm。天花板上的腔深可视实际需要及空间大小选取更大的距离。

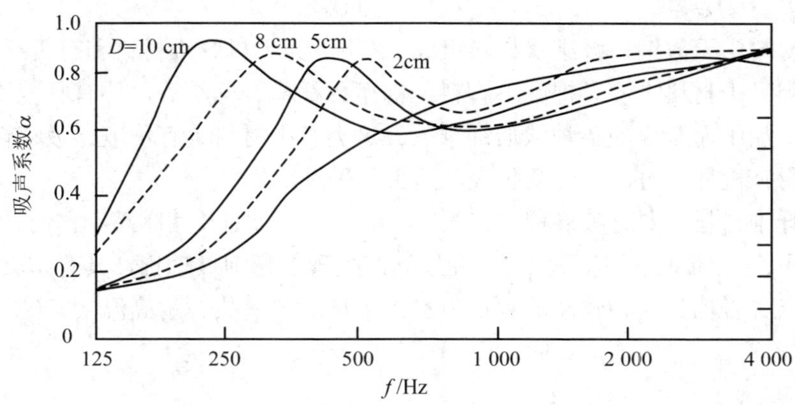

图 5-3 背后空气层厚度对吸声性能的影响

（三）护面层的影响

多孔材料一般很疏松，直接用于室内既无法固定，又不美观，特别是当多孔吸声材料用于通风管道和消声器内时，气流易吹散多孔材料，影响吸声效果，甚至飞散的材料会堵塞管道，损坏风机叶片，造成事故。所以，应根据气流速度大小选择一层或多层不同的护面层。

通常以金属薄板、硬质纤维板、胶合板、塑料薄片等做材料，在板面上钻孔，穿孔率大于 20%，一般穿孔率越大，对中、高频的吸声性能就越好。另外还可用玻璃纤维布、纱布、塑料网纱、金属丝网等将多孔材料表面予以覆盖，这些护面材料因穿孔率高，几乎不影响多孔材料的吸声性能。

（四）环境因素的影响

使用过程中温度升高会使材料的吸声频率向高频方向移动，温度降低则向低频方向移动。所以使用时，应注意该材料的温度适用范围。

湿度增大，会使孔隙内吸水量增加，堵塞材料上的细孔，使吸声系数下降，而且是先从高频开始，因此对于湿度较大的车间或地下建筑的吸声处理，应选用吸水量较小的耐潮多孔材料，如防潮超细玻璃棉毡和矿棉吸声板等。

除以上影响因素外，尚需注意特殊的使用条件，如腐蚀、高温或火焰等情况对多孔材料的影响。

三、多孔吸声材料的种类和性能

（一）纤维材料

纤维材料由无数细小纤维状材料组成，又可分为无机纤维材料和有机纤维材料。有机纤维类吸声材料主要有棉麻下脚料、棉絮、稻草、棕丝等，还有甘蔗渣、麻丝等经过加工加压而制成的各种软质纤维板。这类有机材料具有价廉、吸声性能好的优点。使用有机纤维时，应注意防火、防虫和受潮霉烂。

无机纤维材料主要有玻璃棉、玻璃丝、矿渣棉、岩棉及其制品。它们具有不燃、防蛀、耐热、耐腐蚀、抗冻等优点。经过硅油处理的超细玻璃棉，具有防火、防水、防湿的特点。岩棉是一种较新的吸声材料，它价廉、隔热、耐高温（700℃），易于成型加工。

（二）泡沫材料

泡沫类吸声材料是由表面与内部皆有无数微孔的高分子材料制成，主要有各种泡沫塑料、海绵乳胶、泡沫橡胶等。这类材料的特点是密度小、热导率小、质地软。其缺点是易老化、耐火性差。目前用得最多的是聚氨酯泡沫塑料。

（三）颗粒材料

颗粒类材料主要有膨胀珍珠岩、多孔陶土砖、矿渣水泥、木屑石灰水泥等。具有保温、防潮、不燃、耐热、耐腐蚀、抗冻等优点。因此，多用于建筑材料，具有较好的吸声效果。

为了使用方便，一般将松散的各种多孔吸声材料加工成板、毡或砖等成型品。如工业毛毡、木丝板、玻璃棉毡、膨胀珍珠岩吸声板和陶土吸声砖等。使用时，可以整块地直接吊装在天花板下或附贴在四周墙壁上，各种吸声砖可以直接砌在需要控制噪声的场合。

表 5-2 和表 5-3 列出一些多孔材料的吸声系数。另外，为了比较和使用方便，表 5-4 还列出了一些常用建筑材料的吸声系数。

表 5-2　纤维类多孔吸声材料吸声系数（管测法）

序号	材料名称	厚度/cm	密度/（kg/m^3）	腔厚/cm	各倍频程（Hz）的吸声系数 α_0					
					125	250	500	1 000	2 000	4 000
1	超细玻璃棉（棉径 4 μm）	2	20	—	0.04	0.08	0.29	0.66	0.66	0.66
		4	20	—	0.05	0.12	0.48	0.88	0.72	0.66
		2.5	15	—	0.02	0.07	0.22	0.59	0.94	0.94
		5	15	—	0.05	0.24	0.72	0.97	0.90	0.98
		10	15	—	0.11	0.85	0.88	0.83	0.93	0.97

序号	材料名称	厚度/cm	密度/(kg/m^3)	腔厚/cm	各倍频程(Hz)的吸声系数 α_0					
					125	250	500	1 000	2 000	4 000
2	沥青玻璃毡	3	80	—	—	0.10	0.27	0.61	0.94	0.99
3	酚醛玻璃棉毡	3	80	—	—	0.12	0.26	0.57	0.85	0.94
4	防水超细玻璃棉毡	10	20	—	0.25	0.94	0.93	0.90	0.96	—
5	矿渣棉	5	175	—	0.25	0.35	0.70	0.76	0.89	0.91
6	甘蔗纤维板	1.5	220	—	0.06	0.19	0.42	0.42	0.47	0.58
		2	220	—	0.09	0.19	0.26	0.37	0.23	0.21
		2	220	5	0.30	0.47	0.20	0.18	0.22	0.31
		2	220	10	0.25	0.42	0.53	0.21	0.26	0.29
7	海草	1	100	—	0.10	0.10	0.14	0.25	0.77	0.86
		3	100	—	0.10	0.14	0.17	0.65	0.88	0.98
		5	100	—	0.10	0.19	0.50	0.94	0.85	0.86
8	工业毛毡	1	370	—	0.04	0.07	0.21	0.50	0.52	0.57
		3	370	—	0.10	0.28	0.55	0.60	0.60	0.59
		5	370	—	0.11	0.30	0.50	0.50	0.50	0.52
9	水泥木丝板	1.5	470	—	0.05	0.17	0.31	0.49	0.37	0.68
		1.5	470	3	0.08	0.11	0.19	0.56	0.59	0.74
		2.5	470	—	0.06	0.13	0.28	0.49	0.49	0.85

表 5-3　泡沫类和颗粒类吸声材料吸声系数（管测法）

序号	材料名称	厚度/cm	密度/(kg/m^3)	腔厚/cm	各倍频程(Hz)的吸声系数 α_0					
					125	250	500	1 000	2 000	4 000
1	聚氨酯泡沫塑料	3	45	—	0.07	0.14	0.47	0.88	0.70	0.77
		5	45	—	0.15	0.33	0.84	0.68	0.82	0.82
		8	45	—	0.20	0.40	0.95	0.90	0.98	0.85
2	氨基甲酸泡沫塑料	2.5	25	—	0.05	0.07	0.26	0.87	0.69	0.87
		5	36	—	0.21	0.31	0.86	0.71	0.86	0.82
3	泡沫玻璃	6.5	150	—	0.10	0.33	0.29	0.41	0.39	0.18
4	泡沫水泥	5	—	—	0.32	0.39	0.48	0.49	0.47	0.54
		5	—	5	0.42	0.40	0.43	0.48	0.47	0.55
5	加气微孔砖	3.5	370	—	0.08	0.22	0.38	0.45	0.65	0.66
		3.3	620	—	0.20	0.40	0.60	0.52	0.65	0.62
6	膨胀珍珠岩（自然堆放）	4	106	—	0.12	0.13	0.67	0.68	0.82	0.92

序号	材料名称	厚度/cm	密度/（kg/m^3）	腔厚/cm	各倍频程（Hz）的吸声系数α_0					
					125	250	500	1 000	2 000	4 000
7	水玻璃膨胀珍珠岩制品	10	250	—	0.44	0.73	0.50	0.56	0.53	—
		10	345～450	—	0.45	0.65	0.59	0.62	0.68	—
8	水泥膨胀珍珠岩制品	6	300	—	0.18	0.43	0.48	0.53	0.33	0.51
9	石英砂吸声砖	6.5	1 500	—	0.08	0.24	0.78	0.43	0.40	0.40
10	水泥蛭石粉制块	3	—	—	0.07	0.07	0.16	0.47	0.43	—
11	石棉蛭石板	3.4	420	—	0.32	0.30	0.39	0.41	0.50	0.50
		3.8	240	—	0.12	0.14	0.35	0.39	0.55	0.54

表 5-4　常用建筑材料吸声系数（混响法）

序号	材料名称		厚度/cm	腔厚/cm	各倍频程（Hz）的吸声系数α_s					
					125	250	500	1 000	2 000	4 000
1	砖墙	清水面	—	—	0.02	0.03	0.04	0.04	0.05	0.07
		普通抹灰面	—	—	0.02	0.02	0.02	0.03	0.04	0.04
		拉毛水泥面	—	—	0.04	0.04	0.05	0.06	0.07	0.05
2	混凝土	未油漆毛面	—	—	0.01	0.01	0.02	0.02	0.02	0.03
		油漆面	—	—	0.01	0.01	0.01	0.02	0.02	0.02
3	水磨石		—	—	0.01	0.01	0.01	0.02	0.02	0.02
4	石棉水泥板		0.4	10	0.19	0.04	0.07	0.05	0.04	0.04
			0.6	10	0.08	0.02	0.03	0.05	0.03	0.03
5	板条抹灰、钢板条抹灰		—	—	0.15	0.10	0.06	0.06	0.04	0.04
6	木格栅		—	—	0.15	0.10	0.10	0.07	0.06	0.07
7	铺实木地板、沥青黏性混凝土		—	—	0.04	0.04	0.07	0.06	0.06	0.07
8	玻璃		—	—	0.35	0.25	0.18	0.12	0.07	0.04
9	木板		1.3	2.5	0.30	0.30	0.15	0.10	0.10	0.10
10	硬质纤维板		0.4	10	0.25	0.20	0.14	0.08	0.06	0.04
11	胶合板		0.3	5	0.20	0.70	0.15	0.09	0.04	0.04
			0.3	10	0.29	0.43	0.17	0.10	0.15	0.05
			0.5	5	0.11	0.26	0.16	0.14	0.04	0.04
			0.5	10	0.36	0.24	0.10	0.05	0.04	0.04

四、空间吸声体

为充分发挥多孔材料的吸声性能和使用安装的方便，还可以把具有护面层的多孔吸声结构做成各种各样形状的单元吸声体，使用时，彼此按一定间距排列，悬吊在天花板下，这样，吸声体除正对声源的一面可以吸收入射声能外，通过吸声体间空隙衍射或反射到背面、侧面的声能也都能被吸收，这种悬吊的立体多面体吸声结构称作空间吸声体。图 5-4 所示为几种常见形状的空间吸声体示意图。

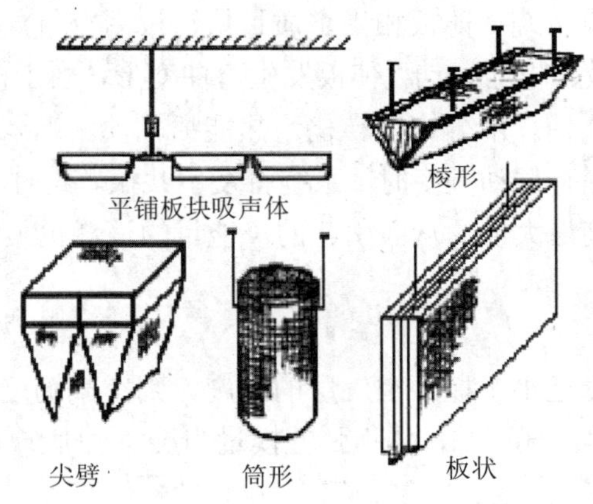

图 5-4　几种空间吸声体

空间吸声体由于有效的吸声面积比投影面积大得多，按投影面积计算其吸声系数可大于 1。因此，只要吸声体投影面积为悬挂平面面积的 40%左右，就能达到满铺吸声材料的效果，使造价降低。并且空间吸声体可在工厂预制，且形状和种类繁多，现场施工简单，不影响生产，还可起到一定的装饰作用。

空间吸声体主要用于混响声场大的房间吸声降噪，以及车间内噪声过高而又无法隔绝，或布置吸声材料的面积受到限制（如房间体积小，壁面凹凸不平）等场合。尤其对大型车间与有“声聚焦”的壳体建筑，使用空间吸声体效果很好。

第三节　吸声结构

共振吸声结构是利用共振原理制成的，常用的共振吸声结构有薄板共振吸声结构、穿孔板共振吸声结构及微穿孔板吸声结构等。

一、薄板共振吸声结构

（一）结构

将薄板（如塑料板、金属或胶合板等）材料的周边固定在框架（龙骨）上，并将框架与刚性壁面相结合，这种由薄板与板后的空气层构成的系统称为薄板共振吸声结构。

（二）吸声原理

薄板共振吸声结构实际上是一个由薄板与后面空气层组成的振动系统，相当于力学中的弹簧和质量块系统。薄板相当于质量块，板后空气层相当于弹簧。当声波入射到薄板上时，将激起板面振动，使板发生弯曲变形，由于板和框架之间的摩擦，以及板本身的内阻尼，使一部分声能转化为热能损耗掉。当入射声波的频率等于或接近这一振动系统的固有振动频率时，系统将发生共振。此时，系统的振动最强烈，振幅和振动速度都达到最大值，从而引起的声能量的消耗也最多。

（三）吸声特性

如果板本身的劲度远小于板后空气层的劲度，则空气劲度起主要作用，板只起到质量的作用。由声学原理可知，体积弹性模量为ρc^2，空腔厚度为 D 的空气层的劲度应为 $K=\rho c^2/D$，由弹簧振子的固有频率 $f_0=\dfrac{1}{2\pi}\sqrt{\dfrac{K}{M}}$ 便可得到这一振动系统的共振频率为：

$$f_0=\frac{c}{2\pi}\sqrt{\frac{\rho}{mD}}=\frac{600}{\sqrt{mD}} \tag{5-11}$$

式中，f_0 —— 薄板共振吸声结构的共振频率，Hz；

m —— 薄板的面密度，kg/m^2；

D —— 空气层厚度，cm。

由上式可知，薄板共振结构的共振频率 f_0 主要取决于板的面密度 m 和板后空气层的厚度 D，增大 m 或 D，均可使 f_0 降低。要改善薄板共振吸声结构吸声性能，可考虑在空气层中沿着框架（龙骨）四周，填一些多孔吸声材料（如矿棉、玻璃棉等），以使吸声频带变宽，吸声系数增大；特别是在薄板与框架交接处垫衬一些增加结构阻尼特性的软质材料（如泡沫塑料条、软橡胶条、毛毡等），则会增大板与骨架之间的摩擦，从而增大结构的吸声系数。同时采用不同单元大小或不同腔深的组合薄板结构，可以提高吸声频带的宽度。

在具体设计薄板共振吸声结构时，常取薄板厚度为 3～6 mm，空气层厚度为 30～100 mm，共振频率 f_0 一般在 80～300 Hz，其吸声系数一般为 0.2～0.5。常用薄板共振吸声结构的吸声系数见表 5-5。

表 5-5 常用薄板共振吸声结构的吸声系数α_s（构造框架间距 45 cm×45 cm）

材料	构造	各倍频程（Hz）的吸声系数α_s					
		125	250	500	1 000	2 000	4 000
草纸板	板厚 2 cm，空气层厚 5 cm	0.15	0.49	0.41	0.38	0.51	0.64
三夹板	空气层厚 5 cm	0.21	0.73	0.21	0.19	0.08	0.12
三夹板	空气层厚 10 cm	0.59	0.38	0.18	0.05	0.04	0.08
五夹板	空气层厚 5 cm	0.08	0.52	0.17	0.06	0.10	0.12
五夹板	空气层厚 10 cm	0.41	0.30	0.14	0.05	0.10	0.16
木丝板	板厚 3 cm，空气层厚 5 cm	0.055	0.30	0.81	0.63	0.70	0.91
木丝板	板厚 3 cm，空气层厚 10 cm	0.09	0.36	0.62	0.53	0.71	0.89
胶合板	空气层厚 10 cm	0.34	0.19	0.10	0.09	0.12	0.11

二、穿孔板共振吸声结构

在薄板上打上小孔，将孔板通过龙骨固定在刚性壁面上，在板后与刚性壁之间留一定深度的空腔就组成了穿孔板共振吸声结构。

（一）吸声机理

单腔共振吸声结构也称亥姆霍兹共振器，如图 5-5 所示。单腔共振吸声结构是一个中间封闭有一定体积的空腔，并通过有一定深度的小孔和声场空间相连。当孔的深度 t 和孔径 d 比声波波长小得多时，孔中的空气柱弹性形变很小，可以看成一个无形变的刚性质量块，而封闭的空腔的体积 V 比孔径的体积大得多，随声波做弹性运动，起着弹簧的作用。于是，整个系统类似于图 5-5 中的一个弹簧振子。当声波入射到小孔时，将引起系统的振动，这时孔径中的空气柱在声波的作用下像活塞一样做往复运动，与颈壁发生摩擦时将声能转变为热能而消耗掉。当入射声波的频率和该系统的固有振动频率相等或相近时，将引起系统的共振，这时孔径中的空气柱的振幅最大，并且振速也达到最大值，阻尼最大，消耗声能量最多。

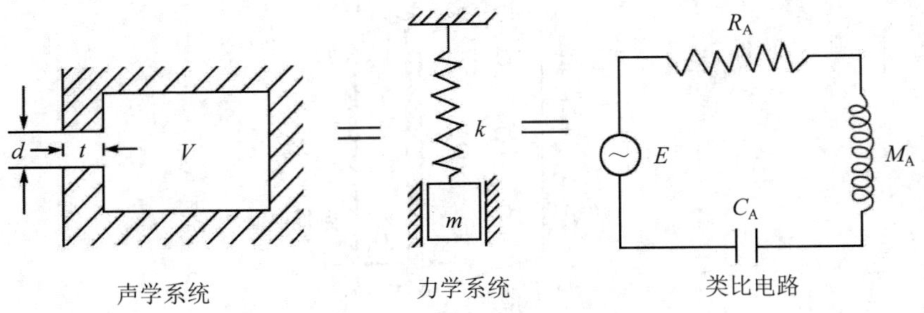

图 5-5 单腔共振吸声结构

（二）吸声特性

单腔共振吸声结构的共振频率可以由下式进行计算：

$$f_0 = \frac{c}{2\pi}\sqrt{\frac{S}{V(t+\delta)}} \tag{5-12}$$

式中，c —— 声速，m/s；

S —— 孔径截面积，m^2；

V —— 孔腔容积，m^3；

t —— 孔径深度，m；

δ —— 孔径末端修正量，m。

因为孔径处空气柱两端附近的空气也参与振动，所以对 t 加以修正，（$t+\delta$）为小孔有效颈长。对于直径为 d 的圆孔，$\delta = \pi d/4 \approx 0.8\,d$；当空腔内壁贴多孔材料时，$\delta=1.2\,d$。

从上式可以看出，只要改变孔径的尺寸和空腔的大小，就可以改变其共振频率。单腔共振吸声结构的特点是吸收低频噪声，并且频率选择性极强。

穿孔板共振吸声结构可以看成是由多个单腔吸声共振结构的并联组合，如图 5-6 所示。其吸声机理同单腔吸声共振结构，但吸声状况大为改善，因而应用十分广泛。如果将单腔吸声共振结构的共振频率表达式用于穿孔板共振吸声结构时，可以得到：

$$f_0 = \frac{c}{2\pi}\sqrt{\frac{p}{D(t+\delta)}} \tag{5-13}$$

式中，p —— 穿孔率，即穿孔面积与总面积之比。圆孔正方形排列时，$p=\pi d^2/4B^2$，

圆孔三角形排列时，$p = \pi d^2 \big/ 2\sqrt{3}B^2$，其中 d 为孔径，B 为孔中心距；

D —— 板后空气层厚度，m。

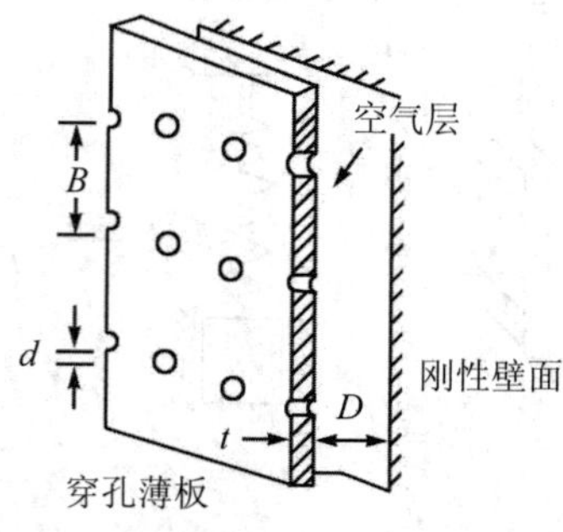

图 5-6　穿孔板共振吸声结构

从上式可以看出，穿孔率越大，共振（吸声）频率越高，空腔越深或板越厚，共振频率越低。工程上一般取板厚 2～5 mm，孔径 2～10 mm，穿孔率 1%～10%，空腔深度 100～250 mm 为宜。穿孔板共振吸声结构的特点是吸收低频噪声并且选择性强，因此一般穿孔板共振吸声结构主要用于吸收低、中频噪声的峰值。一些穿孔板的吸声系数见表 5-6。

表 5-6 穿孔板吸声结构的吸声系数

材料名称	结构/mm	空腔/mm	各倍频程（Hz）吸声系数					
			125	250	500	1 000	2 000	4 000
穿孔五夹板	孔径 5，孔距 25	50 填矿棉	0.23	0.69	0.86	0.47	0.26	0.27
		100 填矿棉	0.21	0.99	0.61	0.31	0.23	0.59
		100 空气	0.09	0.45	0.48	0.18	0.19	0.22
穿孔三夹板	孔径 5，孔距 40	100 空气	0.04	0.54	0.29	0.09	0.11	0.19
		100 背贴布	0.18	0.69	0.29	0.21	0.16	0.23
		100 填矿棉	0.69	0.73	0.51	0.28	0.19	0.17
狭缝三夹板	缝间距离水平 10，垂直 20	500 背贴布	0.18	0.33	0.36	0.36	0.35	0.33
		500 填矿棉	0.21	0.35	0.40	0.43	0.52	0.39
复合穿孔板	前五夹板孔径 5，孔距 25，后三夹板孔径 5，孔距 40	前空腔 50，后空腔 100	0.83	0.50	0.68	0.41	0.22	0.25
	前三夹板孔径 5，孔距 13，后三夹板孔距 5，孔径 40	前空腔 30，后空腔 200	0.86	0.40	0.63	0.93	0.83	0.57
	前三夹板孔径 5，孔距 13，后五夹板孔距 5，孔径 35	前空腔 50 填矿棉，后空腔 200	0.95	0.54	0.92	1.0	0.93	0.72

（三）改善穿孔板共振吸声结构吸声特性的措施

（1）在板后空腔内按一定要求填充适量多孔材料，以增加空气的摩擦，或在穿孔板后蒙一薄层玻璃丝布等透声纺织品，以增加孔颈摩擦，或孔径取偏小值，以提高孔内阻尼，以上措施均可使吸声系数提高。

（2）采用不同穿孔率、不同腔深的多层穿孔板结构，可使吸声频带增宽。

三、微穿孔板吸声结构

微孔板吸声结构是著名声学专家马大猷院士于 1964 年首先提出来的。微穿孔板吸声结构是在板厚小于 1 mm 的薄金属板上钻以孔径小于 1 mm 的微孔，穿孔率为 1%～5%，后部留有一定厚度的空气层，便组成了微穿孔板吸声结构。如图 5-7 所示为微穿孔板吸声结构示意图，如图 5-8 所示为微孔玻璃布吸声结构示意图。

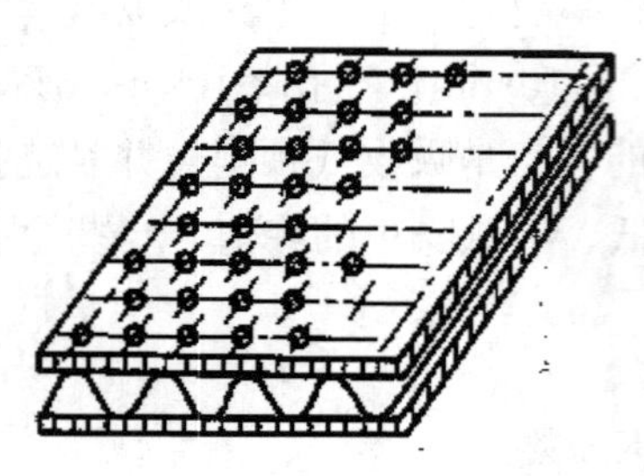
图 5-7　微穿孔板吸声结构示意

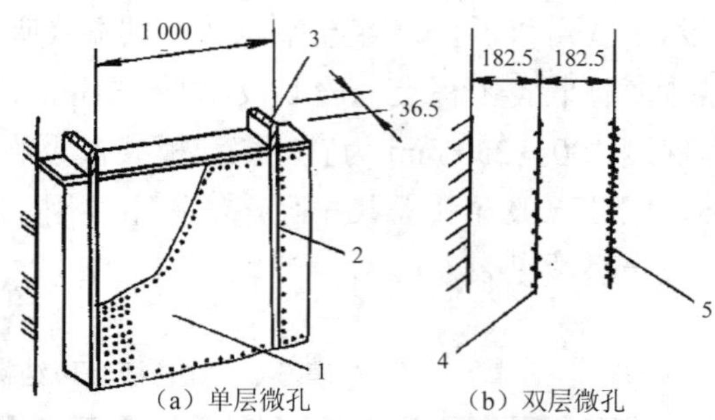

（a）单层微孔　（b）双层微孔

1. 微孔玻璃布；2. 石膏板龙骨；

3. 空腔；4. 小孔微孔布；5. 大孔微孔布

图 5-8　微孔玻璃布吸声结构示意

微穿孔板的吸声机理与穿孔板类似，主要是利用空气柱共振时在小孔中来回运动摩擦消耗声能，并可用腔深来控制吸声峰值的共振频率，腔愈深，共振频率愈低。但因其板薄、孔细，与普通穿孔板比较，这种结构声阻明显大，声质量则显著减小，使通过孔径的空气的黏滞阻力加大，能耗散更多的入射声能，且增加了吸声的频带宽度。因此，其吸声系数和吸声频带宽度优于一般穿孔板吸声结构。

微穿孔板吸声结构具有理论成熟、构造简单、成本低廉等特点，特别适合于高温、高湿环境及有冲击或腐蚀的条件下使用。但它的缺点是微孔孔径太小，加工较困难，且易被灰尘堵塞。

实际使用时，为增加吸声带宽，可做双层微穿孔板吸声结构。实验表明，单层结构吸声带宽为 6 个 1/3 倍频程，双层结构的吸声带宽为 10 个 1/3 倍频程以上。

第四节　室内声场和吸声降噪

在开阔的空间传播的声波，只是声源向四周辐射出去的声波，不受边界和其他物体的反射，也没有另外声波的干扰，空间中各处的有效声压与该处离声源的距离成反比，这种声场称为自由声场。但声波在一个封闭空间内辐射、传播和被接收时，则会出现和自由声场的声波不同的地方。这是因为接受点除了接收到直接从声源辐射的声能外，还受到室内的物体和房间墙壁面所引起的反射的声能的影响，从而使声能密度增加，音质也会改变，这种声场称为室内声场。室内声场是一个远比自由声场复杂的声场。

室内声场的求解，可以应用波动理论，这种求解方法是很严密的，但难度较大。在工程实践中，多采用统计声学和几何声学的方法来处理。该方法虽不如应用波动理论求解严格，但在解决实际问题时比较实用，且方法简单。

一、扩散声场中的声能密度和声压级

为了便于分析研究，通常把室内声场分解为两个部分：从声源直接到达接收点的直达声形成的声场称为直达声场；经过房间壁面一次或多次反射后到达接收点的反射声形成的声场称为混响声场。在室内声场中，声音不断从声源发出，又经过壁面和空气的不断吸收，当声源在单位时间内发出的声能量等于被壁面吸收的声能量时，房间内的总声能量将保持不变。若这时室内声场的声能密度处处相同，在任一点上，从各个方向传播来的声波概率相等，且相位也是无规则的，这种声场就称为扩散声场。

（一）直达声场

设点声源声功率为 W，在距离声源 r 处的声强为：

$$I_{\mathrm{d}} = \frac{QW}{4\pi r^2} \tag{5-14}$$

式中，I_{d} —— 距声源 r 处的声强，W/m^2；

Q —— 声源的指向性因子（见表 5-7），当点声源位于房间几何中心时，Q=1；点声源位于刚性地面或某一墙面中心时，Q=2；点声源位于两刚性面交线中点时，Q=4；点声源位于三个刚性面交点处，Q=8。

表 5-7　声源指向性因子

点声源位置		指向性因数
A	整个自由空间	Q=1
B	半个自由空间	Q=2
C	1/4 自由空间	Q=4
D	1/8 自由空间	Q=8

距点声源 r 处直达声的声压 p_{d} 和声能密度 D_{d} 分别为：

$$p_{\mathrm{d}}^2 = \rho c I_{\mathrm{d}} = \frac{\rho c QW}{4\pi r^2} \tag{5-15}$$

$$D_{\mathrm{d}}^2 = \frac{p_{\mathrm{d}}^2}{\rho c^2} = \frac{QW}{4\pi r^2 c} \tag{5-16}$$

由 $D=\dfrac{p^2}{\rho c^2}$ 可得相应的直达声的声压平方为：

$$p_{\rm d}^2=\rho c^2 D_{\rm d}=\frac{\rho c Q W}{4\pi r^2} \tag{5-17}$$

根据声压级的定义：

$$L_{p{\rm d}}=10\lg\frac{p_{\rm d}^2}{p_0^2}=L_W+10\lg\left(\frac{Q}{4\pi r^2}\right) \tag{5-18}$$

上式中 ρc 取 400 瑞利。

（二）混响声场

在扩散声场中，声波相邻两次反射所经过的平均距离称为平均自由程 d，由统计理论可以证明，不论房间形状如何，均有：

$$d=\frac{4V}{S} \tag{5-19}$$

式中，V—— 房间容积，m^3；

S—— 房间的内表面面积，m^2。

声波传播一个平均自由程所需时间 t 为：

$$t=\frac{d}{c}=\frac{4V}{cS} \tag{5-20}$$

式中，c 为空气中声速。故声波在单位时间内的平均反射次数 n 为：

$$n=\frac{1}{t}=\frac{cS}{4V} \tag{5-21}$$

声源在封闭空间稳定地辐射声能时，一部分被室内各壁面吸收，另一部分被反射为混响声能。初始阶段，室内的混响声密度逐渐增加，经过一段时间后（一般在 2 s 以后），声源供给的混响声能和被壁面吸收的声能相等时，室内的混响声能达到稳定状态，此时的平均声能密度称为平均混响声能密度。

如果房间各表面积分别为 S_1、S_2、S_3…，相应的吸声系数为 α_1、α_2、α_3…，则房间的平均吸声系数 $\overline{\alpha}$ 为：

$$\overline{\alpha}=\frac{\sum\alpha_i S_i}{\sum S_i} \tag{5-22}$$

设声源的辐射功率为 W，在第一次被壁面吸收之前为直达声，经第一次壁面反射时被吸收的声能为 $W\overline{\alpha}$，剩下的即为声源每秒钟提供的混响声能：

$$W - W\overline{\alpha} = W\left(1-\overline{\alpha}\right) \tag{5-23}$$

再设混响声能密度为 D_{τ}，则总混响声声能为 $D_{\tau}V$，混响声波经壁面每反射一次被吸收的声能为 $D_{\tau}V\overline{\alpha}$，每秒钟的反射次数为 $n = cS/4V$，所以每秒钟被壁面吸收的混响声能应为：

$$nD_{\tau}V\overline{\alpha} = D_{\tau}V\overline{\alpha}\frac{cS}{4V} \tag{5-24}$$

当室内声能达到稳定状态时应有：

$$W\left(1-\overline{\alpha}\right) = D_{\tau}V\overline{\alpha}\frac{cS}{4V} \tag{5-25}$$

即：

$$D_{\tau} = \frac{4W\left(1-\overline{\alpha}\right)}{cS\overline{\alpha}} \tag{5-26}$$

上式可简化为：

$$D_{\tau} = \frac{4W}{cR} \tag{5-27}$$

式中，$R = \dfrac{S\overline{\alpha}}{1-\overline{\alpha}}$；（5-28）

R —— 房间常数；

S —— 房间总内表面积。

由 $D = \dfrac{p^2}{\rho c^2}$ 可得 p_{τ}^2 为：

$$p_{\tau}^2 = \rho c^2 D_{\tau} = \frac{4\rho cW}{cR} \tag{5-29}$$

相应的混响声的声压级为：

$$L_{p\tau} = 10\lg\frac{p_{\tau}^2}{p_0^2} = L_W + 10\lg\frac{4}{R} \tag{5-30}$$

（三）总声场

室内扩散声场中某点声能密度 D 应为直达声能密度和混响声能密度之和，即：

$$D = D_{\mathrm{d}} + D_{\tau} = \frac{W}{c}\left(\frac{Q}{4\pi r^2} + \frac{4}{R}\right) \tag{5-31}$$

总声场的声压平方为：

$$p^2 = p_{\mathrm{d}}^2 + p_{\tau}^2 = \rho c W(\frac{Q}{4\pi r^2} + \frac{4}{R}) \tag{5-32}$$

根据声压级的定义可得：

$$L_p = L_W + 10\lg(\frac{Q}{4\pi r^2} + \frac{4}{R}) \tag{5-33}$$

上式右端括号内的第一项与直达声有关，第二项与混响声有关。当$\frac{Q}{4\pi r^2} \gg \frac{4}{R}$，即离声源很近的地方，接收点声场以直达声为主；当$\frac{Q}{4\pi r^2} \ll \frac{4}{R}$，即离声源很远的地方，接收点声场以混响声为主。

特别当$\frac{Q}{4\pi r^2} = \frac{4}{R}$时，直达声和混响声相等，此时$r$为混向声的半径，简称混响半径，用$r_{\mathrm{c}}$表示：

$$r_{\mathrm{c}} = 0.14\sqrt{QR} \tag{5-34}$$

因为吸声降噪只能对混响声起作用，当受声点与声源距离小于混响半径时，吸声处理对该点的降噪作用不大；反之，当受声点与声源的距离远超过混响半径时，吸声处理才会有明显的效果。

二、室内声场的衰减与混响时间

当室内声场达到稳定状态后，即使声源停止发声，声音也不会马上消失，而会持续一段时间，这一持续声音为混响声。经过一段时间后，混响声才逐渐消失。

（一）室内声场的衰减过程

设室内声场达到稳定状态时声能密度平均值为D，经t秒后混响声消失。混响声消失的主要原因是因为反射过程中壁面的吸声。经第一次反射后，平均声能密度降低至$D_1 = D\left(1-\overline{\alpha}\right)$；经第二次反射后，$D_1 = D\left(1-\overline{\alpha}\right)^2$，…经$n$次后，即为$D_n = D\left(1-\overline{\alpha}\right)^n$。由式（5-21）知$t$秒内总反射次数为$nt = \frac{cS}{4V}t$，$t$秒时室内平均声能密度为：

$$D（t）= D(1-\overline{\alpha})^{\frac{cS}{4V}t} \tag{5-35}$$

式中，$D（t）$——t秒时刻声能密度，J/m^3；

$\overline{\alpha}$ —— 室内各壁面的平均吸声系数；

S —— 室内总内表面积，m^2；

V —— 室内容积，m^3。

可见，室内的声能密度随时间按指数规律衰减，如图 5-9 所示。

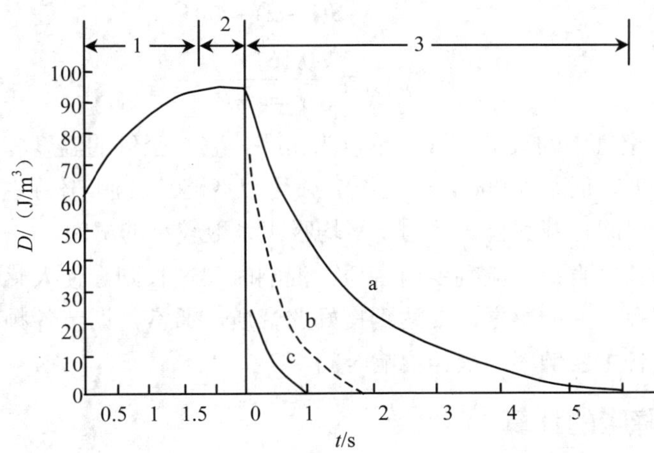

1. 增长过程；2. 稳态过程；3. 衰减过程（混响过程）；

a. 吸声状况差；b. 吸声状况中等；c. 吸声状况良好

图 5-9　室内声场的衰减过程

（二）混响时间

室内声场达到稳定状态，声源停止发声后声能密度衰减到原来百万分之一[或者说室内声压级衰减 60 dB（A）]所需要的时间叫混响时间，用 T_{60} 表示。按定义有：

$$10\lg\frac{D(t)}{D}=10\lg\left[\left(1-\overline{\alpha}\right)^{\frac{cS}{4V}T_{60}}\right]=-60$$

常温下，c 取 340 m/s，解得：

$$T_{60}=\frac{0.161V}{-S\ln(1-\overline{\alpha})} \tag{5-36}$$

此式称为艾润-努特生公式。当 $\overline{\alpha}$ 很小时有：

$$-\ln\left(1-\overline{\alpha}\right)=\overline{\alpha}+\frac{\overline{\alpha}^2}{2}+\cdots$$

略去高次项，得到：

$$T_{60} = \frac{0.161V}{S\overline{\alpha}} \tag{5-37}$$

上式称为赛宾公式。考虑到空气对声能的吸收，上面两个混响时间计算公式修改为：

$$T_{60} = \frac{0.161V}{-S(1-\overline{\alpha}) + 4mV} \tag{5-38}$$

$$T_{60} = \frac{0.161V}{S\overline{\alpha} + 4mV} \tag{5-39}$$

m 为声音在空气中的衰减常数，单位为 m^{-1}，它与空气的温度和湿度有关，还随频率升高而增大，低于 2 000 Hz 的声音 m 可以忽略。艾润-努特生公式适用平均吸声系数较大的房间，赛宾公式适用于平均吸声系数较小的房间。

混响时间的长短直接影响到室内音质，混响时间过长则会使人感到声音混浊不清，过短又有沉寂干瘪的感觉，要达到良好的音质，通常是调节各频率的平均吸声系数$\overline{\alpha}$，以获得各主要频率的最佳混响时间。

三、吸声降噪的计算

室内声源声功率 W 一定时，距离源 r 处的声压级为：

$$L_p = L_W + 10\lg\left(\frac{Q}{4\pi r^2} + \frac{4}{R}\right)$$

由上式可知，只有改变室内的房间常数 R 才能使 L_p 发生变化，设 R_1 和 R_2 分别为房间采取吸声处理前后的房间常数，当室内声源稳定发声时，距声源 r 处的相应声压级 L_{p1} 和 L_{p2} 分别应为：

$$L_{p1} = L_W + 10\lg\left(\frac{Q}{4\pi r^2} + \frac{4}{R_1}\right)$$

$$L_{p2} = L_W + 10\lg\left(\frac{Q}{4\pi r^2} + \frac{4}{R_2}\right)$$

定义降噪量为$\Delta L_p = L_{p1} - L_{p2}$，它反映了采取吸声处理后的降噪效果，则：

$$\Delta L_p = L_{p1} - L_{p2} = 10\lg\left[\frac{\dfrac{Q}{4\pi r^2} + \dfrac{4}{R_2}}{\dfrac{Q}{4\pi r^2} + \dfrac{4}{R_1}}\right] \tag{5-40}$$

对于距声源距离较远的受声点，若满足条件$\dfrac{4}{R} \gg \dfrac{Q}{4\pi r^2}$时，上式可简化为：

$$\Delta L_p = 10\lg\frac{R_2}{R_1} = 10\lg\frac{\left(1-\overline{\alpha_1}\right)\overline{\alpha_2}}{\left(1-\overline{\alpha_2}\right)\overline{\alpha_1}} \tag{5-41}$$

一般情况下，$\overline{\alpha_1}$ 和 $\overline{\alpha_2}$ 都比 1 小得多，若满足 $\overline{\alpha_1}$、$\overline{\alpha_2}$ 之积远小于 $\overline{\alpha}_1$ 和 $\overline{\alpha}_2$，上式可简化为：

$$\Delta L_p = \frac{\overline{\alpha_2}}{\overline{\alpha_1}} \tag{5-42}$$

可见，房间的降噪量取决于 $\overline{\alpha_2}$ 和 $\overline{\alpha_1}$ 的比值。上式亦可用混响时间表示为：

$$\Delta L_p = 10\lg\frac{T_1}{T_2} \tag{5-43}$$

T_1、T_2 分别为吸声降噪前和吸声降噪后的混响时间。由上述两式可知如果知道 $\overline{\alpha_1}$ 和 $\overline{\alpha_2}$（或 T_1、T_2），即可计算出降噪量 ΔL_p，或已知 $\overline{\alpha_1}$（或 T_1）和降噪量 ΔL_p，就可算出所需要的 $\overline{\alpha_2}$（或 T_2）。

由于混响时间可以用专门的仪器测得，就免除了计算吸声系数的麻烦。按上两式的计算将室内的吸声状况和相应的降噪量列于表 5-8。

表 5-8　室内吸声状况相对变化与噪声降低量相对关系

$\overline{\alpha_2}/\overline{\alpha_1}$	1	2	3	4	5	6	8	10	20	40	100
ΔL_p/dB	0	3	5	6	7	8	9	10	13	16	20

从表 5-8 可以看出，只有当原来房间的平均吸声系数不大时，采用吸声处理才会获得明显的降噪效果，如果房间的平均吸声系数已比较大，再采用一般的吸声处理方法，不仅降噪效果不大，而且成本过高。

第五节　吸声技术的应用

一、吸声降噪设计步骤

（1）调查室内的噪声现状，包括声源的状况、房间的总噪声声级和各倍频带的声压级。

（2）计算或实测吸声处理前室内的平均吸声系数$\overline{\alpha_1}$（或混响时间T_1）。

（3）根据有关标准规定或委托者要求确定降噪目标值和各倍频带所需要的降噪量。

（4）计算采取吸声处理措施后所要求的平均吸声系数$\overline{\alpha_2}$（或混响时间T_2）。

（5）选定吸声材料或吸声结构的种类、使用面积，确定吸声材料的安装方式。

二、吸声降噪设计原则

（1）当房间表面多为坚硬反射面，室内房间平均吸声系数较小，接收点距离声源较远，混响声占主要的情况下采取吸声处理才能获得较好效果。

（2）接收点距声源较近时，应先考虑用隔声措施隔离直达声，再考虑吸声处理措施。

（3）根据噪声的频率特性，合理选用吸声材料的种类。噪声以高频成分为主时，宜选用多孔吸声材料；噪声以低频成分为主时，宜选用共振吸声结构；对于宽频噪声，应选用微穿孔板吸声结构或综合使用多种吸声材料和吸声结构。

（4）选择材料时，注意防火、防潮、防腐蚀、防尘、防止小孔堵塞等工艺要求。

（5）选择吸声处理方式时，必须兼顾通信、采光、照明、装修，同时还应考虑施工、安装的方便及省工、省料等问题。

三、吸声降噪应用实例

某厂生产车间尺寸为125 m×24 m×9.5 m，如图5-10所示。车间正常生产时，实测平均噪声级为94.6 dB（A），车间内噪声频带宽，且声源分散，试采用吸声处理方式进行降噪。

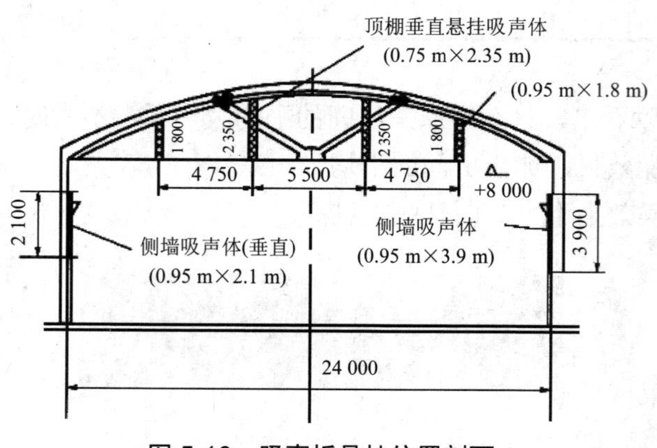

图5-10　吸声板悬挂位置剖面

（一）噪声现状

车间正常生产时平均噪声级为 94.6 dB（A），已超过《工业企业噪声卫生标准（试行草案）》规定的对于新建、扩建、改建的工业企业的生产车间和作业场所的工作地点噪声级 85 dB（A）。对于现有企业经过努力，暂时达不到标准的，其噪声容许值可取 90 dB（A）的标准要求，应进行降噪处理。

（二）吸声设计

现场测量各倍频程声压级和吸声处理前壁面的平均吸声系数已列于表 5-9 序号 1 及序号 4。降噪目标采用 NR=85 dB 噪声评价曲线，根据 NR=85 dB 曲线各倍频程降噪量列于表 5-9 序号 2，经计算得吸声处理后 1 000 Hz 的房间平均吸声系数为 0.253。设计采用悬挂吸声板的处理方法降低噪声。吸声板构造为双层，各铺 5 cm 厚超细玻璃棉（容重 25 kg/m^3），中间使用一层再生布分开，外包塑料窗纱，用尼龙线缝制成形。吸声板悬挂位置如图 5-10 所示，位于顶部四排，两侧墙各悬挂一排。

已知内表面积 S_0=8 898 m^2，吸声处理后的平均吸声系数$\overline{\alpha_2}=0.253$，假设悬挂吸声板的面积为 S，则有：

$$\overline{\alpha_2}=\frac{\overline{\alpha_1}S_0+1.5S}{S_0} \tag{5-44}$$

则吸声板面积为：

$$S=\frac{S_0\left(\overline{\alpha_2}-\overline{\alpha_1}\right)}{1.5}=1\ 204\ \mathrm{m}^2 \tag{5-45}$$

实际制作时，S 取 1 210 m^2，占顶面积的 40%，并分成 530 块。

（三）降噪效果

该吸声措施施工完成后，在正常生产的情况下，选取车间有代表性的 12 个测点进行 A 声级实测，平均实测结果已列于表 5-9 序号 5。平均降噪量为 9.4 dB，车间内噪声已低于国家标准。

表 5-9　吸声设计及吸声降噪实测结果

序号	项　目	各倍频程中心频率/Hz						A 声级/
		125	250	500	1 000	2 000	4 000	dB（A）
1	吸声处理前声压级/dB	83.5	90.5	93.4	92.1	83.9	77.1	94.6
2	噪声控制指标 NR85	96	91.1	87.6	85	82.8	81.0	90
3	所需降噪量/dB	—	—	5.8	7.1	1.1	—	—
4	处理前壁面平均吸声系数$\overline{\alpha}_1$	—	—	0.03	0.05	0.07	—	—
5	处理后应有平均吸声系数$\overline{\alpha}_2$	—	—	0.114	0.253	0.09	—	—
6	吸声处理后声压级/dB	78.7	80.9	82.4	81.8	75	67.9	85.2
7	降噪量/dB	4.8	9.6	11	10.3	8.9	9.2	9.4

思考题与习题

1. 常用的吸声材料有哪些类型？各有什么特点？

2. 影响吸声材料吸声性能的因素有哪些？

3. 什么是空间吸声体？简述其结构特点及安装要求。

4. 薄板共振吸声结构和穿孔板共振吸声结构的吸声机理有何共同之处？又有何区别？它们吸声的频率特性有什么不同？

5. 穿孔板共振吸声结构和微穿孔板吸声结构在结构上的主要区别有哪些？它们在吸声特性上有何不同？

6. 吸声设计的原则是什么？

7. 某一房间内，要求吸声系数最大的中心频率出现在 400 Hz 附近，选用 5 mm 厚（ρ=1 000 kg/m^3）共振吸声薄板，试问板后的空气层取多大距离为合适？

8. 穿孔板厚 4 mm，孔径 8 mm，穿孔为圆孔按正方形排列，孔心距 20 mm，穿孔板后留有 10 cm 厚的空气层，试求穿孔率和共振频率。

9. 某车间内，设备的噪声在 500 Hz 附近出现峰值，现使用 4 mm 厚的三夹板做穿孔板共振吸声结构，采用圆孔三角形排列，允许留有 10 cm 厚的空腔，试设计结构的其他参数。

10. 有一房间大小为 6 m × 7 m × 3 m，共振频率 500 Hz 时地面吸声系数为 0.02，墙面吸声系数为 0.05，平顶吸声系数为 0.25，求总吸声量、平均吸声系数和房间常数。

11. 某车间地面中心处有一声源，已知 500 Hz 的声功率级为 90 dB，该频率的房间常数为 50 m^2，求距声源 10 m 处的声压级。

12. 已知房间的尺寸为 60 m × 45 m × 12 m，对于 500 Hz 的声音，屋顶、地面和墙面的吸声系数α_1、α_2、α_3分别为 0.3、0.2、0.4，在房间中央有一声功率为 1 W 的

点声源发声，试求：

（1）房间内对 500 Hz 声音的平均吸声系数；

（2）房间常数；

（3）混响半径；

（4）离声源 6 m 处的声压级。

13. 上题中，若吸声系数α_1、α_2、α_3分别调整为 0.4、0.5、0.6，其他条件不变，再求该房间对于 500 Hz 声音的房间常数、混响半径和离声源 6 m 处的噪声降低量。

14. 某车间尺寸为 10 m × 6 m × 4 m，地面、墙壁面和顶面均为混凝土面，有两台空压机置于房间地面中央。距声源 2 m 处，测得各频带声压级如下表。现拟采用吸声处理使该点的噪声降到 90 dB（A），试进行吸声降噪设计（给出所选用吸声材料的品种、规格及材料的使用面积）。

中心频率/Hz	63	125	250	500	1 000	2 000	4 000	8 000
频带声压级/dB	103	95	92	92	84.5	83	79.5	75.6

第六章 隔声技术

【知识目标】

本章要求了解隔声材料的性能；熟悉隔声材料及其隔声结构的性能评价；理解隔声结构构造及其隔声原理；掌握隔声结构的隔声量计算及其设计要点。

【能力目标】

通过对本章内容的学习，学生能独立完成隔声工程的现场勘察与数据测量工作；能应用已有的隔声理论知识编制隔声工程方案；能独立完成小型隔声工程的设计工作。

用构件将噪声源和接收者分隔开，阻断噪声在空气中的传播，从而达到降低噪声目的的措施称作隔声。采用隔声措施控制噪声，工程上称为隔声技术。隔声技术是噪声控制中常用的技术之一，常见的隔声处理方式有隔声墙、隔声间、隔声罩和声屏障等。

对于隔声的研究可分为两类：一是空气声的隔绝，二是固体声的隔绝，本章只讨论各种构件对空气传声隔声的一般原理和措施。

第一节　隔声性能及隔声效果的评价

一、隔声材料及其结构的隔声性能评价

1. 透声系数

隔声构件本身透声能力大小用透声系数表示，它等于透射声功率和入射声功率的比值，即：

$$\tau = W_t/W \quad (6\text{-}1)$$

式中，W_t —— 透过隔声构件的声功率，W；

W —— 入射隔声构件的声功率，W。

根据声功率和声强、声压的关系，上式又可表示为以下形式：

$$\tau = I_t/I = p_t^2/p^2 \qquad (6\text{-}2)$$

式中，I_t —— 透过隔声构件的声强，W/m²；

I —— 入射隔声构件的声强，W/m²；

p_t —— 透过隔声构件的声压，Pa；

p —— 入射隔声构件的声压，Pa。

透声系数τ又称做传声系数，严格地讲它和声波入射角度有关，通常τ指无规则入射时各入射角度透声系数的平均值。一般材料做成的隔声构件透声系数很小，大小在10^{-1}～10^{-5}。

2. 隔声量

实际工程中，由于采用τ评价隔声材料或结构的隔声特性很不方便，于是引入隔声量（又称传声损失，单位为 dB）。它定义为：

$$\mathrm{TL} = 10\lg\frac{1}{\tau} \qquad (6\text{-}3)$$

隔声构件的透声系数越小，其隔声量越大，隔声性能越好。这两个指标可以用来比较不同隔声构件本身的隔声性能。

3. 平均隔声量

隔声量是频率的函数，同一隔声材料或构件，对于不同频率的声波具有不同的隔声量。在工程上常用 125～4 000 Hz 的 6 个倍频程隔声量的算术平均值表示隔声材料或构件的隔声性能，称为平均隔声量。平均隔声量作为一种单值评价量，在工程设计应用中，由于未考虑人耳听觉的频率特性以及隔声结构的频率特性，因此，尚不能确切地反映隔声构件的实际隔声效果，例如，两个隔声结构具有相同的隔声量，但对于同一噪声源可以有不同的隔声效果。

二、隔声构件隔声效果的评价

隔声构件的隔声效果不完全取决于组成它们的隔声构件性能，还和声源室、受声室对声音的吸收、侧向传声、结构声影响等因素有关，所以，只有现场测试的隔声效果指标包括了上述所有影响因素，才能反映出隔声构件的实际隔声效果。

1. 插入损失

插入损失定义为：声场中插入隔声构件前后，声音入射构件的另一侧在同一测点上测得的声压级差，用符号 IL 表示（单位为 dB），即：

$$\mathrm{IL} = L_{p1} - L_{p2} \qquad (6\text{-}4)$$

2. 噪声衰减量

噪声衰减量又称为噪声降低量，它定义为：在特定条件下测得的隔声设施内、外特定点噪声的降低量，用符号 NR 表示（单位为 dB），即：

$$NR=L_{p1}-L_{p2} \quad (6\text{-}5)$$

噪声衰减量 NR 与插入损失 IL 的差别在于前者未考虑隔声设施外的声学环境，同一构造的隔声构件应用于不同的声学环境中，其实际噪声衰减量是不同的。

第二节　单层匀质墙的隔声

一、单层匀质墙的隔声量

（一）质量定律

在空气中传播的声波，遇到匀质屏蔽物时，由于空气和固体介质特性阻抗的不同，在界面上将产生反射和透射，见图 6-1。如果假设：（1）声波垂直入射到墙面上；（2）隔墙为单层匀质墙，且墙的厚度远小于入射波的波长；（3）墙为无限大，即墙把空间分为两个半无限大空间；（4）把墙看成是一个刚性系统，即不考虑墙的弹性和阻尼。由透射系数的定义及平面波理论，可以推导出声波垂直入射到单层匀质墙面时的隔声量为：

$$TL=20\lg m+20\lg f-42.5 \quad (6\text{-}6)$$

式中，m —— 墙的面密度，kg/m^2；

f —— 入射声波的频率，Hz。

上式称为隔声的质量定律。它表明单层匀质墙的面密度（单位面积质量）越大，隔声量越大。面密度增加 1 倍，隔声量增加 6 dB。同时还可以看出，频率越高，隔声量越大，频率提高 1 倍，隔声量也增加 6 dB。

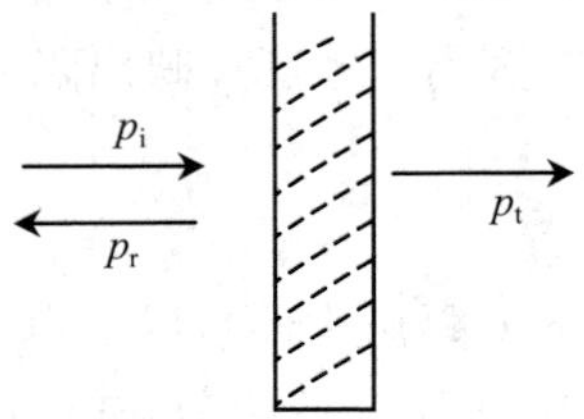

图 6-1　单层匀质墙

（二）隔声量的经验公式

质量定律是在一定的假设基础上，声波垂直入射时的理论计算结果。实际上声波应为无规则入射，按质量定律计算的构件隔声量远高于实测的隔声量，由大量实验得到的经验公式为：

$$\mathrm{TL} = 14.5\lg m + 14.5\lg f - 26 \tag{6-7}$$

由式（6-7）可绘制出图 6-2 所示的列线。例如，要使构件在 f=2 000 Hz 时的隔声量为 35 dB，可取面密度 m=10 kg/m^2 的构件，而当 f=125 Hz 时要达到相同的隔声量，则需要面密度 m=150 kg/m^2 的构件。

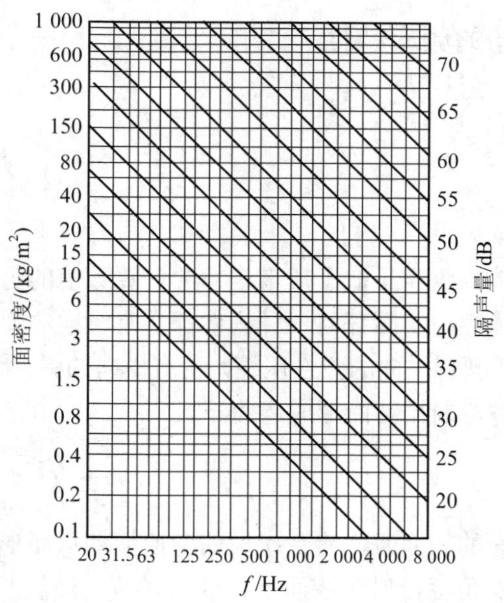

图 6-2 构件“等隔声”列线

质量定律表明，隔声量不仅与单位面积的墙体质量有关，还与入射声波的频率有关，实际中往往需要估算单层匀质墙对各入射频率的平均隔声量。

下面的经验公式表示入射频率在 100～3 200 Hz 内，单层匀质墙的平均隔声量：

$$\overline{\mathrm{TL}} = 13.5\lg m + 14 \quad （m \leqslant 200\ \mathrm{kg/m^2}） \tag{6-8}$$

$$\overline{\mathrm{TL}} = 16\lg m + 8 \quad （m > 200\ \mathrm{kg/m^2}） \tag{6-9}$$

表 6-1 给出了常见的单层匀质墙隔声量的实测值和按上式的计算值。

表 6-1　常见单层墙的隔声量

结构名称	面密度/（kg/m^2）	倍频程中心频率/Hz						$\overline{TL}$ /dB	
		125	250	500	1000	2 000	4 000	测定	计算
1/4 砖墙，双面粉刷	118	41	41	45	40	46	47	43	42
1/2 砖墙，双面粉刷	225	33	37	38	46	52	53	45	46
1/2 砖墙，双面木筋板条加粉刷	280	—	52	47	57	54	—	50	47
1 砖墙，双面粉刷	487	44	44	45	53	57	56	49	51
1 砖墙，双面厚粉刷	530	42	45	49	57	64	62	53	52
100 厚木筋板条墙，双面粉刷	70	17	22	35	44	49	48	35	39
150 厚加气混凝土墙，双面粉刷	175	28	36	39	46	54	55	43	43

二、单层隔声墙的频率特性

（一）吻合效应

1. 弯曲波

实际工程中，构件的隔声量低于质量定律的计算数值的另一个原因是因为质量定律中忽略了构件的弹性。实际任何一种构件都会有一定的弹性，当声波在固体介质中传播时，固体介质既有纵向的弹性压缩，也有横向的弹性切变，两者结合作用，会使固体介质产生一种弯曲振动而形成弯曲波。

2. 吻合效应

当声波入射到板面的表面时，将激起板的弯曲振动从而形成弯曲波，特别当某一频率的声波以一定的角度投射到板面上，使入射波的波长λ在板上的投影刚好等于板的固有弯曲波的波长λ_B时（即空气中的声波在板上的投影与板的自由弯曲波相吻合时）将引起板的弯曲共振，此时，板面的弯曲振动的振幅达到最大，使该种频率的声波可以无衰减地透过板面，就像板面不存在一样，这种因声波入射角度所造成的空气中的声波在板上的投影与板的自由弯曲波相吻合而使隔声量降低的现象称为吻合效应。发生吻合效应时入射声波的频率称为吻合频率。

3. 发生吻合效应的条件

由图 6-3 可见，发生吻合效应时，板面的固有弯曲波的波长λ_B与声波的入射角度θ满足如下关系：

$$\lambda_B = \frac{\lambda}{\sin\theta} \tag{6-10}$$

上式即为发生吻合效应的条件。因为$\sin\theta \leqslant 1$，故只有$\lambda \leqslant \lambda_B$时才能发生吻合效应，$\lambda > \lambda_B$时不会发生吻合效应。

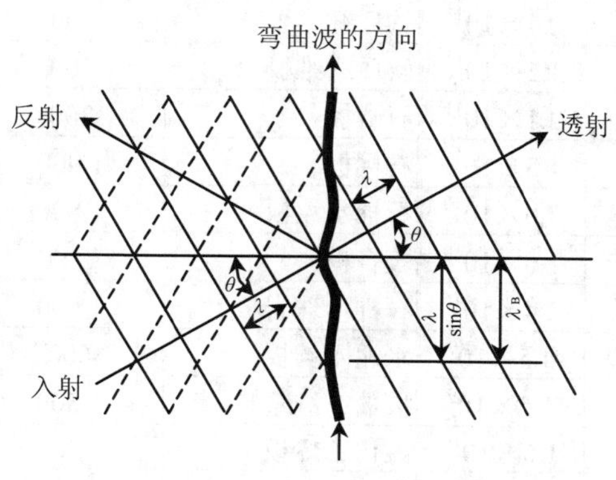

图 6-3 弯曲波和吻合效应

4. 临界吻合频率

对于确定的板材，其固有弯曲波的波长λ_B是一定值，只有入射声波的波长$\lambda \leqslant \lambda_B$，才有发生吻合效应的可能。当$\lambda = \lambda_B$时，相应入射声波的频率为发生吻合效应的最低频率，低于这一频率的声波则不会发生吻合效应，能够发生吻合效应的最低频率称为临界吻合频率，记为f_c。

$$f_c = \frac{c^2}{2\pi}\sqrt{\frac{m}{B}} = 0.551\frac{c^2}{t}\sqrt{\frac{\rho}{E}} \tag{6-11}$$

式中，c —— 声速，m/s；

m —— 墙板的面密度，kg/m^2；

t —— 墙板的厚度，m；

ρ —— 墙板的体积密度，kg/m^3；

E —— 墙板的杨氏弹性模量，N/m^2。

由上式可以看出，临界吻合频率f_c的高低取决于板的厚度、密度和杨氏模量等因素，厚而密实的墙体（如砖墙、混凝土墙）使其临界吻合频率出现在人耳听觉不敏感的低频段；薄而密实的板材的临界吻合频率通常在高频段；厚而密度小，且杨氏模量大的构件，其临界吻合频率出现在人耳听觉敏感的频段。表 6-2 给出了常用材料的密度和杨氏模量。图 6-4 给出了常用材料的吻合频率的分布范围。

常用建筑材料的f_c往往出现在主要声频区，为此，工程上常选用厚而密实的墙体（如砖墙、混凝土墙）使其临界吻合频率出现在人耳听觉不敏感的低频段；或选用薄而密实的板材（如薄金属板）使其临界吻合频率出现在 4 000 Hz 以上的高频段。

表 6-2 常用建筑材料的密度和弹性模量

材料名称	密度/（kg/m^3）	弹性模量/（N/m^2）	材料名称	密度/（kg/m^3）	弹性模量/（N/m^2）
钢铁软钢	7 900	2.1×10^{11}	软质纤维板 A	400	1.2×10^{9}
铸铁	7 900	1.5×10^{11}	软质纤维板 B	500	7.0×10^{8}
钢	7 900	2.1×10^{11}	石膏板	800	1.9×10^{9}
铜	9 000	1.3×10^{11}	石棉板	1 900	2.4×10^{10}
铝	2 700	7.0×10^{10}	石棉水泥板	1 800	1.8×10^{10}
铅	11 200	1.6×10^{10}	胶合板	500	3.6×10^{9}
钢筋混凝土	2 300	2.4×10^{10}	石棉珍珠岩板	1 500	4.0×10^{8}
轻质混凝土	1 300	4.5×10^{9}	水泥木丝板	600	2.0×10^{8}
泡沫混凝土	600	1.5×10^{9}	玻璃纤维塑料	1 500	1.0×10^{10}
砖	1 900	1.6×10^{10}	氯化乙烯板	1 400	3.0×10^{9}
砂岩	2 300	1.7×10^{10}	弹性橡胶	950	（1.5～5.0）$\times10^{8}$
花岗岩	2 700	5.2×10^{10}	乙烯基纤维	43	1.7×10^{7}
大理石	2 600	7.7×10^{10}	氯乙烯泡沫	77	1.7×10^{7}
橡木	850	1.3×10^{10}	氨基甲酸乙酯泡沫	45	4.0×10^{6}
杉木	400	5.0×10^{9}	苯乙烯泡沫	15	2.5×10^{6}
颗粒板	1 000	3.0×10^{9}	尿素泡沫	15	7.0×10^{5}

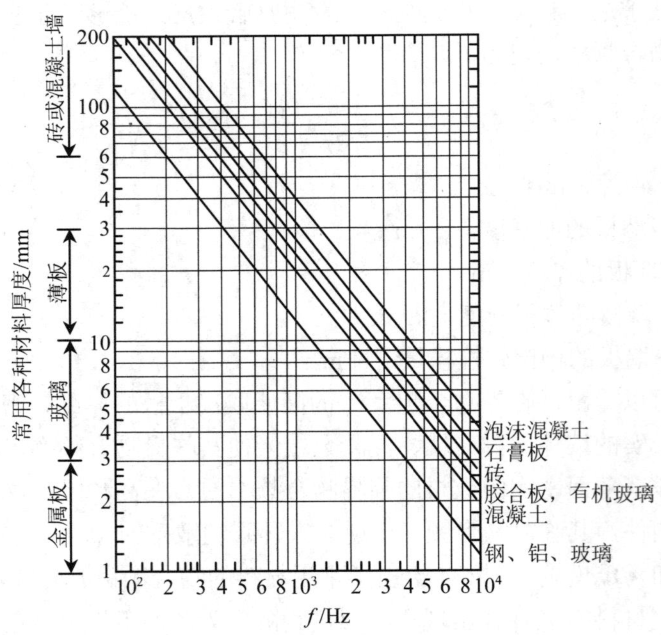

图 6-4 常用建筑材料的吻合频率分布

（二）单层匀质隔声墙的频率特性

工程上通常将板状或墙状的隔声构件称作隔声墙、墙板或简称为墙。单层匀质墙的隔声性能与入射声波的频率有关，其变化规律如图 6-5 所示，可以分为三个区域。Ⅰ区域为劲度和阻尼控制区，Ⅱ区域为质量控制区，Ⅲ区域为吻合效应控制区。

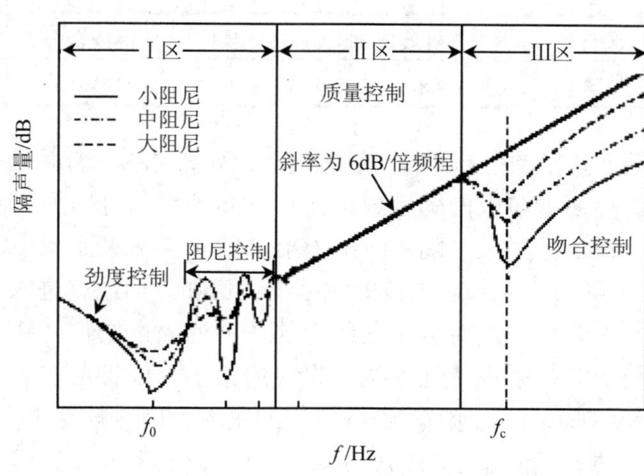

图 6-5　单层匀质墙的隔声频率特性曲线

（1）劲度和阻尼控制区。当声波入射到墙面时，将引起墙的整体振动，当入射声波的频率和墙的固有振动频率相等时，将引起墙的整体共振，此时，墙板的振幅最大，振动速度最高，因而透射的声能量最大，隔声量最低。墙板发生共振时的入射波频率称为共振频率，记为 f_0。对于厚而重的墙（如砖墙、混凝土墙等）其共振频率很低，一般不予考虑，对于薄板，共振频率通常在声频主要区域内，将影响隔声效果。

隔声板材的共振频率与材料的几何尺寸、物理性质及安装方式有关，如四边固定的矩形板材其共振频率可按下式估算：

$$f_{mn} = 0.45 c_p t \left[\left(\frac{m}{a} \right)^2 + \left(\frac{n}{b} \right)^2 \right] \tag{6-12}$$

式中，f_{mn} —— 板材的 m、n 阶共振频率，Hz；

c_p —— 板材中的纵波速度，m/s，几种材料的纵波速度见表 6-3；

t —— 板材的厚度，m；

a、b —— 板材的长、宽，m；

m、n —— 任意正整数（1，2，3…）。

当 m、n 均取 1 时，板材的最低共振频率为：

$$f_{1.1}=0.45c_{\mathrm{p}}t\left[\left(\frac{1}{a}\right)^2+\left(\frac{1}{b}\right)^2\right] \tag{6-13}$$

表 6-3　几种材料中的纵波速度

板材名称	胶合板	有机玻璃	玻璃塑料	铝镁合金	钢
c_{p}/（m/s）	2.1×10^3	1.9×10^3	3.5×10^3	5.1×10^3	5.2×10^3

当声波频率低于共振频率 f_0 时，其隔声量受劲度控制，墙板对声波的反应类似于弹簧，构件的隔声量与板的劲度成正比，提高劲度则可增加板的隔声量，故称为劲度控制区。在这一区域，隔声量随入射波的频率增大而减小，大约以每倍频程 6 dB 的斜率下降。随着入射声波的频率继续增加，曲线就进入了共振区，在共振区有一系列共振频率，这对应于曲线上的一系列隔声低谷。其中，对隔声量影响最大的是系统的共振隔声特性曲线上出现的第一个低谷，它对应于构件的第一共振频率 f_0，称为基频，其他隔声低谷对应的频率为谐波频率。作为隔声构件，共振区越窄越好。共振区的宽度与构件的几何尺寸、面密度、劲度及阻尼等因素有关。对于确定的隔声构件，主要与阻尼的大小有关。阻尼越大，对共振的抑制越强，增加阻尼，可以提高隔声量使隔声低谷变缓，同时缩小共振区的范围，故称为阻尼控制区。

（2）质量控制区。随着入射声波频率的增高，共振影响逐渐消失，隔声量受其惯性质量（面密度）的影响，质量越大，隔声量越高。原因是声波对墙板的作用就如同一个力作用于质量块，质量越大，惯性越大，墙板受声波激发产生的振动速度越小，因而隔声量越大。提高构件的质量（面密度）就可以提高隔声量，故称为质量控制区。理论上对于同一频率的声音，构件的面密度增加 1 倍，隔声量则可提高 6 dB，该区域隔声量以每倍频程 6 dB 的斜率上升。一般隔声用的建筑构件都在这个区域使用，以发挥质量的控制作用。

（3）吻合效应控制区。当频率继续升高，隔声量反而下降，曲线又出现了低谷，这是因为出现了吻合效应的缘故。这一区域曲线低谷对应的频率即为临界吻合频率 f_{c}，曲线上这一低谷并不是很低，是因为发生吻合效应的声波仅是入射声的一小部分。在这一区域用增加阻尼的办法同样可以使隔声低谷变缓。

第三节　双层及多层隔声结构

一、双层隔声结构

由质量定律可知，增加墙的厚度可增加墙的隔声量。对于要求隔声量较高的场合，如果采用单层墙隔声则往往显得十分笨重，又不经济。倘若采用双层隔墙，层间留出足够距离的空气层，其隔声量比同样质量的单层墙要高出很多。当空气层的厚度与声波波长相比足够大，而且两层墙是完全独立的，没有声桥作用，隔声量增加较为明显。但空气层过大会使结构占用过大的空间，作为实用的双层墙，空气层仅几厘米到几十厘米，即使是 10 cm 厚的空气层，也大致能使隔声量增加 8～12 dB。如果要达到与单层墙同样的隔声量，则双层墙的总质量远低于单层墙。

（一）双层墙的隔声原理

双层墙能够提高隔声效果的主要原因是中间的空气层的作用。空气层可以看成是连接两层墙的“弹簧”，当声波入射到第一层而透射到空气层时，一方面空气层的弹性形变具有减振作用，使传递到第二层的振动大为减弱；另一方面由于空气对声波的吸收作用，使声波在两层墙体之间的多次反射过程中得以衰减，从而提高了墙体的隔声作用。

（二）双层墙的隔声特性

1. 双层墙的共振频率

双层墙的示意图如图 6-6 所示。中间留有空气层的双层墙可类似于一个力学中由质量块—弹簧—质量块组成的弹性振动系统，如图 6-7 所示。声波入射到该系统（相当于有力作用到力学系统）时，将激起系统的振动，特别当入射声波的频率和该系统的固有振动频率相等时，系统将发生共振，此时系统的振动幅度和速度都达到最大值，使入射声能量全部通过双层墙。可见，当系统发生整体共振时，其隔声量为零。

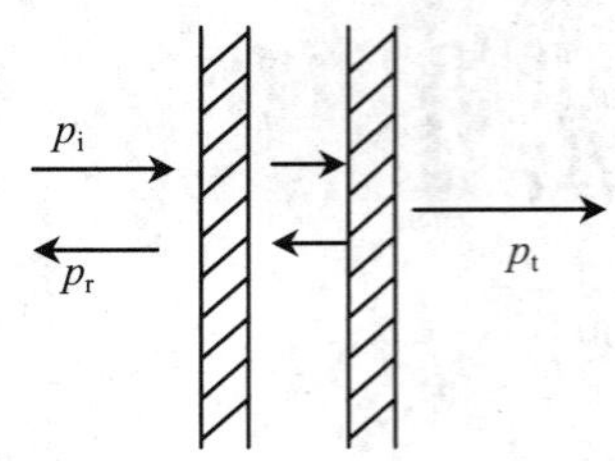

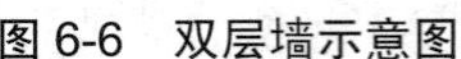
图 6-6　双层墙示意图

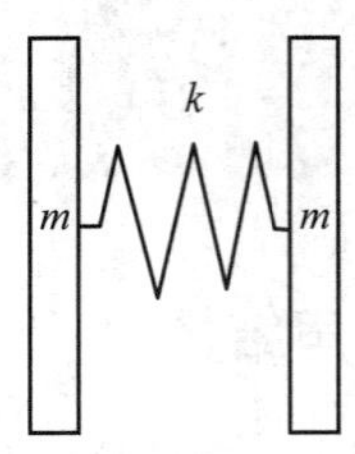

图 6-7　力学振动系统

在理想的情况下，当声波垂直入射时，双层墙的共振频率 f_0 近似为：

$$f_0 \approx \frac{c}{2\pi}\sqrt{\frac{\rho_0}{t}\left(\frac{1}{m_1}+\frac{1}{m_2}\right)} \tag{6-14}$$

式中，c —— 空气中的声速，m/s；

ρ_0 —— 空气密度，kg/m^3；

t —— 空气层厚度，m；

m_1，m_2 —— 双层墙的面密度，kg/m^2。

由上式可以看出，空气层越薄，面密度越小的双层墙的共振频率 f_0 越高。通常较重的双层墙（如砖墙、混凝土墙）的共振频率一般不超过 15～20 Hz，在人耳的声频范围以下；但对于质轻，空气层厚度小的双层墙，其共振频率较高，一般在 100～250 Hz，必须给予重视。

2. 双层墙的隔声特性

双层墙相当于一个由两个单层墙和两墙之间的空气层组成的振动系统。双层墙的隔声特性曲线如图 6-8 所示，图中虚线表示了两层合为一层时的单层结构的质量定律，实线则表示双层墙隔声的特性。当入射声波的频率比双层墙的共振频率低时，双层墙将作整体振动，隔声能力与同样质量的单层墙没有区别，也就是说，这时候双层墙的隔声效果，相当于将两层墙合并在一起，中间空气层不起作用，图中的 ab 段就表示了声波频率远小于双层墙共振频率的情况。

随着入射声波的频率升高，特性曲线进入共振区，当入射声波等于双层墙的共振频率时，由于系统发生共振，其隔声量等于零，对应于图中的 c 点。

入射声波超过 $\sqrt{2}f_0$ 以后，隔声量以每倍频程 18 dB 的斜率急剧上升，这充分显示了双层墙隔声的优越性。随着入射波频率的进一步升高，两墙板之间会产生一系列的驻波共振，又使隔声特性曲线的上升趋势转为平缓，斜率为每倍频程 12 dB。进入吻合效应区后，在临界吻合频率 f_c 处又出现隔声低谷，f_c 及吻合效应区的状况与两墙板的临界吻合频率有关。若两层墙是由相同材料、相同厚度（面密度）的墙板构成，则两墙板的临界吻合频率也相同，这将使低谷凹陷加深，若两墙板的材料不同或面密度不同，则隔声曲线上有两个低谷，其凹陷程度较浅。入射声波超过 $\sqrt{2}f_0$ 以后的隔声特性对应于曲线上的 d—e—f 段，使用双层墙隔声也主要在这一段。使用双层墙隔声时，若能在两层之间的空气层中添加吸声材料，可以显著地改善共振时的低谷，并且增加主频段（d—e—f 段）的隔声量。图 6-9 给出了两相同面密度的单层墙板与空气层组成的双层墙的隔声特性，f_0 为共振频率，f_c 为临界吻合频率。图中虚线是理想情况下按质量定律计算的结果，下面虚线为单层墙隔声特性，上面虚线为双层墙隔声特性；实线表示了实际双层墙的隔声特性，a 表示中间为空气层，b 表示中间填充有部分吸声材料，c 表示中间全部填满吸声材料。

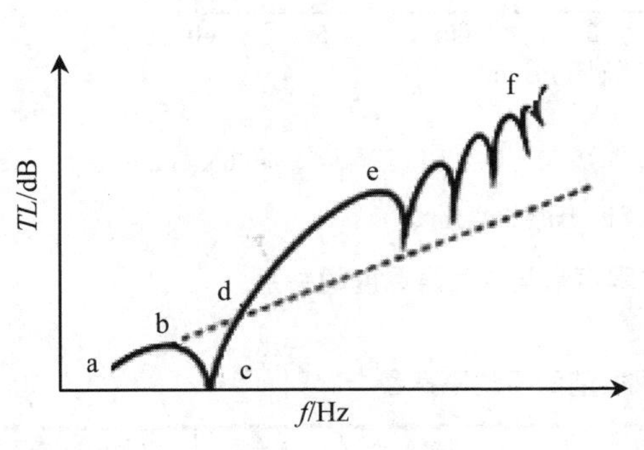

图 6-8 垂直入射时双层墙频率特性

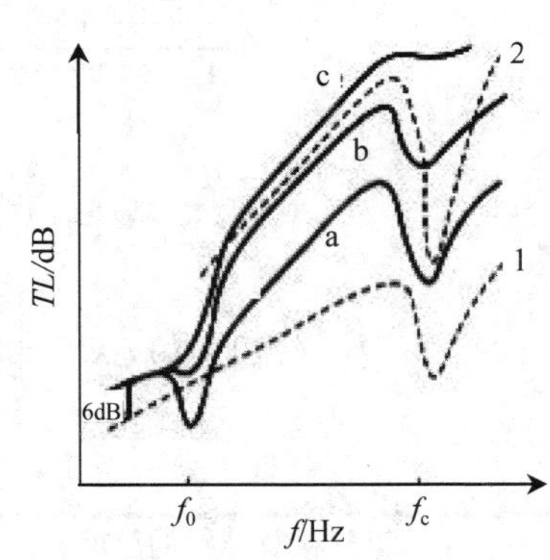

图 6-9 中间加填料时双层墙频率特性

（三）双层墙隔声的实际估算

严格按理论计算双层墙的隔声量比较困难，而且与实际往往存在较大差距，故多用经验公式进行估算。在工程实际中，常用以下经验公式估算：

$$\mathrm{TL} = 16\lg(m_1 + m_2) + 16\lg f - 30 + \Delta R \qquad (6\text{-}15a)$$

式中，TL —— 隔声量，dB；

m_1，m_2 —— 分别表示双层墙的面密度，kg/m^2；

ΔR —— 空气层的附加隔声量，dB。

平均隔声量 $\overline{\mathrm{TL}}$ 的经验公式为：

$$\overline{TL} = 16\lg(m_1 + m_2) + 8 + \Delta R \quad m_1+m_2 > 200\ \text{kg/m}^2 \qquad (6\text{-}15b)$$

$$\overline{TL} = 13.5(m_1 + m_2) + 14 + \Delta R \quad m_1+m_2 \leqslant 200\ \text{kg/m}^2 \qquad (6\text{-}15c)$$

图 6-10 给出了双层结构附加隔声量与空气层厚度的关系。表 6-4 为常见双层结构的平均隔声量。

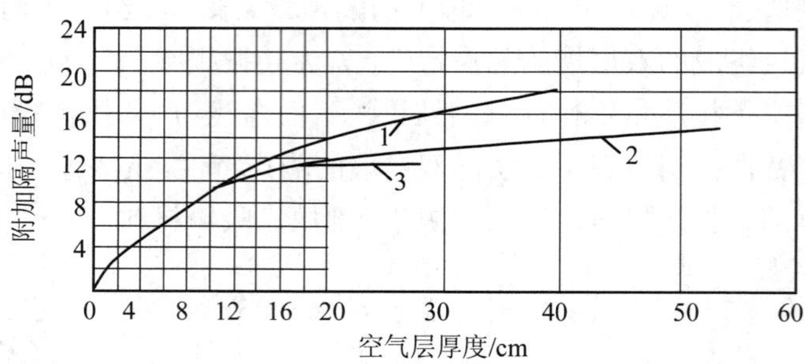

1. 双层加气混凝土墙（m=140 kg/m^2）；2. 双层无纸石膏板（m=40 kg/m^2）；

3. 双层无纸石膏板（m=28 kg/m^2）

图 6-10　双层结构附加隔声量与空气层厚度的关系

表 6-4　常见双层墙的平均隔声量

材料及结构的厚度/mm	面密度/（kg/m^2）	平均隔声量/dB
12～15 厚铅丝网抹灰双层中填 50 厚矿棉毡	94.6	44.4
双层 1 厚铝板（中空 70）	5.2	30
双层 1 厚铝板涂 3 厚石漆（中空 70）	6.8	34.9
双层 2 厚铝板（中空 70）	10.4	31.2
双层 2 厚铝板填 70 厚超细棉	12.0	37.3
双层 1 厚钢板（中空 70）	15.6	41.6
双层 1.5 厚钢板（中空 70）	23.4	45.7
炭化石灰板双层墙（120＋30 中空＋90）	145	47.7
90 炭化石灰板＋80 中空＋12 厚纸面石膏板	80	43.8
90 炭化石灰板＋80 填矿棉＋12 厚纸面石膏板	84	48.3
加气混凝土双层墙（15＋75 中空＋75）	140	54.0
100 厚加气混凝土＋50 中空＋18 厚草纸板	84	47.6
100 厚加气混凝土＋80 中空＋三合板	82.6	43.7
50 厚五合板蜂窝板＋56 中空＋30 合五合板蜂窝板	19.5	33.5
240 厚砖墙＋200 中空＋240 厚砖墙	960	70.7
240 厚砖墙＋80 中空内填矿棉 50＋6 厚塑料板	500	64.0
双层 75 厚加气混凝土（中空 75，表面粉刷）	140	54.0
双层 40 厚钢筋混凝土（中空 40）	200	52.0

声频范围在 100～3 150 Hz 的平均隔声量可以用下式估算：

$$\overline{\mathrm{TL}} = 20\lg\left[\left(m_1 + m_2\right)\cdot t\right] - 26 \quad (6\text{-}16)$$

式中，t—— 空气层的厚度，mm。

根据上式可绘制成图 6-11，该图适用于平均隔声量大于 41 dB 的双层墙结构。如面密度等于 100 kg/m^2 的双层墙，当空气层厚度为 100 mm 时，查表可得平均隔声量约为 54 dB。

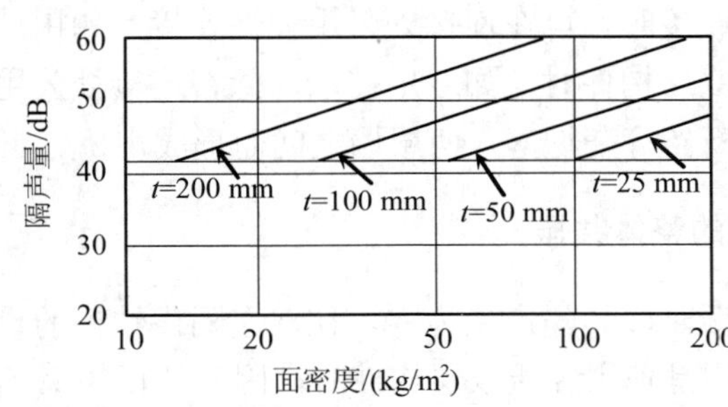

图 6-11 双层墙隔声量与面密度、空气层厚度的关系

图 6-12 用于估算不同入射频率随空气层厚度变化的附加隔声量，例如，当 t=150 mm，频率为 250 Hz 时，附加隔声量为 8 dB；当频率增高至 2 kHz 时，隔声量则为 18 dB。

在工程实际中，由于受空间位置的限制，空气层不可能太厚，当空气层厚度取 200～300 mm 时，附加隔声量为 15 dB 左右，空气层厚度取 100 mm 左右时，附加隔声量为 8～12 dB。

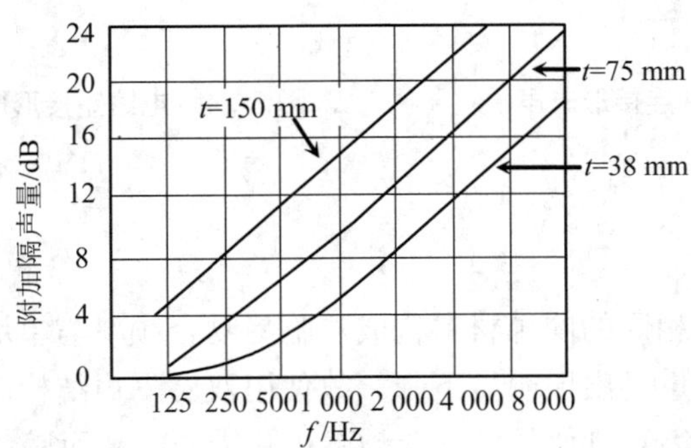

图 6-12 中间有空气层的双层墙附加隔声量

（四）使用双层墙应注意的问题

1. 避免声桥对双层隔声结构隔声性能的影响

双层墙之间若有刚性连接时（图 6-13），入射到第一层墙板的声波，可以通过双层墙之间的刚性连接传至第二层墙板，从而使双层墙的隔声量大为降低，这种现象称为声桥。构件刚性连接所形成的声桥和电路短接所形成的电流短路现象类似，如图 6-14 所示。因此，在设计和施工过程中必须避免双层隔声结构因刚性连接所形成的声桥现象，确需要连接时，可在连接处采用弹性连接，如用浸过沥青的毛毡作衬垫等。使用厚而重的双层构件时，如双层砖墙，除在连接处采用弹性连接外，还要防止砌筑时将灰浆、断砖等杂物落入两层墙之间而形成声桥。

2. 避免双层结构的整体共振

当双层墙发生共振时，其隔声量为零。在双层隔声结构的设计和施工中，一定要格外加以注意。特别是使用轻质双层构件时，因其共振频率 f_0 落在主要声频范围内，对隔声效果影响最大。例如，一些由胶合板或薄金属板做成的双层结构对低频声隔绝不良，在需要使用轻而薄的双层结构时，应在其表面增涂阻尼层，以减弱共振作用的影响。

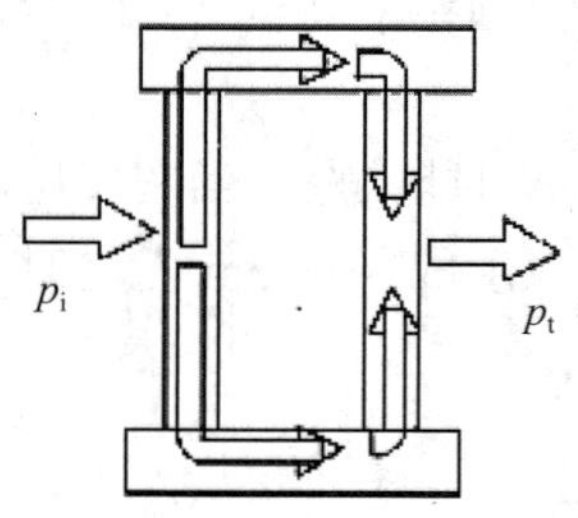

图 6-13　双层墙刚性连接形成声桥

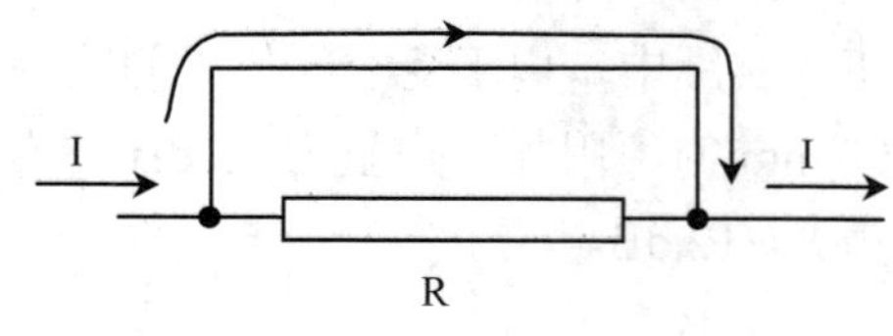

图 6-14　电路短接形成电流短路

3. 避免吻合效应

若双层墙为厚度相同的同种材料构成，临界吻合频率与单墙相同，因此，在发生吻合效应时，隔声量会出现明显下降。故使用双层隔声结构时，不应使用同种材料、同种厚度的双层墙，以使临界吻合频率相互错开，从而避免发生吻合效应。

4. 空隙中填充吸声材料

在双层墙体间应填充多孔吸声材料，可以提高其隔声量和隔声频带的宽度。

二、多层复合隔声结构

（一）附加弹性面层的隔声结构

对于较重的隔声墙，通常可以用附加弹性面层的办法来提高隔声量，其效果取决于附加面层与实墙之间的隔振程度，隔振越好，隔声量提高越大。所以，要获得好的隔声效果，附加面层必须是柔性和不透气的材料，并使其通过弹性支撑与原来的墙面连接，空腔中用多孔吸声材料填充。

当入射声波频率 f 远大于附加弹性面层的共振频率 f_0 时，附加面层的隔声增量约为：

$$\Delta TL = 40\lg\left(f/f_0\right) \tag{6-17}$$

（二）多层轻质复合结构

多层轻质复合结构是指由几层轻薄且密度不同的材料组成的隔声构件。这种结构因质轻且隔声性能良好，被广泛应用于工业及交通运输业的噪声控制工程中，如隔声罩、隔声屏，以及车、船、飞机的壳体等。

常用的轻质多层复合材料，是由金属或非金属的坚实薄板做面板，内层辅以阻尼材料，或夹入多孔材料、空气层等组成。

多层复合隔声结构的隔声性能较组成它的同等重量的单层或双层板优越得多，无论是在隔声量方面还是在隔声频带宽度方面。其主要原因有如下几个方面。

（1）组成多层复合结构的各层材料的阻抗各不相同，即阻抗不匹配，故声波在各分界面上将产生反射，阻抗相差越大，所反射的声能就越多，因而透射的声能就会越少。

（2）由于夹层材料的阻尼和吸声作用，使板面振动受到抑制，特别是减弱了共振，使共振区的“低谷”有明显的改善，透射声能大为减少，从而达到很好的隔声效果。

（3）多层复合结构的各层材料的厚度和材质是不同的，可以错开临界吻合频率，改善吻合效应区的隔声低谷效应，因而使总的隔声性能大大提高。

由于理论计算的复杂性，构件的实际隔声量常通过实测得到。如图 6-15 所示为几种多层复合结构在实验室内测得的隔声特性曲线。图中所示三种情况，除面层板为不同材料外，隔层均采用容重为 120 kg/m^3 的玻璃棉，厚度均为 65 mm。实验结果表明，复合结构具有质轻和隔声性能良好的优点。在主要声频区，结构的隔声量均超过了同质量单层实体墙按质量定律的计算结果，且隔声低谷已经不明显。

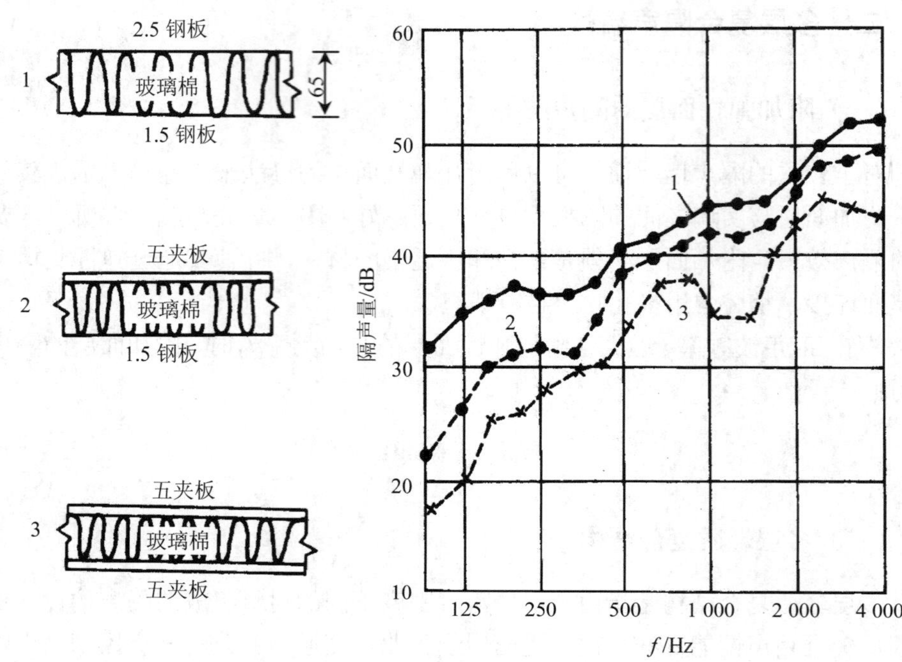

图 6-15　几种多层复合结构的隔声量

第四节　隔声间

在高噪声环境下，建造一个具有良好隔声性能的小房间，以减少噪声对工作人员的干扰，从而为工作人员提供一个安静的环境；或者将某些强噪声源围蔽在用隔声构件建造的局部空间内，以降低噪声对周围环境的影响。这种由隔声构件组成的具有良好隔声性能的房间，称为隔声间，例如，在汽轮发电机房内建造的具有隔声性能的控制室、观察室，在耳科临床诊断室内建立的测听室等。采用隔声间降低噪声是一种有效的噪声治理措施。

一、隔声间的隔声量计算

由不同隔声构件组成的隔声间，因通风、采光、出入等要求，设有门、窗及其他一些不可避免的孔洞，这些都是隔声中的薄弱环节。而门、窗的隔声量比墙的隔声量一般小得多，而孔洞则完全不隔声，因此，即使墙体的隔声量很高，由墙、门、窗及孔洞组成的整个房间的隔声量也不会太高。对有门、窗或孔隙的墙体，隔声效果将受这些薄弱点的牵制。此时，即使将墙体的隔声量提得很高，组合墙的总隔声量提高甚少，甚至毫无作用。

（一）组合结构的平均隔声量计算

隔声量由声能透声系数决定，组合墙的隔声量应由组成该墙的各个构件的平均透声系数决定。设一组合墙分别由面积为 S_1，S_2，S_3，…的墙、门、窗等各部分组成；它们的透声系数分别为τ_1，τ_2，τ_3，…。则由它们组合而成的组合墙的平均透声系数$\bar{\tau}$为：

$$\bar{\tau}=\frac{\tau_1 S_1+\tau_2 S_2+\tau_3 S_3+\cdots}{S_1+S_2+S_3}=\frac{\sum_{i=1}^{n}\tau_i S_i}{\sum_{i=1}^{n}S_i} \tag{6-18}$$

式中，τ_i —— 第 i 种构件的透声系数；

S_i —— 第 i 种构件的面积，m^2。

该组合墙的平均隔声量为：

$$\overline{\mathrm{TL}}=10\lg\frac{1}{\bar{\tau}} \tag{6-19}$$

【例题 6-1】某隔声间有一面隔声墙，该墙的面积为 S_1=7 m^2，透声系数为$\tau_1=10^{-5}$；墙上有一面积 S_2=2 m^2 的门，透声系数为$\tau_2=10^{-2}$；有一面积为 S_3=3 m^2 的窗，透声系数为$\tau_3=3.3\times10^{-2}$，求此组合墙的平均隔声量。

解：（1）组合墙的平均透声系数计算

$$\bar{\tau}=\frac{7\times10^{-5}+2\times10^{-2}+3\times3.3\times10^{-2}}{7+2+3}=10^{-2}$$

（2）组合墙的平均隔声量计算

$$\overline{\mathrm{TL}}=10\lg\frac{1}{\bar{\tau}}=10\lg\frac{1}{10^{-2}}=10\lg10^{2}=20\ \mathrm{dB}$$

由例题 6-1 给出的数据可知，墙、门、窗单独使用时的隔声量分别为 50 dB、20 dB 和 15 dB；虽然墙的隔声量有 50 dB，但由于门和窗的影响，通过计算可知组合隔声量仅有 20 dB，整体隔声效果显著下降。单纯靠提高墙的隔声量对提高组合墙的整体隔声量意义不大，应设法提高组合墙中的门和窗的隔声量。

在实际工程中，很难把组合隔声构件的各单体隔声量做成一样。在设计时，一般使墙体的隔声量比门、窗高出 10～15 dB 即可，高出过多，既无明显的隔声效果，又不经济。

对于由两种构件组成的隔声结构，其组合墙的平均透声系数为：

$$\bar{\tau} = \frac{\tau_1 S_1 + \tau_2 S_2}{S_1 + S_2} = \tau_1 \left[\frac{1 + (S_2/S_1)(\tau_2/\tau_1)}{1 + S_2/S_1} \right]$$

利用式（6-19）可得该组合墙的平均隔声量为：

$$\overline{\mathrm{TL}} = \mathrm{TL}_1 - \left[\frac{1 + \dfrac{S_2}{S_1} 10^{(\mathrm{TL}_1 - \mathrm{TL}_2)/10}}{1 + \dfrac{S_2}{S_1}} \right] \tag{6-20}$$

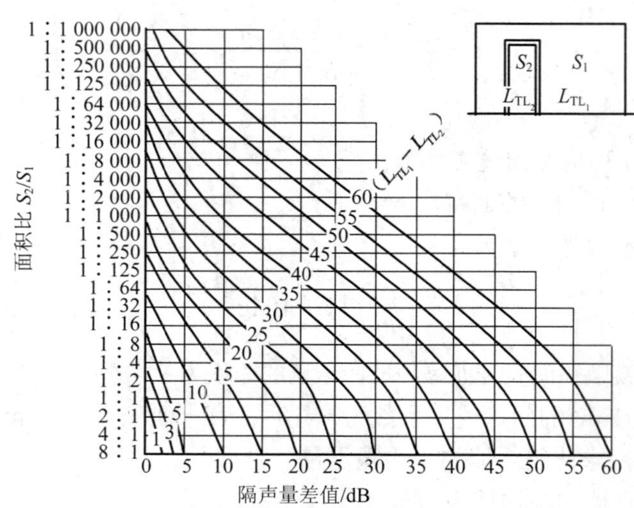

图 6-16　组合墙隔声量计算

为避免繁杂的计算，对上式中的第二项可绘成如图 6-16 所示的曲线。只要知道了组合墙的两部分的面积比 S_2/S_1 与各自的隔声量 TL_1、TL_2，就可在图上查出这一附加值。利用此图可对任意两种已知隔声量的构件所组合而成的墙，直接由面积比及隔声量之差，求出组合墙的隔声量。对于两种以上构件组成的组合墙，可利用图 6-16 先求出其中两部分组合起来的隔声量，再把这两部分当作一个整体与第三个构件求其组合后的隔声量，其余类推，直至求出整个组合墙的平均隔声量。

【例题 6-2】某组合结构总面积为 10 m^2，其中门占 2 m^2，隔声量为 20 dB；窗占 4 m^2，隔声量为 27 dB；墙占 4 m^2，隔声量为 35 dB。求该组合墙的隔声量。

解：（1）求墙与窗的组合隔声量

将墙和窗组合，其隔声量之差为 35−27=8 dB，面积之比为 4∶4=1∶1，查图 6-16 得隔声损失值为 6 dB，该组合墙的总隔声量为 35−6=29 dB。

（2）求（1）与门的组合隔声量

将门与（1）的组合构件组合，面积之比为 2∶8＝1∶4，隔声量之差为 29−20=9 dB，查图 6-16 得隔声损失值为 4 dB，该组合构件的隔声量为 29−4=25 dB。

（二）等透声量设计原则

由例题 6-2 可以看出，普通门、窗会使组合墙整体隔声量降低，这说明在不改善门、窗隔声性能的前提下，单纯提高墙体的隔声量无实际意义。而提高门、窗的隔声量又会影响其开关的灵活性。怎样设计门、窗和墙体的隔声量才算合理呢？在工程设计中一般遵循“等透声量”原则。

透声量（A）是指隔声构件的透声系数τ和其透声面积S的乘积，可用下式表示：

$$A=\tau S \tag{6-21}$$

设某一组合墙中墙本身的面积和透声系数分别为 S_1、τ_1，门的面积和透声系数分别为 S_2、τ_2，只有当它们的透声量基本相等时，才能充分发挥各构件的隔声能力，这就是“等透声量”原则。即：

$$\tau_1 S_1=\tau_2 S_2 \tag{6-22}$$

如该组合墙除墙和门外，还有窗，可将墙和门作为整体，再运用等透声量原则计算出窗的透射系数，依此类推。

（三）隔声间的插入损失

隔声间是由多种隔声构件组合而成的，用于评价隔声间综合降噪效果的物理量是插入损失 IL。隔声间的插入损失可由下式求得：

$$\mathrm{IL}=\overline{\mathrm{TL}}+10\lg\frac{A}{S} \tag{6-23}$$

式中，A —— 隔声间内表面总吸声量，m^2；

S —— 隔声间内表面总面积，m^2。

二、隔声间结构及提高其隔声能力的措施

门窗是构筑物中不可缺少的构件，而且多属于轻质结构，非特制门窗，其隔声量一般都不会太大，因此，隔声间应尽量少开门窗，或安装隔声门窗。

隔声间的门、窗隔声量一般较墙体隔声量要小，而孔隙则完全不隔声，因此，增加门和窗的隔声量，做好孔隙的密封处理，有助于提高隔声间的整体隔声能力。

（一）隔声门的结构及其隔声性能改善

1. 隔声门的结构

在保证隔声门灵活开启的条件下，应使其本身有足够的隔声量。通常的做法是将门扇做成双层或多层结构，并在层与层之间填充吸声材料，一般隔声量可达 30～

50 dB。对有特殊要求的，可采用双扇轻质门，在两层门之间留出一定距离，在过渡区的壁面上衬贴吸声材料，形成所谓“声闸”，如图 6-17 所示。

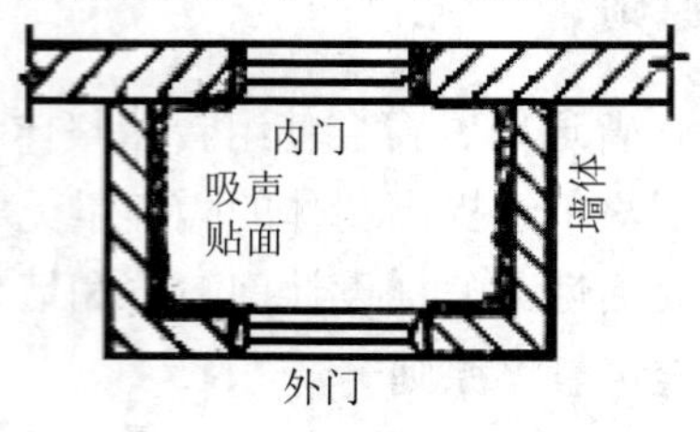

图 6-17 “声闸”构造

2. 提高隔声门隔声能力的措施

门缝的密封程度如何，对门的隔声效果影响较大。除了安装时对门框与墙体之间进行密封处理以外，制作隔声门时应对门扇与门框进行很好的密封处理。一般可采取以下密封措施。

（1）采用不易变形的材料。如采用木材制作门框及门扇龙骨时，应使用烘干的木材；采用金属材料制作时，应注意焊接温度不易过高，以防门发生形变而降低隔声效果。

（2）合理选用密封材料。门扇与门框结合处，采用橡胶条（管）、乳胶条（管）、P 型软隔声材料、毛毡、海绵及其他弹性材料等进行密封。

（3）改善框扇结合方式。将框扇普通结合方式改成斜面接触或梯形咬合，并进行适当的密封处理，如条件允许也可采用嵌入式结构。

（4）为保证关闭严密，可设置压紧装置。

（5）对地面部位有无框要求时，可设置弹性扫地刮板。

如图 6-18 所示为隔声门框扇常见的密封措施。

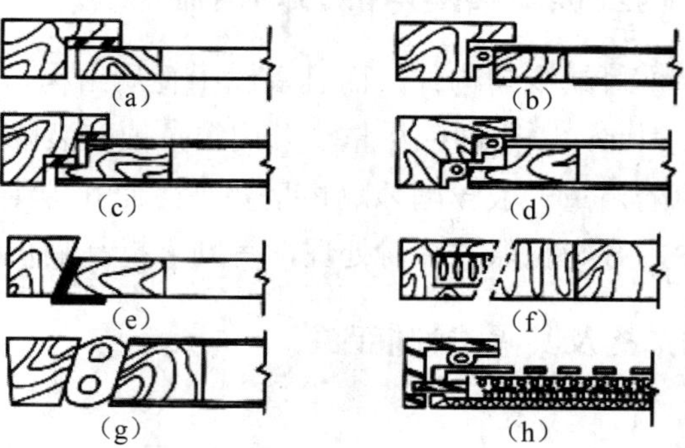

（a）单企口，压紧橡皮条、乳胶条；（b）单企口，P 型橡胶条密封；（c）双企口，密封方法同（a）；（d）双企口，密封方法同（b）；（e）斜企口，用橡皮或人造革包泡沫塑料；（f）斜企口，门缝处做狭缝消声器；（g）斜企口，用充气带密封；（h）卡锁钢门，P 型橡胶条密封

图 6-18 隔声门框扇密封措施

（二）隔声窗的结构及其隔声性能改善

1. 隔声窗的结构

隔声窗一般采用双层或多层玻璃制作，其隔声量主要取决于玻璃的厚度以及窗的结构，窗与窗框之间、窗框和墙壁之间的密封程度。根据实测，3 mm 厚的玻璃的隔声量是 27 dB，6 mm 的玻璃隔声量是 30 dB，因此，采用两层以上的玻璃，且中间夹有空气层的结构，隔声效果是相当好的。图 6-19 给出了几种隔声窗的示意图，表 6-5 为常用隔声窗的隔声特性。

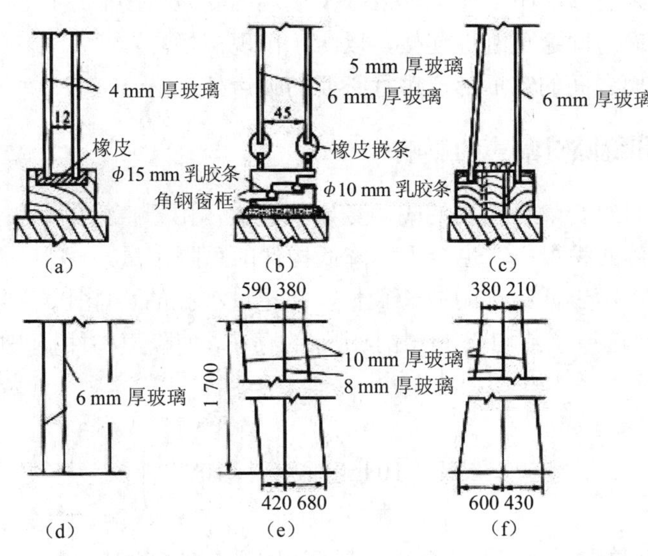

图 6-19　几种常见隔声窗的结构示意

表 6-5　典型隔声窗的隔声特性

结构	隔声量/dB						
	倍频程中心频率/Hz						平均隔声量
	125	250	500	1 000	2 000	4 000	
单层 6 mm 玻璃固定窗，橡皮长条封边	20	22	26	30	28	22	25.1
双层窗：图 6-19（a）	20	17	22	35	41	38	28.8
双层窗：图 6-19（b）	14	35	37	43	47	51	37.5
双层窗：图 6-19（c）空腔 85～115	32	36	45	56	55	43	44
三层固定窗：图 6-19（d）	37	45	42	43	47	56	45
三层窗：图 6-19（e）	49	63	71	66	73	77	66.5
图 6-19（f）	46	67	72	75	69	71	66.7

2. 提高隔声窗隔声能力的措施

（1）多层窗应选用厚度不同的玻璃以避免发生吻合效应。例如，3 mm 厚的玻璃的吻合低谷出现在 4 000 Hz 左右，6 mm 的玻璃的吻合低谷则出现在 2 000 Hz 左右，这样两种不同厚度的玻璃组成的双层窗就避免了吻合效应。

（2）多层窗的玻璃之间要留有较大的空气层。实践证明，一般空气层厚度取 70～150 mm 即可。

（3）多层玻璃板不易平行放置。将朝向声源的一面倾斜放置，以消除驻波影响。

（4）玻璃窗的密封要严，在边沿处用橡胶条或毛毡条压紧，这不仅可以起到密封作用，还能起到有效的阻尼作用，以减少玻璃因受激振荡而透声。

（5）两层玻璃之间避免刚性连接，以防止出现声桥。

（6）两层玻璃之间的窗框部位进行必要的吸声处理。

（三）孔洞和缝隙对隔声的影响

孔洞和缝隙对组合隔声结构的隔声量影响较大，由于声波的衍射作用，即使孔洞和缝隙占有墙体面积很小，也会大大降低构件的总隔声量。

通常情况下，由于低频声的波长较长，故透过小孔的声能比高频声要少一些，但作近似计算时，透声系数均取 1。由于孔隙的存在，使隔声构件损失的隔声量 ΔTL 可用下式计算。

$$\Delta\text{TL} = 10\lg\left(1 + n\frac{S_1}{S_2}\times 10^{0.1\text{TL}}\right) \tag{6-24}$$

式中，n —— 声波集中于孔隙处的系数，当声波频率 f<1 000 Hz 时，n=4，f>1 000 Hz 时，n=6；

S_1 —— 隔声构件的总面积，m^2；

S_2 —— 孔隙的总面积，m^2；

TL —— 原隔声构件的隔声量，dB。

孔缝对原有围护结构隔声量的影响可绘成图 6-20；按此结果，当孔洞和缝隙占整体面积的 1%时，隔声构件的隔声量不会超过 20 dB，孔缝率达 10%时，原围护结构的隔声量最大不超过 10 dB，所以必须对孔洞和缝隙进行密封处理。确因通风、散热及进出物料需要留孔洞时，应进行必要消声处理。

孔缝对构件隔声量的影响，也与入射声波的频率有关，入射声波的频率越高，孔缝对隔声量的影响越大。如图 6-21 所示为门缝对隔声量影响的实测结果，在一扇 2 m^2 的门的四边有 10 mm 宽的门缝，嵌缝后平均隔声量可提高 13 dB。

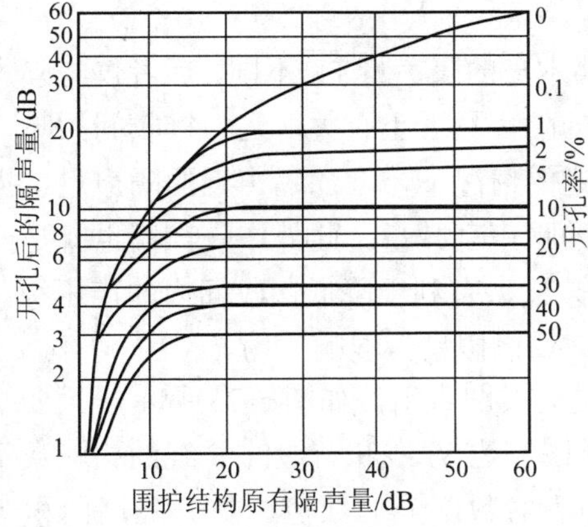

图 6-20　孔缝对围护结构隔声的影响

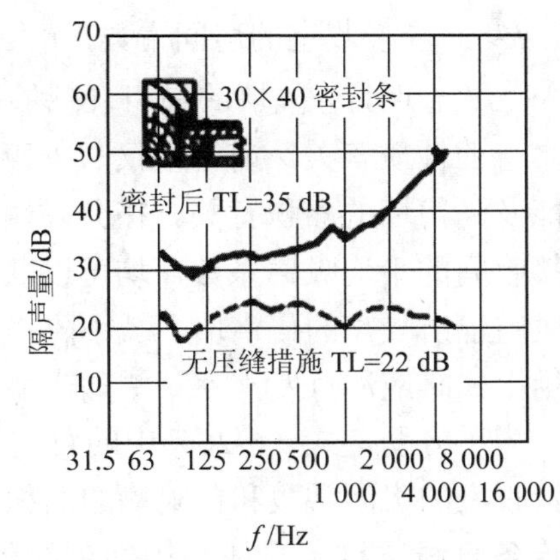

图 6-21　实测门缝对隔声量的影响

三、分隔墙的噪声衰减量

同样构造的分隔墙在不同的室内声学环境中，对声音的隔除作用并不相同。设有如图 6-22 所示的两个相邻房间，左室为发声室，右室为接收室，隔墙两边的声压级分别为 L_{p1} 和 L_{p2}，则分隔墙的噪声衰减量为：

$$NR = L_{p1} - L_{p2} \tag{6-25}$$

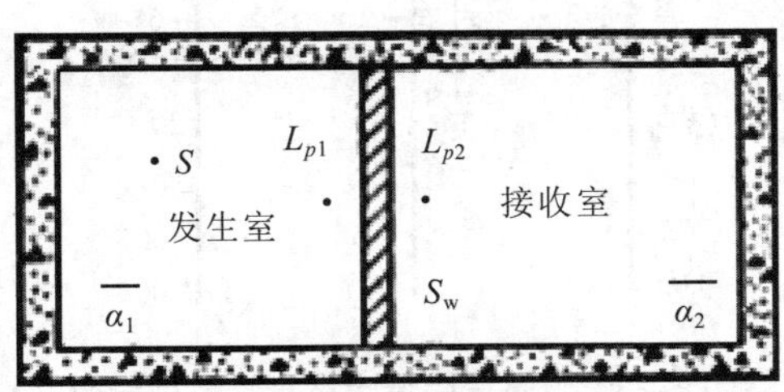

图 6-22　发生室与接收室

右室内的声场是由两部分组成，一部分是隔墙透射声，另一部分是由于右室内壁反射形成的混响声，这表明，右室测得的声压级 L_{p2} 不仅与分隔墙本身的隔声量有关，还与分隔墙的面积、右室内的混响声场有关。由室内声学理论可推知，分隔墙的噪声衰减量为：

$$NR = \overline{TL} - 10\lg\left(\frac{1}{4} + \frac{S_w}{R_2}\right) \tag{6-26}$$

式中，$\overline{TL}$ —— 分隔墙的平均隔声量，dB；

S_w —— 分隔墙的面积，m^2；

R_2—— 接收室的房间常数，m^2。

上式表明，分隔墙的噪声衰减量 NR 与墙本身的隔声量 $\overline{TL}$ 不同，后者仅与隔声墙本身的性质有关，前者不仅与隔声墙本身的隔声量大小有关，还与接收间的吸声性能及隔声墙的面积有关。在分隔墙面积一定的情况下，增加隔声墙的隔声量，提高接收间的平均吸声系数，均可以获得较高的噪声衰减量。此外，隔声墙也就是向接收室辐射噪声的传声墙，减小隔声墙的面积 S_w，有利于降低接收间内的声压级。应用上式时应注意发声室一侧隔声墙附近的声场已假设为混响声场。

为了方便，式（6-26）中的对数部分可由列线图查出，如图 6-23 所示。只要知道接收室的房间常数和分隔墙的面积，在列线图左边 S_w 线和右边的 R 线的相应数字处连条直线，这条直线与中间列线的交点即为对数部分的数值。如分隔墙面积为 20 m^2，当接收室房间常数为 3 m^2 时，对数部分的值约为 9 dB；当接收室房间常数为 10 m^2 时，对数部分的值约为 3.5 dB。知道了分隔墙的隔声量，可方便地求出分隔墙的噪声衰减量。

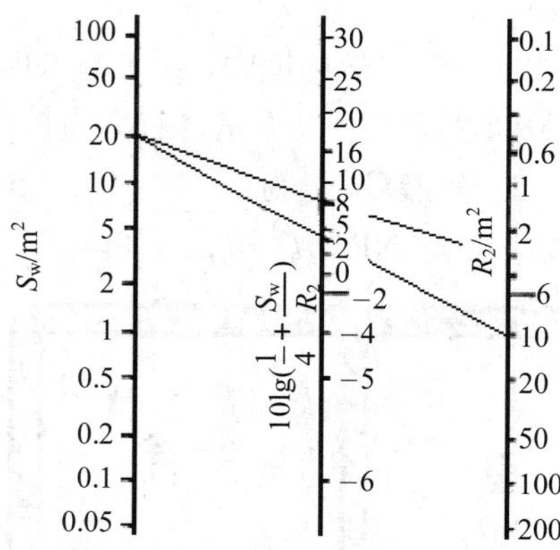

图 6-23　计算分隔墙噪声衰减量列线图

第五节　隔声罩

隔声罩是将噪声源封闭在一个相对小的空间内，以减少其对外辐射噪声的围护结构。隔声罩有全密封型与局部开放型之分和固定型与活动型之分，常用于车间内有独立的强噪声源或相对集中的强噪声源，且声源本身的强噪声不易降低的情况。如风机、空压机、电动机等动力设备，以及球磨机、抛光机等机械加工设备。隔声罩的基本结构如图 6-24 所示，罩体上通常留有观察窗、活动门及通风通道，以利于操作、维修或散热的要求。

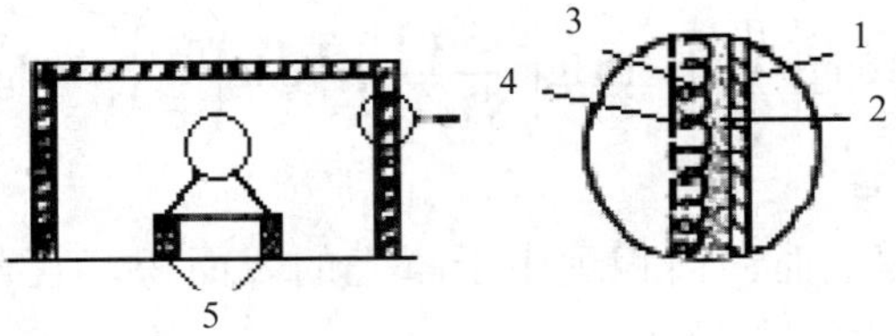

1. 金属板外壳；2. 阻尼涂层；3. 吸声材料；4. 穿孔护面板；5. 减震器

图 6-24 隔声罩结构

一、隔声罩的插入损失

隔声罩的降噪效果通常用插入损失来表示，它定义为：

$$\mathrm{IL} = L_{W1} - L_{W2} \tag{6-27}$$

式中，IL —— 隔声罩的插入损失，dB；

L_{W1} —— 无罩时声源辐射的声功率，dB；

L_{W2} —— 加罩后透过罩壳向外辐射的声功率，dB。

当罩内声源稳定发声一段时间后，使罩内声场达到稳定状态下，声源提供的声功率 W_1 应等于罩壳和罩壳内地面吸收的声功率 W_α，即 $W_1=W_\alpha$。则罩壳本身所吸收的声功率（每秒钟吸收的声能量）W'_α为：

$$W'_\alpha = \frac{S'\alpha'}{S\overline{\alpha}} W_1 \tag{6-28}$$

式中，S —— 罩壳和罩壳内地面的总内表面积，m^2；

$\overline{\alpha}$ —— 总内表面的平均吸声系数；

S' —— 罩壳的内表面积，m^2；

α' —— 罩壳内表面的吸声系数。

罩壳所吸收的声功率包括了罩壳实际吸收的和透过罩壳向外辐射的两部分，由透声系数 $\tau = W'_\alpha / W_2$ 可得透过罩壳辐射的声功率 W_2 为：

$$W_2 = W'_\alpha \overline{\tau} = W_1 \frac{S'\alpha'}{S\overline{\alpha}} \overline{\tau} \tag{6-29}$$

式中，$\overline{\tau}$ —— 罩壳的平均透声系数。

代入式（6-27）得到隔声罩插入损失为：

$$\mathrm{IL}=10\lg\left(\frac{W_1}{W_2}\right)=10\lg\left(\frac{S\overline{\alpha}}{S'\alpha'\overline{\tau}}\right)=10\lg\left(\frac{\overline{\alpha}}{\overline{\tau}}\right)+10\lg\left(\frac{S}{S'\alpha'}\right) \tag{6-30a}$$

如果罩壳所围的地面的面积远小于罩壳的表面积，且罩壳内为强吸收，即 $S\approx S'$，$\alpha'\approx 1$，上式可以简化为：

$$\mathrm{IL}=10\lg\left(\frac{\overline{\alpha}}{\overline{\tau}}\right)=\mathrm{TL}+10\lg\overline{\alpha} \tag{6-30b}$$

上式表明，隔声罩壳体的平均隔声量越大，罩内的平均吸声系数越高，其插入损失也越大。式中有两个极限值，当 $\overline{\alpha}\to\overline{\tau}$ 时，$\mathrm{IL}\to 0$，即罩体所吸收的声能量全部通过罩壳透射出去，隔声罩不起作用；当 $\overline{\alpha}\to 1$ 时，$\mathrm{IL}\to\overline{\mathrm{TL}}$，即插入所损失接近罩体的平均隔声量。一般情况下 $0<\overline{\tau}<\overline{\alpha}<1$，隔声罩的插入损失总是小于其平均隔声量，实践经验给出：

（1）罩内无吸收时：$\mathrm{IL}\approx\overline{\mathrm{TL}}-20$

（2）罩内弱吸收时：$\mathrm{IL}\approx\overline{\mathrm{TL}}-15$

（3）罩内强吸收时：$\mathrm{IL}\approx\overline{\mathrm{TL}}-10$

对于局部封闭的隔声罩，插入损失可用下式估算：

$$\mathrm{IL}=\overline{\mathrm{TL}}+10\lg\overline{\tau}+10\lg\left[\frac{1+S_0/S}{1+(S_0/S)10^{0.1\overline{\mathrm{TL}}}}\right] \tag{6-31}$$

式中，S_0，S—— 分别为非封闭面和封闭面的总面积，m^2。

二、隔声罩的设计要点

使用隔声罩降低强噪声源所发出的噪声，是一种措施简单、降噪效果明显的隔声技术，在噪声控制工程中被广泛应用。设计时应注意以下几个方面的问题。

（1）罩壳材料必须有足够的隔声量，以使其有较大的插入损失。为了便于制造、安装和维修，宜采用 0.5～2 mm 厚的钢板、铝板等轻薄而密实的材料或多层复合材料制作，空间允许时，也可采用砖或混凝土等厚实的材料。

（2）罩体与声源设备及机座之间不能有刚性连接，以免形成“声桥”而使隔声量降低。罩体与地面间要进行隔振处理，以防止固体传声。

（3）使用钢板、铝板等轻薄材料制作时，须在壁面上加筋，涂贴阻尼层，以抑制与减弱共振或吻合效应的影响。

（4）隔声罩各连接部分要固定紧密，避免留有孔洞和缝隙，若有管道、电缆等部件须从罩体穿越时，要采取必要的密封和隔振措施。

（5）罩内要使用吸声系数大的多孔材料作吸声处理，以提高隔声效果。

（6）罩壳形状恰当，尽量少用方形平行罩壁，以防止罩内空气的驻波效应。在罩内壁面和设备之间应留有较大空间，一般为设备所占空间的 1/3 以上，各内壁面与设备的空间距离，保持在 100 mm 以上，以避免耦合共振，使隔声量降低。

（7）当需要设置散热、通风通道或物料进出通道时，须增加消声措施，其消声量要与隔声罩的插入损失相匹配。

（8）隔声罩的设计必须符合生产工艺的要求，不能影响设备的正常工作，且便于操作、安装与检修，需要时可制作成能够拆装的拼装结构。

三、隔声罩需要的通风量计算

在使用隔声罩降噪的实际问题中，必须考虑机器设备的散热问题，一般是在隔声罩壁上留有孔洞。这时，通常需要在孔洞上安装一定长度的消声器，并使消声器的消声量与隔声罩罩壁的隔声量相当，这样既不降低减噪效果，又可以达到通风冷却的目的。如图 6-25 所示是一个开孔并装有消声器的鼓风机隔声罩的示意图，该隔声罩把风机的进风和电机的冷却同时并举，有较好的使用效果。

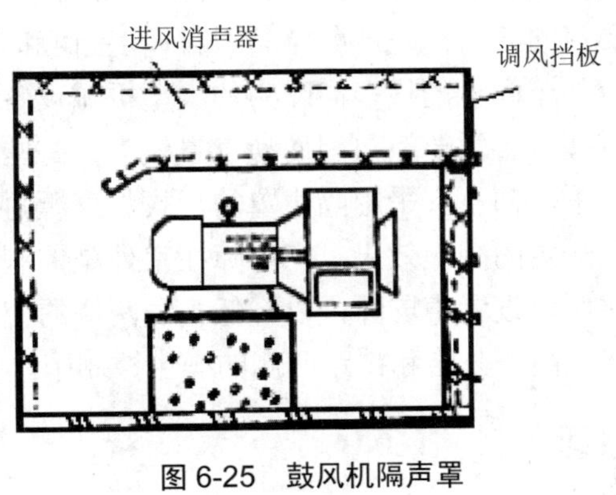

图 6-25　鼓风机隔声罩

隔声罩内电动机的散热量可按下式计算：

$$Q = 1\,000\,W\frac{100-\eta}{\eta} \tag{6-32}$$

式中，Q —— 电动机的散热量，J/s；

W —— 电动机的额定功率，W；

η —— 电动机的工作效率，%。

电动机的冷却通风量 V（m^3/s）按下式计算：

$$V = \frac{Q}{864(t_2 - t_1)\gamma} \tag{6-33a}$$

式中，t_1，t_2 —— 分别为冷却风进、出口处的空气温度，℃；

γ —— 空气的容重，常温下 $\gamma=1.21\ \text{kg/m}^3$。

若隔声罩采用管式消声器作冷却通风管，则通风管的冷却通风量 V 按下式计算：

$$V = \frac{\pi}{4} d^2 u \tag{6-33b}$$

式中，d —— 风管的直径，m；

u —— 风速，m/s。

第六节　声屏障

在声源与接收点之间设置能阻挡声波传播的障板来降低噪声，这种能够在不封闭声源的情况下屏蔽噪声的结构称为声屏障。声屏障在室内和室外都有广泛的应用。对于室内的某些场合，如车间里的很多高噪声的大型机械设备，有些设备会泄出易燃气体而要求防爆；有些设备需要散热因而换气量较大；有些设备因操作或维修方便的需要；在这些情况下，都不宜采用隔声罩的形式将声源封闭起来，设置一定高度的声屏障就可以收到一定的减噪效果。声屏障在室外是控制交通噪声污染的一种有效措施，在交通干线两侧设置声屏障，以降低干线两侧的交通噪声，已越来越多地应用到城市高架道路、高速公路和铁路两侧的噪声控制中。

一、声屏障的原理

从声波的物理特性可知，一定波长的声波在空气中传播时，如果遇到障碍物，有一部分经过障碍物边缘而产生衍射（绕射）。如果在正对噪声传来的途径上设立一道一定高度和宽度的声屏障，就能在障碍物的背后一定距离内形成声影区。在声影区内，由于障碍物的阻挡作用，使噪声强度明显降低，这就是声屏障的降噪原理。对于高频噪声，因波长较短，绕射能力差，降噪效果明显，且“声影区”面积较大；低频噪声则因波长较长，绕射能力强，降噪效果较差，“声影区”面积也较小。如图6-26所示为低、中、高频声波遇到障碍物绕射的示意图。

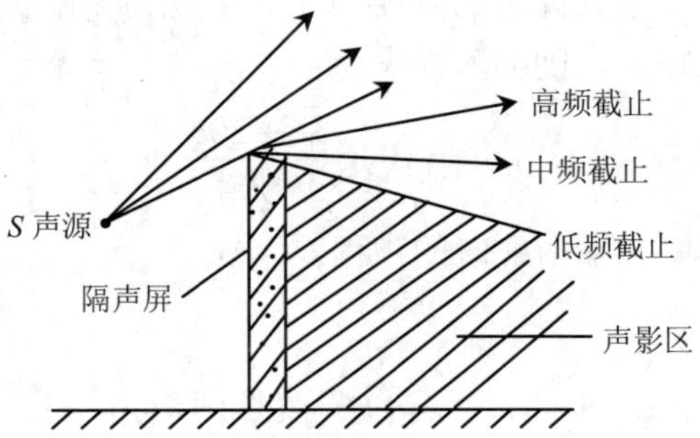

高频截止
中频截止
S 声源
低频截止
隔声屏
声影区

图 6-26　声波遇到障碍物时的绕射示意图

二、声屏障的噪声衰减量

（一）声屏障的插入损失

如图 6-27 所示为声屏障示意图。仅考虑衍射声场时，接收点因屏障的设置而引起的声压级降低量称插入损失。根据声波的衍射理论计算，声屏障的插入损失 IL 为：

$$\mathrm{IL}=10\lg\left(\sum_{i=1}^{n}\frac{3\lambda+20\delta_i}{\lambda}\right) \tag{6-34}$$

式中，λ—— 入射声波的波长，m；

δ_i—— 声程差，从声源到接收点之间的衍射路程与直达路程之差，m。

H
声源
声屏障
接收点
r
d

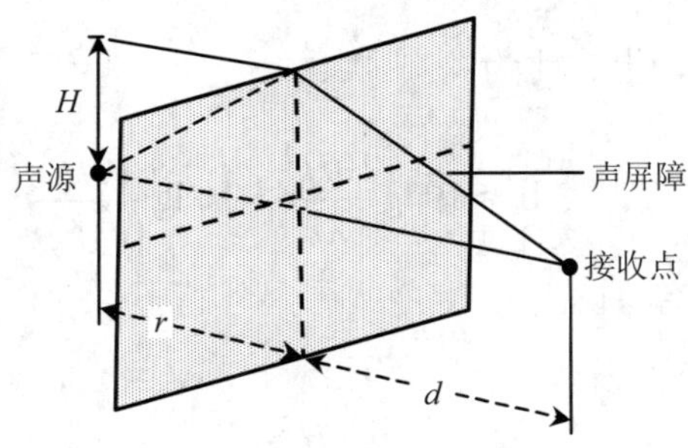

图 6-27　声屏障示意图

所谓衍射路程就是从声源经屏障边缘到达接收点的最短路程。如果屏障为有限长，声波可以从屏障顶端和两侧三个途径衍射到接收点，则式（6-34）中 i=1，2，3。

由上式可知，声屏障的插入损失与声程差δ及入射声波波长λ密切相关，声程差越大，插入损失越大，因此，声屏障越高越好。入射声波波长越短，插入损失越大，换言之，声屏障对于高频声的降噪效果优于低频声。

如果声屏障的长度大于其高度的 5 倍以上，可视为无限长声屏障。此时声屏障两侧边的衍射影响可以略去，则插入损失为：

$$\mathrm{IL}=10\lg\frac{3\lambda+20\delta}{\lambda} \tag{6-35}$$

式中，δ—— 声波从屏障顶端衍射时的声程差，m。

由图 6-27 可得：

$$\begin{aligned}\delta&=\left(r^2+H^2\right)^{1/2}+\left(H^2+d^2\right)^{1/2}-(r+d)\\&=r\left[\left(1+\frac{H^2}{r^2}\right)^{1/2}-1\right]+d\left[\left(1+\frac{H^2}{d^2}\right)^{1/2}-1\right]\end{aligned} \tag{6-36}$$

式中，r—— 声源到屏障的距离，m；

d—— 接收点到屏障的距离，m；

H—— 声源至屏障顶端的高，m。

假定 $d\gg r\gg H$，对上式展开后取近似值有：

$$\delta\approx\frac{H^2}{2r} \tag{6-37}$$

将上式代入式（6-35）中得：

$$\mathrm{IL}\approx10\lg\left[\frac{3\lambda+\left(10H^2/r\right)}{\lambda}\right] \tag{6-38}$$

再假设 $\dfrac{10H^2}{r}\gg3\lambda$，上式化为：

$$\mathrm{IL}\approx10\lg\frac{10H^2}{\lambda r}=10\lg\frac{10H^2}{(c/f)r} \tag{6-39}$$

式中，f—— 声波的频率，Hz。

进一步简化整理可得：

$$\mathrm{IL}\approx10\lg\frac{H^2}{r}+10\lg f-15 \tag{6-40}$$

以上结果适用于点声源，对于线性声源，如密集的车流，则插入损失比点声源算出的低 5～10 dB。按上式，以 H^2/r 和 f 为变量可做出插入损失曲线（图 6-28）。实践证明，即使是在最理想的环境中，声屏障的插入损失不会超过 24 dB。

（二）声屏障的噪声衰减量

声屏障后面的声场，除了衍射部分外，还要考虑声波的透射作用，因而实际屏障对噪声总的降低量与屏障本身的隔声量有关。

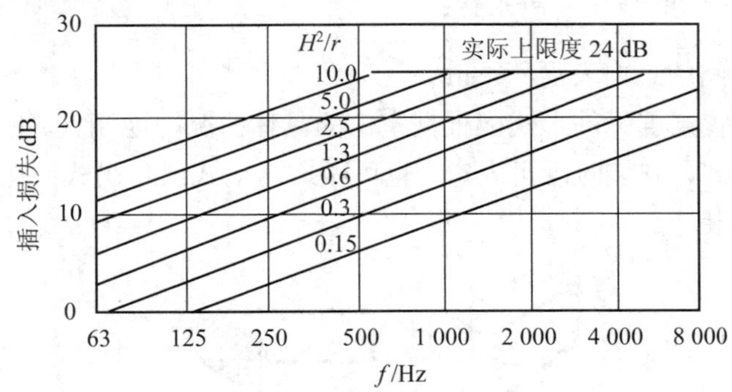

图 6-28 声屏障插入损失计算图

声屏障对噪声的实际降低量（噪声衰减量）NR 为：

$$\mathrm{NR}=\mathrm{IL}-10\lg\left[1+10^{-(\mathrm{TL}-\mathrm{IL})/10}\right] \tag{6-41}$$

式中，TL−IL —— 声屏障的隔声量与插入损失之差，dB。

上式表明，声屏障的噪声衰减量 NR 与屏障的隔声量 TL 和插入损失 IL 之差有关，两者差值越大，噪声衰减量就越大，当两者相差 9 dB 以上时，透射声对屏障声衰减的影响小于 0.5 dB，可以忽略不计。

三、声屏障的设计要点

（1）声屏障本身要有足够大的隔声量，否则，透射声能过大，就起不到隔声效果。室外使用时，可用砖墙、混凝土墙；室内使用时，可用钢板、木板、塑料板、石膏板以及复合板等轻质材料。

（2）由于声波的频率越低，波长越长，其衍射也越强，故声屏障的尺寸越大越好。声屏障的高度要尽可能大于入射声波的波长，理论上声屏障高度增加 1 倍，可提高降噪量 6 dB；声屏障的长度越长越好，对于点声源，当声屏障的长度大于高度 5 倍时，就可以视为无限长声屏障，从而使边缘的衍射可以忽略。

（3）室内使用时，由于声屏障只能遮挡直达声，应将声屏障设置在离声源较近的地方才能起到一定的降噪作用，还要注意在声屏障周边与其他构件的连接处做好密封处理。如果在室内和声屏障两侧做吸声处理，可以增强声屏障的降噪效果，同时还可以扩大声屏障的使用范围。实际使用时，可用下式估算声屏障的有效范围：

$$r=0.14\sqrt{\alpha S} \tag{6-42}$$

式中，r —— 接收点到声源的距离，m；

$\overline{\alpha}$ —— 室内的平均吸声系数；

S—— 房间的总内表面积，m^2。

（4）室内布置声屏障的形式应根据室内的具体情况因地制宜。图 6-29 给出了几种常用的布置形式，安装时既可固定，也可做成活动式或悬吊式；既可做成整体式，也可做成单元拼装式。

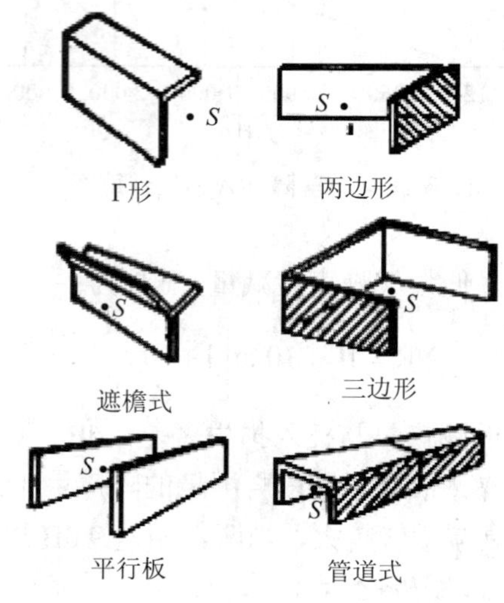

图 6-29 声屏障的几种布置形式

（5）室外使用时，可作为遮挡交通道路噪声的屏障，要注意其力学性能应符合有关国家标准，声屏障的材质与造型应与周围的环境、景观相协调。另外，道路交通噪声一般为线声源，所以，设计值应比实际降噪值高 5～10 dB。

第七节 隔声技术的应用

一、隔声设计的步骤

1. 调查噪声现状。包括拟控制声源的发声机理、所辐射的各倍频程声功率级、现场的声学环境、本底噪声状况，并估算或实测各受声点的倍频程声压级。

2. 根据有关噪声标准确定受声点各倍频程允许的声压级。

3. 确定降噪目标值，计算各倍频程所需要的隔声量。

4. 选取恰当的隔声方式和合适的隔声构件，明确施工安装方式。

5. 施工完成后，测量实际各倍频程的噪声衰减量，评价隔声效果，如未达到设计效果，应查找原因，采取补救措施。

二、隔声技术应用实例

1. 上海标准件二厂自动冲床隔声罩降噪实例

（1）车间状况

车间尺寸为 48 m×15 m×11 m，车间内有 18 台冲床及其他设备。经现场测试发现冲床为车间的主要噪声源，叠加噪声级高达 101 dB，呈中高频特性，拟采用给冲床加隔声罩的措施来降低车间内的噪声。

（2）隔声罩结构

隔声罩采用整体组装式全封闭结构，尺寸为 9.3 m×2.88 m×3.3 m，罩体平面图如图 6-30 所示。全部使用钢结构骨架，罩壁检修门、观察门等均是可拆卸的，外罩壁采用 1.5 mm 厚的钢板，内侧护面钢板穿孔率为 19%，中间采用 100 mm 厚、容重为 20 kg/m^3 的超细玻璃棉吸声材料，各单元结构之间联结用 10 mm 厚的橡皮圈密封。

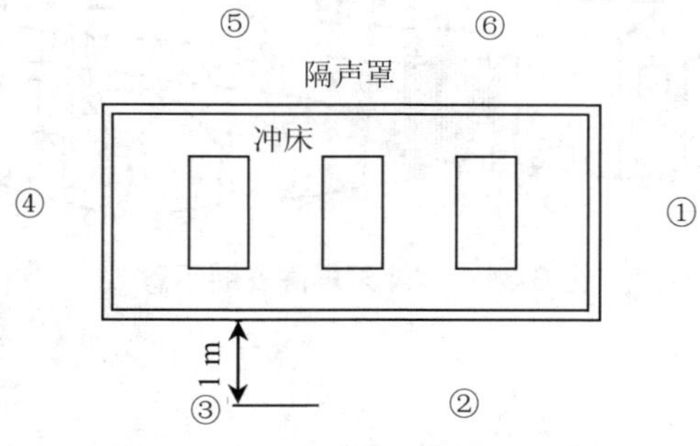

图 6-30　隔声罩平面图及测点位置

（3）隔声罩降噪效果

隔声罩建成后，测点“1”实测数据由表 6-6 给出，各倍频程的平均降噪量为 32.7 dB，所有 6 个测点的平均降噪量达到 26.8 dB，取得了良好的降噪效果。

表 6-6　隔声罩安装前后测点“1”的实测值

名称	倍频程中心频率/dB						总声级/dB（A）
	250	500	1 000	2 000	4 000	8 000	
隔声量的计算值	19.8	24.9	38.6	32.2	35.7	39.4	—
无罩时的实测值	76.9	88.5	91	94	97.2	90.8	101.2
有罩时的实测值	55.4	60	62.7	62.1	62.1	53.4	68.5
实际隔声量	21.5	38.5	28.4	32	35.1	43.4	32.7

2. 上海新沪钢铁厂室外声屏障降噪实例

（1）噪声污染状况

轧钢车间与住宅最近处不足 2 m，车间生产 24 h 连续不停，居民住宅敏感点噪声超过 75 dB，拟采用在居民楼与厂界之间建造室外大型声屏障来降低噪声。

（2）声屏障结构

声屏障尺寸总长度为 60 m，高度为 6 m，见图 6-31。屏障结构选用双层 8 mm 厚的 TK 板（水泥、石膏经高温处理压制而成），板间留以 80 mm 厚空腔，板间用轻钢龙骨作联系梁。为保证结构整体的强度与稳定性，用直径为 100 mm、壁厚为 4 mm 的无缝钢管作支柱，并埋入混凝土基础中。

（3）声屏障降噪效果

声屏障建成后，实测降噪量为 8～11 dB，达到了较好的降噪效果。

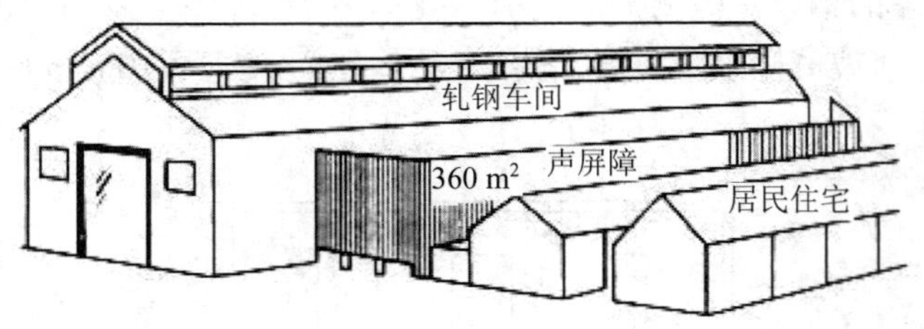

图 6-31　室外声屏障安装示意

思考题与习题

1. 插入损失和噪声衰减量是如何定义的，两者有何不同？

2. 单层匀质隔声墙的频率特性可以分为哪几个区？试简述其意义。

3. 什么是吻合效应，发生吻合效应的条件是什么？

4. 使用双层墙隔声技术时应注意哪些问题？

5. 多层复合隔声结构的隔声性能较组成它的同等质量的单层或双层板优越得多，其主要原因是什么？

6. 什么是等透声量设计原则？

7. 提高门窗隔声能力的措施有哪些？

8. 试简述隔声罩的设计要点。

9. 声屏障的设计应注意什么问题？

10. 试计算下列构件的隔声量 TL 和临界吻合频率 f_c。

（1）200 mm 厚的混凝土墙；

（2）10 mm 厚的钢板；

（3）将（1）中的墙分成两道各厚 100 mm，墙间空气层厚 200 mm 的双层墙，其共振频率及隔声量各为多少？

11. 如图 6-32 所示的组合墙，其中门和窗分别占 2 m^2 和 3 m^2，墙、门、窗对 1 kHz 声波的传声损失分别为 50 dB、20 dB 和 30 dB，求此组合墙对该频率声波的平均隔声量。

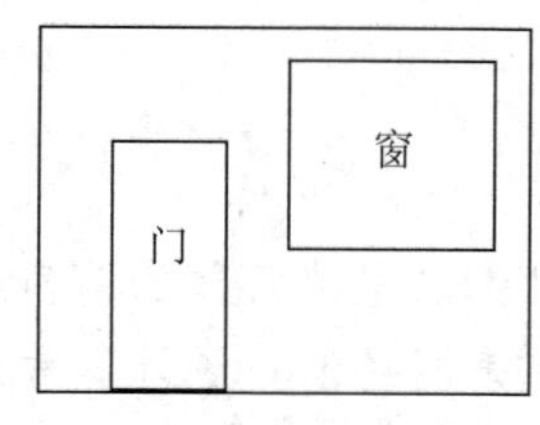

图 6-32　组合墙图（2.7 m×4 m）

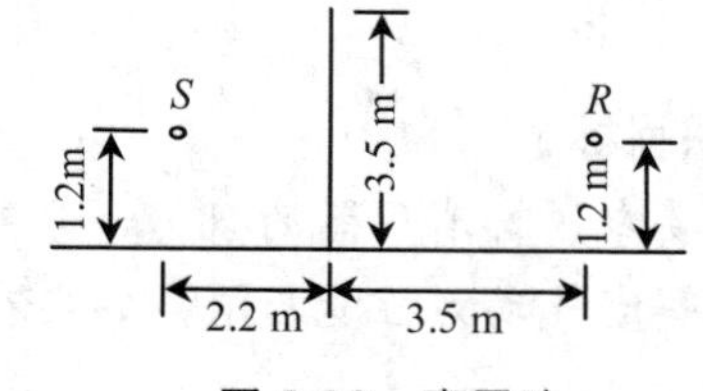

图 6-33　声屏障

12. 某车间内有一道墙将空间分成两个部分。为了便于监视车间内的工作状况，该墙上有一半面积为玻璃，设墙体部分的平均隔声量为 40 dB，玻璃窗的平均隔声量为 20 dB。问该组合墙的平均隔声量为多少？若将窗的面积减少为总面积的 10%，则平均隔声量增大多少？

13. 两个房间有一道分隔墙分开，该墙的尺寸为 7.6 m × 4.8 m，传声损失为 30 dB。设发声室的房间常数 R_1=200 m^2，且有一声功率级为 100 dB 的点源发声。若接收室内的房间常数 R_2=150 m^2，试求接收室内的平均声压级。若接收室内因增强吸声措施，使房间常数增大至 2 000 m^2，则声压级又降低多少分贝？

14. 如图 6-33 所示，无限长声屏障安置在开阔空间，有一点声源 S 发声功率为 0.2 W，中心频率为 1 kHz，试求声屏障的插入损失以及接收点处 R 的声压级。

15. 某隔声罩要求对 1 kHz 的声音具有 30 dB 的插入损失。罩的平均透声系数为 2×10^{-4}，试求该罩内壁所衬贴吸声材料的平均吸声系数取多大为合适？

16. 上题中的隔声罩，因机器通风散热要求，在罩上开有一占全罩面积 10%的孔，此时隔声罩的插入损失将降低多少分贝？为改善其效果，应采取何种措施？

第七章 消声技术

【知识目标】

本章要求了解消声器的概念、分类及其消声特性；熟悉消声器的消声原理及其结构；理解空气动力性能与消声的内在联系；掌握消声器的消声量计算方法及设计要领。

【能力目标】

通过对本章内容的学习，学生能独立完成消声工程的现场勘察与数据测量工作；能应用已有的消声理论知识编制消声工程方案；能独立完成小型消声工程的设计工作。

第一节　消声器的分类及其性能评价

一、消声器的概念

消声器是一种既允许气流顺利通过而又能有效衰减或阻碍声能向外传播的装置。但是，消声器只能降低空气动力设备的进、排气口噪声或沿管道传播的噪声，不能降低空气动力设备的机壳、管壁等辐射的噪声。主要安装在进、排气口或气流通过的管道中。

目前，国内有数百家噪声与振动控制设备生产厂，其中70%的厂家都生产消声器，消声器的型号多达几百种。部分生产厂家生产的消声器已经达到标准化、系列化、定型化。一个性能好的消声器，可使气流噪声降低20～40 dB（A），在噪声控制中应用极为广泛。

二、对消声器的基本要求

1. 声学性能

消声器应具有较好的消声性能。消声器在一定的流速、温度、湿度、压力等工作环境中，在所要求的消声频率范围内，应有足够大的消声量，或在较宽的频率范围内，能满足需要的消声量要求。

2. 空气动力性能

消声器要有良好的空气动力性能。对气流的阻力小，阻力损失和功率损失要控制在实际允许的范围内，不影响气动设备的正常工作。气流通过消声器时所产生的再生噪声低。

3. 结构性能

消声器应具备良好的结构性能。空间位置合理，体积小，重量轻，结构简单，便于加工、安装和维修。材质坚固耐用，尤其应注意对于耐高温、耐腐蚀、耐潮湿及抗静电等特殊要求的材质选用。

4. 外形及装饰

消声器的外形美观大方，体积和外形应满足设备总体布局的限制要求，表面装饰应与设备总体相协调，体现环保产品的特点。

5. 价格费用

消声器价格便宜，经久耐用，条件允许的情况下，应尽可能减少消声器的材料消耗，降低费用。

以上五项要求互相联系又相互制约，在设计或选用消声器时，一定要根据声源设备特点，使用消声器的现场情况以及环境噪声控制的具体要求，进行综合分析评价，以确定最佳方案。

三、消声器性能评价

消声器的性能评价主要表现在声学性能、空气动力性能和结构性能三个方面。

1. 声学性能

消声器的声学性能表现在消声量的大小和消声频率范围宽窄。消声量的量度常用下列四种方法。

（1）插入损失

插入损失是指在声源与测点之间插入消声器前后，在某一固定测点所得的声压级的差值 L_{IL}，即：

$$L_{IL}=L_{p1}-L_{p2} \tag{7-1}$$

式中，L_{p1} —— 安装消声器前某测点的声压级，dB；

L_{p2} —— 安装消声器后某测点的声压级，dB。

插入损失作为评价量的优点是较为直观、实用、简单，是现场测量消声器消声量最常用的方法。但插入损失不仅决定于消声器本身的性能，而且与声源、末端负载以及系统总体装置情况紧密相关，因此，适用于在现场测量中评价安装消声器前后的综合效果。

（2）传声损失

传声损失是指消声器进口端入射声能与出口端透射声能相比较，入射声与透射声的声功率级之差 L_R，即：

$$L_R = 10\lg\left(\frac{W_1}{W_2}\right) = L_{W1} - L_{W2} \tag{7-2}$$

式中，L_{W1} —— 消声器进口处声功率级，dB；

L_{W2} —— 消声器出口处声功率级，dB。

声功率级不能直接测得，一般是通过测量声压级值来计算声功率级和传声损失。传声损失反映的是消声器自身的特性，和声源、末端负载等因素无关，所以，适合于理论分析计算和在实验室中检验消声器自身的消声性能。

（3）减噪量

减噪量是指在消声器进口端面测得的平均声压级与出口端面测得的平均声压级之差 L_{NR}，即：

$$L_{NR} = \overline{L_{p1}} - \overline{L_{p2}} \tag{7-3}$$

式中，$\overline{L_{p1}}$ —— 消声器进口端面平均声压级，dB；

$\overline{L_{p2}}$ —— 消声器出口端面平均声压级，dB。

这种测量方法误差较大，易受环境反射、背景噪声、气象条件等因素的影响。一般是在严格地按传声损失测量有困难时而采用的一种简单的测量方法。现场测量用得较少。

（4）衰减量

衰减量是指在消声器通道内轴向两点间的声压级的差值，主要用来描述消声器内声传播的特性。通常以消声器单位长度上的衰减量（dB/m）来表示。这一方法只适用于声学材料在较长管道内连续而均匀分布的直通管道消声器。

除以上四种方法，有时为了定量分析比较某些消声器的性能，也给出一些其他的评价指标，例如，消声指数，它是单位当量长度，单位当量横断面面积的消声量，即参考体积的消声量。

上述几种消声器性能的评价量中，传声损失和衰减量是属于消声器本身的特性，它受声源与环境影响较小，而插入损失和减噪量不仅是消声器本身特性，它还受到声源端点反射以及测量环境的影响。因此，在给出消声器消声效果的同时，一定要注明是采用何种评价量，在何种环境下测得的。

2. 空气动力性能

消声器的空气动力性能是评价消声性能好坏的另一个重要指标。它是指消声器对气流阻力的大小，即指安装消声器后输气是否通畅、对风量有无影响、风压有无变化，通常用阻力系数或阻力损失来表示。

阻力系数是指消声器安装前后的全压差与全压之比。对于一个确定的消声器来说，阻力系数是一个定值，因此，它能全面反映消声器的空气动力性能，但测量较麻烦，只有在专门设备上才能测量。

阻力损失是指气流通过消声器时，在消声器进口端与出口端之间气体的全压有一定程度的降低。当进口端与出口端的端面面积相同、气流的平均速度相同时，阻力损失就等于消声器进口端与出口端之间气体静压的降低量。显然，一个消声器的阻力损失大小与使用条件下的气流速度大小有着密切的关系。消声器的阻力损失能够通过实地测量求得，也可以根据公式进行估算。消声器内的气流阻力损失与流速的平方成正比。根据阻力损失的机理不同，可把阻力损失分成两大类：一是摩擦阻力损失，二是局部阻力损失。

（1）摩擦阻力损失

摩擦阻力损失是由于消声器内壁与气流之间的摩擦产生的，可以由下式计算。

$$\Delta H_{\lambda}=\lambda\frac{l}{d_{\mathrm{e}}}\frac{\rho u^{2}}{2} \tag{7-4}$$

式中，ΔH_{λ}—— 摩擦阻力损失，Pa；

l—— 消声器的长度，m；

λ—— 摩擦阻力系数；

d_{e}—— 消声器的通道截面等效直径，m；

u—— 气流速度，m/s；

ρ—— 气体密度，kg/m^3。

对于采用穿孔板护面结构的消声器，粗糙峰高度与穿孔板厚度或穿孔直径有关，在通常情况下，相对粗糙度在百分之几的范围内，λ 值变化范围不大，为 0.04～0.06，粗略地可取 0.05。对于刚性管道，粗糙峰高度在十分之几毫米以下，相对粗糙度在千分之几的范围，λ 值为 0.02～0.03。

（2）局部阻力损失

局部阻力损失是指气流通过消声器通道时，由于消声器通道结构的变化，使气流的机械能不断损耗，从而产生阻力损失，阻力损失可用下式计算。

$$\Delta H_{\xi}=\xi\frac{\rho u^{2}}{2} \tag{7-5}$$

式中，ΔH_{ξ} —— 局部阻力损失，Pa；

ξ —— 局部损失系数；

ρ —— 气体密度，kg/m^3；

μ —— 气流速度，m/s。

摩擦阻力损失与局部阻力损失之和即为消声器的总阻力损失。一般情况下，阻性消声器以阻力损失为主，抗性消声器以局部阻力损失为主。阻力损失和局部阻力损失都与速度头$\frac{\rho u^2}{2}$成正比，气流速度愈大，阻力损失也愈大，致使消声器空气动力性能变坏，所以，设计消声器时，如果条件许可，尽可能采用低流速。

3. 结构性能

消声器的结构性能也是评价消声器性能的一项指标，一般是指消声器的外形尺寸、坚固程度、维护要求、使用寿命等。好的消声器除了具备好的声学性能和空气动力性能之外，还应该具备体积小、重量轻、结构简单、造型美观、加工方便、坚固耐用、使用寿命长、维护简单和造价便宜等条件。

消声器三个方面性能的评价是互相联系、互相制约的。例如，消声器的消声性能，在所需消声的频率范围内，消声量越大越好。但是，如果只顾消声量大而使空气动力性能变差，显然是不行的。比如，汽车上使用的排气消声器如果阻力损失过大，会造成功率损失增加，影响汽车的行驶。又如，尽管消声器声学性能和空气动力性能都很好，但体积过大，安装困难或使用寿命短，也是不行的。在工程应用上，对三个方面的性能要求，应具体情况具体分析，有所侧重。再比如，高压排气放空的消声器，阻力损失就可以大一些。

四、消声器分类

按照消声器的消声机理大体可将其分为阻性消声器、抗性消声器、微穿孔板消声器、阻抗复合消声器和喷注耗散型消声器五大类。

阻性消声器是将吸声材料固定在气流通过的通道内，利用声波在多孔吸声材料中传播时的摩擦阻力和黏滞作用将声能转化为热能，以达到消声的目的，是一种吸收型的消声器。一般来说，阻性消声器对中、高频有良好的消声性能，对低频消声性能较差，主要用于控制风机等的进、排气噪声。

抗性消声器是通过控制声抗的大小来消声的，不使用吸声材料，而是在管道上接截面突变的管段或旁接共振腔，利用声抗匹配，使某些频率的声波在声阻抗突变的界面处发生反射、干涉等现象，达到消声的目的，它相当于一个声学滤波器，对于消除低、中频的窄带噪声效果较好，可用于消除空压机的进气噪声以及内燃机的排气噪声等。

微穿孔板消声器是利用微穿孔板吸声结构制成的消声器。通过选择微穿孔板上的不同穿孔率与板后的不同腔深，能够在较宽的频率范围内获得良好的消声效果。微穿孔板消声器阻力损失小，再生噪声低，消声频带宽，可耐高温和气流的冲击，不怕油雾和水蒸气，在有水流通过时也有较好的消声性能，受短时间的火焰喷射也不至于损坏。通常用于超净化空调系统以及要求洁净的场所的消声。

阻抗复合消声器既有阻性吸声材料，又有共振腔、扩张室、穿孔板等声学滤波器件。为了达到宽频带、高吸收的消声效果，将阻性消声器和抗性消声器组合在一起而构成阻抗复合消声器。一般将抗性部分放在气流的入口端，阻性部分放在抗性部分的后面，根据现场条件及声源特性，通过不同方式的组合，可设计出不同结构的阻抗复合消声器。

喷注耗散型消声器是从声源上降低噪声。通常安装在排气管口，起到扩散降速、变频或改变喷注气流参数的作用。具有宽频带消声特性，主要用于消除高压气体排放产生的声级高、频带宽、传播远、危害大的噪声。如锅炉排汽、高炉放风、喷气式飞机、火箭等产生的噪声等。

在噪声控制工程中，经常综合采用上述原理制成复合型消声器，以增强消声效果。同时还有一些特殊形式的消声器，例如，干涉型消声器、电子消声器、土建结构消声器、钢球消声器、环流式消声器等，也有一定的应用。

第二节　阻性消声器

阻性消声器种类繁多，一般按气流通道的几何形状可分为直管式、片式、折板式、蜂窝式、声流式、室式和弯头式等。

一、阻性消声器的消声量计算

1. 单通道直管式阻性消声器

单通道直管式消声器是最简单的阻性消声器，是在直管道内壁衬贴一层厚度均匀的多孔吸声材料而成，如图 7-1 所示。可采用别洛夫公式进行消声量的计算。

$$\Delta L=\psi\left(\alpha_0\right)\frac{P}{S}l \tag{7-6}$$

式中，ΔL —— 消声量，dB；

P —— 消声器通道断面的有效周长，m；

S —— 消声器通道的有效截面积，m^2；

l —— 消声器有效长度，m；

$\psi(\alpha_0)$ —— 由α_0所确定的消声系数，其关系式为：

$$\psi(\alpha_0)=4.34\times\frac{1-\sqrt{1-\alpha_0}}{1+\sqrt{1-\alpha_0}} \tag{7-7}$$

由关系式可以看出，$\psi(\alpha_0)$与α_0成正比，在α_0= 0.6～1.0 时，$\psi(\alpha_0)$=1～4.34。此时消声量的计算值远大于实测值。α_0越大，计算值与实测值之间的偏差越大，需要进行修正。根据实测值和经验，当α_0在 0.6～1.0 时，$\psi(\alpha_0)$的取值为 1.0～1.5，见表 7-1；α_0<0.6 时，$\psi(\alpha_0)$用式（7-7）计算或查表 7-1 均可。

表 7-1　α_0和$\psi(\alpha_0)$的关系

α_0	0.10	0.20	0.30	0.40	0.50	0.60～1.0
$\psi(\alpha_0)$	0.10	0.25	0.40	0.55	0.75	1～1.5

直管式阻性消声器对中高频有较好的消声效果，但就一定截面的消声器来说，当频率高至某一限值以后，其消声性能也会显著下降，这时的频率称为高频失效频率f_m，f_m可由下式确定，即：

$$f_m=1.85\times\frac{c}{D} \tag{7-8}$$

式中，c —— 声速，m/s；

D —— 消声器通道的当量直径，m。对矩形管道取边长平均值；圆形管道取直径；其他可取面积的开方值。

当频率高于失效频率时，每增加一个倍频带其消声量约下降 1/3，具体可用下式估算，即：

$$\Delta L'=\frac{3-n}{3}\Delta L \tag{7-9}$$

式中，$\Delta L'$ —— 高于失效频率的某倍频带的消声量，dB；

n —— 高于失效频率的倍频程频带数；

ΔL —— 失效频率处的消声量，dB。

对于高频失效，在设计消声器时对于小风量的细管道，可以选用单通道直管式，对于较大风量的粗管道则不能设计成单通道直管式消声器，否则高频消声效果将显著下降。通常采取在消声器通道中加装消声片，或把消声器设计成片式、折板式、蜂窝式或弯头式等。这样才能保证消声器在中、高频范围内有良好的消声效果。应该指出，在高频失效频率附近采取上述办法可显著提高高频消声效果，但对低频来说效果并不明显。同时，由于通道过多或出现弯曲，会显著增加阻力损失，使消声器的空气动力性能变坏。因此，这类消声器形式的采用应根据现场实际情况来决定。

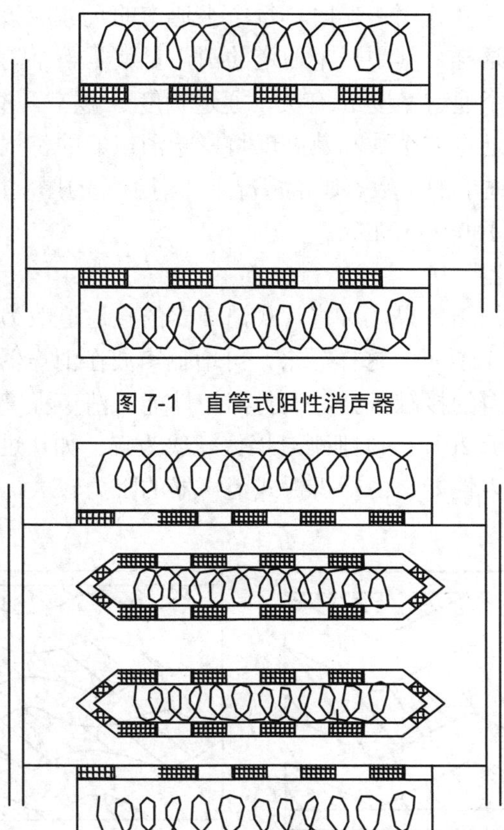

图 7-1 直管式阻性消声器

图 7-2 片式消声器

2. 多通道阻性消声器

（1）片式消声器

气流量较大的管道或设备的进、排气口，需要安装通道截面积较大的消声器。为防止高频失效，通常将直管式阻性消声器的通道分成若干个小通道，设计成片式消声器，如图 7-2 所示。其消声量仍采用别洛夫公式计算。

$$\Delta L=\psi\left(\alpha_0\right)\frac{P}{S}l=\psi\left(\alpha_0\right)\frac{n\times 2\left(a+b\right)}{nab}l\approx\psi\left(\alpha_0\right)\frac{2l}{b} \tag{7-10}$$

式中，n —— 气流通道的个数；

a —— 气流通道的高度，m；

b —— 气流通道的宽度，m；

l —— 消声器的有效长度，m；

$\psi(\alpha_0)$ —— 消声系数。

一般情况下，设计片式消声器时，每个小通道的尺寸应该相同，使每个通道的消声频率特性一样，这样，其中一个通道的消声量就是整个消声器的消声量。片式消声器的消声量与每个通道宽度 b 有关，通道宽度 b 越窄，消声量 ΔL 越大。当气流通道宽度一定时，通道的个数和其高度将影响消声器的空气动力性能。当气流量增大时，可适当增加通道的个数。通常情况下，消声片的厚度取 50～350 mm，片间距离（通道宽度）取 100～250 mm。

（2）折板式消声器

为了增加高频的消声效果，可将片式消声器的直通道改为曲线通道，演变为折板式消声器，如图 7-3 所示。这样一来，可增加声波在消声器通道内的反射次数，即增加声波与吸声材料的接触机会，改善消声性能。消声程度的大小取决于板的折角大小，θ 角一般小于 20°，以刚刚遮挡住视线为宜。如 θ 过大，流体阻力增大，破坏消声器的空气动力性能。由于折板式消声器的阻力较大，一般用于高压风机或鼓风机的消声。

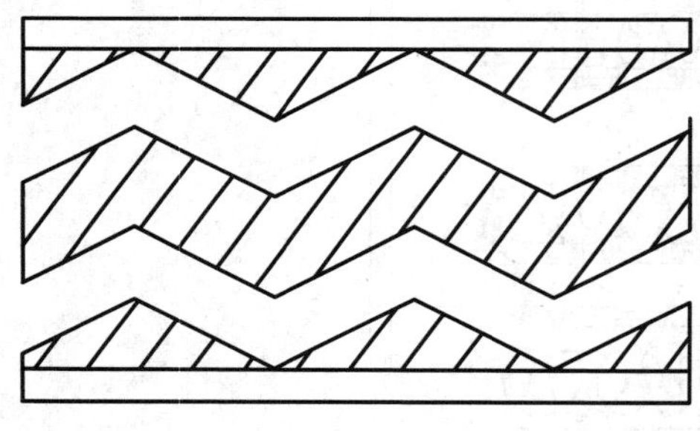

图 7-3　折板式消声器

图 7-4　声流式消声器

（3）声流式消声器

为了减小阻力，可将折板式的折角变为平滑型，演变为声流式消声器，如图 7-4 所示。当声波通过厚度连续变化的消声片时，改善低、中频消声性能。可使气流通过流畅、阻力降低，消声量比相同尺寸的片式结构要高一些。该消声器的缺点是结构复杂，制造工艺难度大，造价较高。

（4）蜂窝式消声器

蜂窝式消声器是由若干个小型直管式消声器并联而成的，如图 7-5 所示。这种消声器管道的周长 P 与截面 S 的比值比直管式和片式大，所以，消声量较高。因为每个小管道消声器是互相并联的，每个小管道的消声量就代表整个消声器的消声量，其消声量仍用别洛夫公式计算。对于圆管道，直径一般不大于 200 mm，方管不超过 200 mm×200 mm。由于小管道的尺寸很小，可改善高频消声特性。但由于构造复杂，阻力较大，通常用于风量较大的低流速场合。

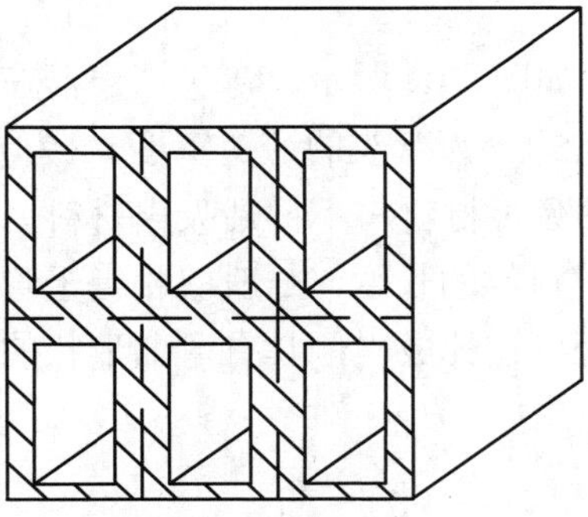

图 7-5　蜂窝式消声器

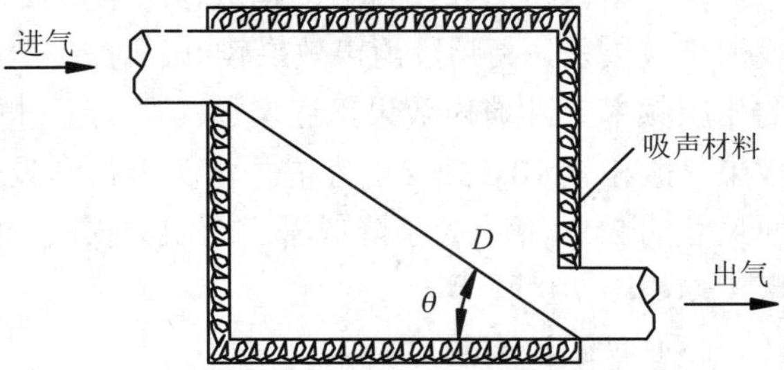

图 7-6　室式消声器

3. 其他类型的消声器

（1）室式消声器

室式消声器是一个内壁衬贴有吸声材料的小消声室，进、排气管接在室的两对角上，如图 7-6 所示。这种消声器是由于截面积的两次突变引起声反射以及吸声材料对声波的吸收而起到消声作用的，其优点是消声频带较宽，消声量较大。缺点是阻力损失大，占有空间大，一般适用于低速进、排气消声。它的消声量可采用下式计算：

$$\Delta L = -10\lg\left[S\left(\frac{\cos\theta}{2\pi D^2}+\frac{1-\overline{\alpha}}{S_{\mathrm{m}}\overline{\alpha}}\right)\right] \tag{7-11}$$

式中，$\overline{\alpha}$ —— 内衬吸声材料的平均吸声系数；

S —— 进（出）风口的面积，m^2；

D —— 进风口至出风口的距离，m；

S_{m} —— 小室内吸声材料贴面面积，m^2。

将若干个室式消声器串联起来，就构成迷宫式消声器，如图 7-7 所示。其消声原理和计算方法类似于单室，特点是消声频带宽，消声量大。缺点是阻力损失显著增大，仅适用于低风速消声。

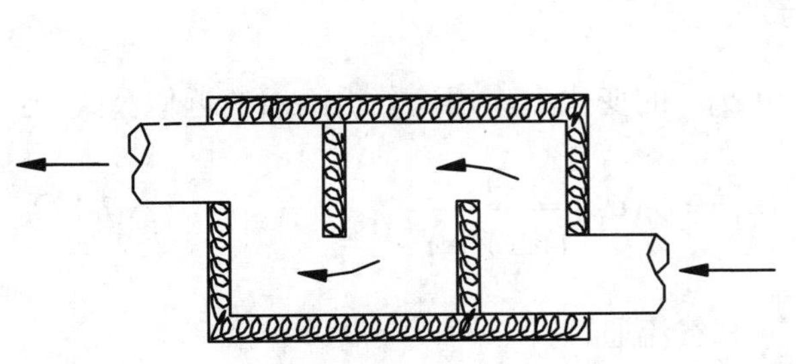

图 7-7　迷宫式消声器

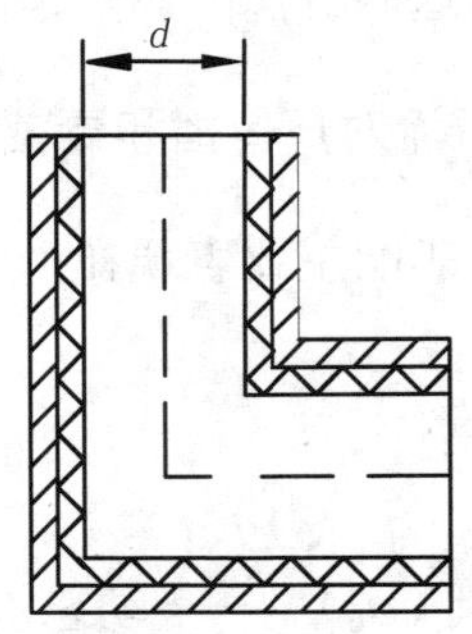

图 7-8　直角弯头消声器

（2）弯头式消声器

在弯道内衬贴吸声材料即构成弯头消声器，如图 7-8 所示。弯头消声器在低频段消声效果差，高频段消声效果较好。对 $d/\lambda \geqslant 0.5$（d 为弯头的通道宽度，λ 为波长）的相应频率上，消声效果迅速增加。弯头上衬贴吸声材料与不衬贴吸声材料，消声效果一般相差 10 dB（A）左右。弯头上衬贴吸声材料的长度，一般取相当于管道截面尺寸的 2～4 倍。为了降低管道内阻力损失，可以设计成内侧具有弯曲形状的直角弯头，如图 7-9 所示。

（3）盘式消声器

在安装消声器的空间尺寸受到限制时，通常使用盘式消声器，如图 7-10 所示。外形呈圆盘状，消声器的轴向长度和体积大为缩减。由于它的消声通道截面是渐变的，气流速度也随之变化，阻力损失较小。因为进气和出气方向互相垂直，使声波发生弯折而提高了中、高频的消声效果。一般轴向长度不超过 500 mm，插入损失为 10～15 dB（A），适用风速低于 16 m/s 的条件下使用。

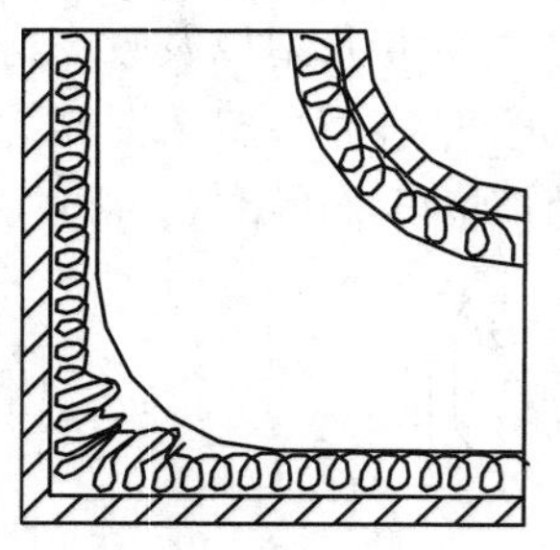

图 7-9　弯曲形状直角弯头

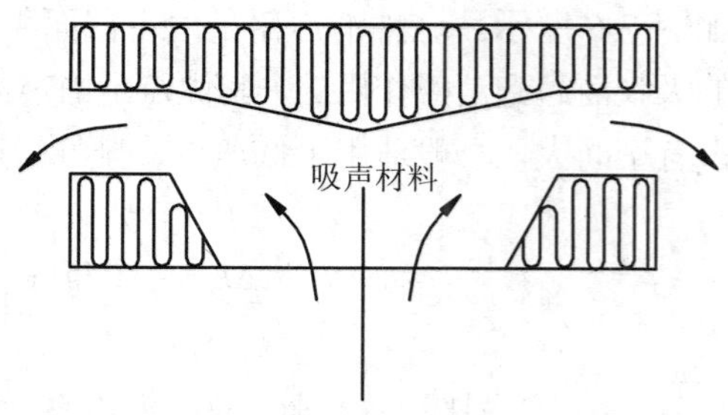

图 7-10　盘式消声器

二、气流对阻性消声器声学性能的影响

气流对阻性消声器声学性能的影响主要表现在两个方面：一是气流能引起声传播和声衰减规律的变化；二是气流在消声器内产生一种附加噪声，即所谓的气流再生噪声。这两方面的影响是同时存在的，但气流再生噪声相对较为严重。

1. 气流对声传播和衰减规律的影响

这种影响主要表现在消声系数 $\psi(\alpha_0)$ 的变化上。理论分析给出的近似公式为：

$$\psi'(\alpha_0) = \psi(\alpha_0)\frac{1}{(1 \pm M\alpha)^2} \tag{7-12}$$

式中，$\psi'(\alpha_0)$ —— 动态消声系数（有气流通过）；

$\psi(\alpha_0)$ —— 静态消声系数（无气流通过）；

$M\alpha$ —— 马赫数，消声器内气流速度与声速之比，顺流传播时为正，逆流传播时为负。

从上式可以看出，气流的影响不但与气流速度的大小有关，而且与气流的方向有关。当流速高时，$M\alpha$值大，对消声性能的影响就大。当顺流（气流方向与声波的传播方向一致）时，$M\alpha$取正值，ψ'（α_0）将变小；当逆流（气流方向与声传播方向相反）时，$M\alpha$取负值，ψ'（α_0）变大，即顺流与逆流相比，逆流利于消声。

但是，从气流速度引起声传播中的折射现象来看，情况正好相反。由于气流速度在管道中是不均匀的，在层流流动时同一截面上管道中央流速最高；离开中心位置越远流速越低；在靠近管壁处流速近似为零。顺流时，导致在管道中央声速高，靠管壁声速低，根据声折射原理，声波要弯向管壁，对于阻性消声器，管壁衬贴有吸声材料，所以能更有效地吸收声能。逆流时声波要向管壁中心弯曲，这对阻性消声器的消声是不利的。

综上所述，消声器安装在管道的进气或排气端各有利弊。由于工业上输气管道中的气流速度与声速相比都不会太高，所以在一般情况下，气流对声传播与声衰减规律的影响可以忽略。

2. 气流产生的再生噪声

再生噪声主要由两部分组成：一是气流经过消声器时因局部阻力和摩擦阻力形成湍流产生的噪声；二是高速气流激发消声器构件振动辐射的噪声。再生噪声相当于在原有噪声源上又叠加一种新的噪声源，它会影响消声器的实际消声效果。

根据试验结果，管道中气流再生噪声可用半经验半理论公式进行估算。

$$L_{OA} = (18 \pm 2) + 60\lg u \tag{7-13}$$

式中，L_{OA} —— 气流再生噪声，dB（A）；

u —— 消声器通道内的流速，m/s。

气流再生噪声通常是低频噪声，试验表明，随着频率的增高，声级逐渐下降，每增加一个倍频程，声功率大约下降 6 dB。以频率为横坐标，声压级为纵坐标，可绘出不同流速下再生噪声的图谱，以此得出再生噪声倍频程的声压级计算公式。

$$L_p = 72 + 60\lg u - 20\lg f \tag{7-14}$$

式中，L_p —— 倍频程的气流再生噪声，dB；

u —— 消声通道内气流速度，m/s；

f —— 倍频程的中心频率，Hz。

气流再生噪声的大小主要取决于气流的速度和消声器的结构。随着气流速度的增加，消声量减少，当气流速度高到一定程度时，消声量变为负值，这时的消声器失去了消声作用。控制气流噪声的主要措施有两个方面，一是按声源特性和消声器的消声量确定合适的气流速度；二是选择合适的消声器结构，改变气流状态，减少湍流发生。一般情况下，空调消声器流速不应超过 5 m/s；风机和空压机不应超过 20～30 m/s；内燃机和凿岩机应选 30～50 m/s；大流量的排气放空消声器，流速可选 50～80 m/s。

第三节　抗性消声器

抗性消声器主要利用声抗的大小消声，不使用吸声材料，利用管道截面的突变或旁接共振腔，使沿管道传播的某些频率的声波，在突变的界面处发生反射、干涉等现象，从而降低由消声器向外辐射的声能，达到消声的目的。抗性消声器的频率选择性较强，适用于低、中频窄带噪声的控制，常用的有扩张室消声器和共振腔消声器两大类。

一、扩张室消声器

扩张室消声器也称为膨胀室消声器，由管和室组成，最基本的形式是单节扩张室消声器，如图 7-11 所示。

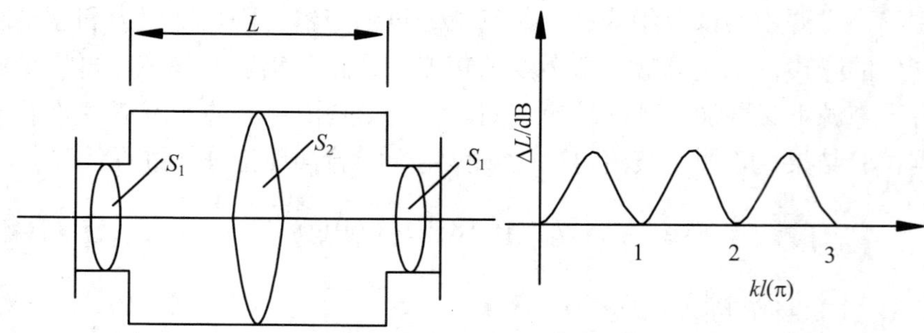

图 7-11　单节扩张室消声器及消声性能曲线

1. 扩张室消声器消声量的计算

单节扩张室消声器的消声量主要取决于扩张比 m，扩张室长度 l。其消声量可由下式计算。

$$\Delta L = 10\lg\left[1+\frac{1}{4}\left(m-\frac{1}{m}\right)^2\sin^2(kl)\right] \tag{7-15}$$

式中，ΔL —— 消声量，dB；

m —— 扩张比，$m=S_2/S_1$；

k —— 波数，由声波频率决定，$k=2\pi/\lambda=2\pi f/c$，m^{-1}；

l —— 扩张室长度，m。

从上式可以看出，管道截面收缩 m 倍或是扩张 m 倍，其消声作用相同，在实际应用中为了减少对气流的阻力，常采用扩张管。

扩张室消声器的消声量与 $\sin^2(kl)$ 有关，所以消声量随频率做周期性的变化。当 $\sin^2(kl)=1$ 时，有最大消声量；当 $\sin^2(kl)=0$ 时，消声量等于零，即不起消声作用。

（1）当 $kl=(2n+1)\frac{\pi}{2}$，即 $l=(2n+1)\frac{\lambda}{4}$ 时，（n=1，2，3，…），$\sin^2(kl)=1$，扩张室消声量达到最大值，消声量由下式计算。

$$\Delta L=10\lg\left[1+\frac{1}{4}\left(m-\frac{1}{m}\right)^2\right] \tag{7-16}$$

由上式可以看出，扩张室消声器的消声量大小取决于扩张比 m，通常 $m\gg1$，当 $m>5$ 时，最大消声量可由下式近似计算。

$$\Delta L_{max}=20\lg\frac{m}{2}=20\lg m-6 \tag{7-17}$$

将波数 $k=\frac{2\pi}{\lambda}=\frac{2\pi f}{c}$ 代入 $kl=(2n+1)\frac{\pi}{2}$ 中，即可导出消声量达到最大值时的相应频率。

$$f_{max}=(2n+1)\frac{c}{4l} \tag{7-18}$$

（2）当 $kl=n\pi$，即 $l=n\frac{\lambda}{2}$（n=1，2，3，…）时，$\sin^2(kl)=0$，消声量 $\Delta L=0$，表明声波可以无衰减地通过消声器，这是单节扩张室消声器的主要缺点所在。此时，对应的频率称为消声器的通过频率。

$$f_{min}=n\frac{c}{2l} \tag{7-19}$$

2. 扩张室消声器的截止频率

扩张室消声器的消声量随着扩张比 m 的增大而增加。但当 m 增大到一定数值后，波长很短的高频声波以窄束形式从扩张室中央穿过，致使消声量急剧下降。扩张室的有效消声的上限截止频率可用下式计算。

$$f_{上}=1.22\times\frac{c}{D} \tag{7-20}$$

式中，c —— 声速，m/s；

D—— 扩张室截面当量直径，m。

在低频范围内，当声波波长远大于扩张室或连接管的长度时，扩张室和连接管可以看作是一个低通滤波器，因而影响扩张室有效的低频消声范围，扩张室存在一个下限失效频率$f_{下}$，可用下式进行计算。

$$f_{下} = \frac{\sqrt{2}c}{2\pi}\sqrt{\frac{S_1}{Vl}} \tag{7-21}$$

式中，c—— 声速，m/s；

S_1—— 气流通道截面积，m^2；

V—— 扩张室的体积，m^3；

l—— 扩张室的长度，m。

3. 气流对消声性能的影响

气流对扩张室消声器消声量的影响，主要表现在降低了有效的扩张比，从而降低了消声效果，动态消声量计算公式可修正为下式。

$$\Delta L = 10\lg\left[1+\frac{m_e^2}{4}\sin^2(kl)\right] \tag{7-22}$$

式中，m—— 静态（无气流通过）扩张比；

m_e—— 动态（等效）扩张比，当马赫数 $M\alpha$=1 时，扩张管 $m_e=m/(1+mM\alpha)$，收缩管 $m_e=m/(1+m)$。表 7-2 是不同气流速度下 m_e 与 m 的关系表。

表 7-2　不同气流速度下 m_e 与 m 的关系

流速 / m_e / m	5 m/s	10 m/s	15 m/s	20 m/s	25 m/s	30 m/s	35 m/s	40 m/s	45 m/s	50 m/s
2	1.95	1.90	1.85	1.76	1.75	1.71	1.67	1.62	1.59	1.55
3	2.88	2.78	2.66	2.56	2.48	2.38	2.31	2.24	2.16	2.10
4	3.80	3.60	3.43	3.25	3.10	2.98	2.85	2.75	2.63	2.53
5	4.70	4.40	4.15	3.90	3.70	3.50	3.30	3.17	3.03	2.00
6	5.27	5.10	4.75	4.40	4.20	3.95	3.70	3.55	3.37	3.25
7	6.70	5.80	5.40	5.00	4.70	4.40	4.10	3.80	3.67	3.55
8	7.20	6.50	5.90	5.50	5.10	4.70	4.40	4.20	3.90	3.80
9	8.00	7.30	6.50	5.90	5.50	5.05	4.70	4.50	4.20	4.00
10	8.80	7.75	7.00	6.32	5.80	5.35	5.00	4.65	4.35	4.10
11	9.60	8.40	7.50	6.80	6.20	5.60	5.30	5.00	4.60	4.40
12	10.30	9.00	8.00	7.10	6.40	5.90	5.50	5.20	4.70	4.45
13	11.1	9.50	8.40	7.50	6.70	6.20	5.70	5.40	4.85	4.65
14	11.6	10.0	8.80	7.80	7.00	6.40	5.90	5.60	5.00	4.80
15	12.4	11.3	9.10	8.00	7.20	6.60	6.00	5.80	5.10	4.85
16	13.0	11.0	9.50	8.30	7.50	6.80	6.20	5.60	5.35	4.93

4. 扩张室消声器消声频率特性的改善

单节扩张室消声器的主要缺点是存在许多通过频率，要改善这一不良特性，一是在扩张室内插入内接管，二是将多节扩张室串联。

（1）将扩张室的入口管和出口管分别插入扩张室内。经理论分析，当插入管长度等于 $l/2$ 时，可消除 $f_{min}=nc/2l$ 中 n 为奇数时的通过频率。当插入管长度等于 $l/4$ 时可消除 $f_{min}=nc/2l$ 中 n 为偶数时的通过频率。将二者结合，使整个消声器在理论上没有通过频率，消声性能曲线如图 7-12 所示。

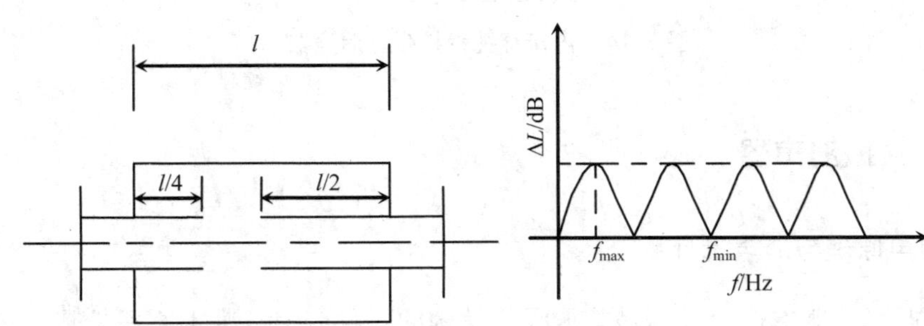

图 7-12　带插入管的扩张室消声器及消声性能曲线

（2）为了提高消声效果，一般将多节带插入管且不等长的扩张室消声器串联起来，使它们的通过频率互相错开。如图 7-13 所示，使第一节的通过频率恰好是第二节的最大消声频率，这样的多节串联就可以改善整个消声频率特性，使总的消声量提高。虽然各节之间存在有一定程度的耦合现象，但总的消声量仍可近似地按各节单独使用的消声量简单相加计算。

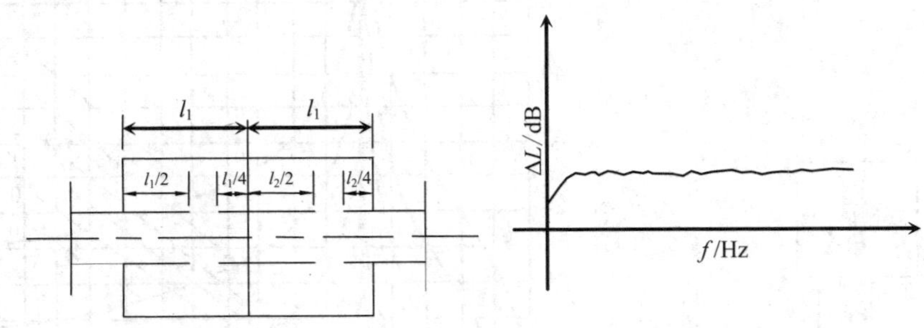

图 7-13　双节插入管扩张室消声器及消声性能曲线

在实际工程中，为了得到较好的消声效果，通常将上述两种方法结合使用，即将多节不同的扩张室用不同长度的内插管串联起来，这样可以在较宽的频率范围内获得较高的消声量。受消声器空气动力性能制约，一般 2～4 个腔串联为宜。

扩张室消声器通道截面的突变，会使阻力损失加大，为改善空气动力性能，常用穿孔率大于 25%的穿孔管将扩张室的插入管连接起来，如图 7-14 所示。气流通过这样的一段管道比通过一段截面突变的管道，阻力损失小得多，但对消声性能几乎没有多大的影响。

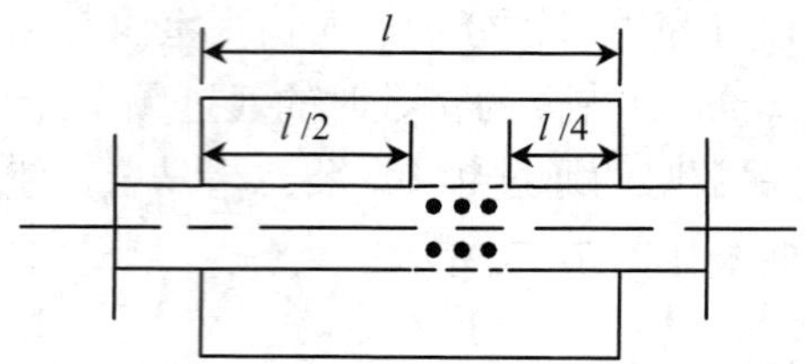

图 7-14　内接穿孔管扩张室消声器

二、共振消声器

1. 消声原理与消声量计算

从共振消声器本质上看，是共振吸声结构的一种应用，基本原理是基于亥姆霍兹共振腔。它是在气流通道的管壁上开有若干个小孔，与管外一个密闭的空腔组成，其结构如图 7-15 所示。管壁小孔中的空气柱类似活塞，具有一定的声质量；密闭空腔类似于空气弹簧，二者组成一个共振系统。当声波传至颈口时，在声压作用下空气柱做往复运动，与孔壁摩擦，使一部分声能转换为热能耗散掉。当声波频率与共振腔固有频率相同时，产生共振，在共振频率及其附近，空气柱振动速度达到最大值，消耗的声能最多，消声量最大。

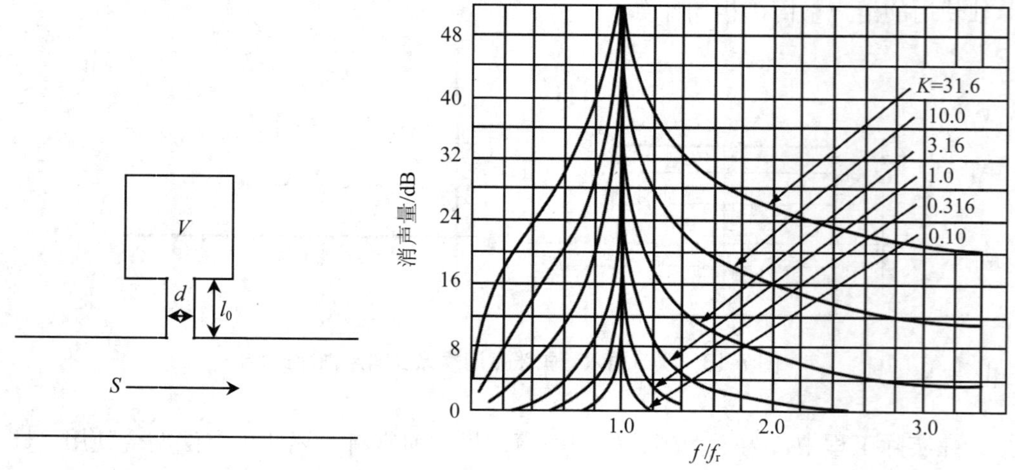

图 7-15　共振腔消声器及其消声特性

当声波的波长大于共振腔消声器的长、宽、深最大尺寸的 3 倍时，共振吸收频率可由下式计算：

$$f_{\mathrm{r}}=\frac{c}{2\pi}\sqrt{\frac{S_0}{Vl_{\mathrm{k}}}} \tag{7-23}$$

式中，f_{r}—— 共振腔消声器的固有频率，Hz；

c—— 声速，m/s；

V—— 共振腔的体积，m^3；

S_0—— 穿孔截面积，m^2；

l_{k}—— 孔径的有效长度，m；$l_{\mathrm{k}}=l+t_{\mathrm{k}}$（$l$ 为孔颈长，如为穿孔板，l 为板厚，t_{k} 为修正系数，对于直径为 d 的圆孔，$t_{\mathrm{k}}=0.8\,d$）。

上式中 S_0/l_{k} 称为传导率，传导率是有长度量纲的物理量，其值可按下式计算。

$$G=\frac{S_0}{l_{\mathrm{k}}}=\frac{n\pi(d/2)^2}{l+0.8d}=\frac{n\pi d^2}{4(l+0.8d)} \tag{7-24}$$

式中，n—— 开孔个数。

共振腔消声器在实际工程应用中，很少开一个孔，而是由多个孔组成。此时，要注意各孔间要有足够的距离，孔心距为小孔孔径的 5 倍以上时，各孔间的声辐射互不干涉，总的传导率等于各个孔的传导率之和，即 $G_{总}=nG$。

共振腔消声器的消声量，在忽略声阻影响的情况下，可由下式计算：

$$\Delta L=10\lg\left[1+\frac{K^2}{\left(f/f_{\mathrm{r}}-f_{\mathrm{r}}/f\right)^2}\right]=10\lg\left[1+\left(\frac{\sqrt{GV}/2S}{f/f_{\mathrm{r}}-f_{\mathrm{r}}/f}\right)^2\right] \tag{7-25}$$

式中，ΔL—— 消声量，dB；

S—— 气流通道的截面积，m^2；

V—— 空腔体积，m^3；

G—— 传导率，m；

f—— 入射声波的频率，Hz；

f_{r}—— 共振腔消声器固有频率，Hz；

K—— 一个与共振消声器消声性能直接有关的无量纲值；ΔL、f/f_{r}、$K=\sqrt{GV}/2S$ 的关系如图 7-15 所示。

上式是计算单个频率的消声量，在实际工程中，噪声的频谱是很宽的，因此，常需要计算在某一频程内的消声量，此时可简化为下式：

倍频程消声量 $$\Delta L = 10\lg\left(1+2K^2\right) \tag{7-26}$$

1/3 倍频程消声量 $$\Delta L = 10\lg\left(1+19K^2\right) \tag{7-27}$$

2. 改善消声性能的措施

共振腔消声器对低、中频成分突出的噪声，消声量较大。为了改善消声频带范围窄的问题，可以采取以下措施。

（1）选定较大的 K 值

共振腔消声器的消声量大小与 K 值有关，K 值愈大，消声量也愈大，所以，要使消声器在较宽的频率范围内获得明显的消声效果，必须使 K 值足够大。

（2）增大声阻

在共振腔中填充一些吸声材料，或在孔颈处衬贴透声的薄质材料，可以增大声阻，使有效消声的频率范围拓宽。这样做会导致共振频率处的消声量有所下降，但是，偏离共振频率后的消声量下降幅度渐缓，对整体消声是有利的。

（3）多节共振腔串联

将不同共振频率的几个共振腔消声器串联使用，错开各自的共振频率，可以有效地拓宽消声频率范围。

第四节　阻抗复合型消声器

阻性消声器对中、高频噪声有较好的消声效果，抗性消声器则适于消除低、中频噪声。为使消声器在宽频带范围内有良好的消声效果，通常将二者结合起来，构成阻抗复合消声器。常用的组合形式有阻性-扩张室复合、阻性-共振腔复合、阻性-扩张室-共振腔复合等。在噪声控制工程中，几乎都是采用这种复合消声器来消除高强度的宽频带噪声。

阻抗复合消声器的消声量，可以认为是阻性和抗性在同一频带消声值相叠加。但是，由于声波在传播过程中，具有反射、绕射、折射、干涉等特性，所以，消声量不是简单的叠加关系。当声波波长较长时，阻、抗复合后因耦合作用，导致阻、抗段的消声量及特性互相影响。因此，在实际应用中，阻抗复合消声器的消声量通常由试验或实际测量确定。

一、阻性-扩张室复合消声器

阻性-扩张室复合消声器是由阻性和抗性两部分消声结构组成。图 7-16 为与风机匹配的消声器，其消声器的抗性部分由两节不同长度的扩张室串联组成，主要用于消除风机的低、中频噪声。第一节扩张室长 1 100 mm，扩张比为 6.25；第二节扩张室长 400 mm，扩张比为 6.25。为了消除通过频率，在每个扩张室内分别插入等于它们各自长度的 1/2 和 1/4 的插入管，为了降低对气流的阻力，改善空气动力性能，用穿孔率为 30%的穿孔管将各插入管之间断开部分连接起来。通过两节扩张室串联，在低、中频部分有 10～20 dB（A）的消声量。

阻性部分直接附在扩张室的插入管上，不做单独设计，这样设计既可达到不增加消声器的长度，又不影响扩张室插入管作用的目的。在两节扩张室的四段插入管共 1 125 mm 的长度上，开直径为 6 mm 的小孔，孔心距 11 mm，使其正方形均匀分布。内侧贴一层玻璃丝布，填充容重为 25 kg/m^3 的玻璃棉 50 mm 厚做吸声层。中、高频范围约有 20 dB（A）的消声量。

测试表明，消声器静态消声量达 34 dB（A），消声效果良好。动态消声量随气流速度的增加而降低。在风机正常使用的 20 m/s 气流速度下，消声量仍有 27 dB（A），阻力损失 100 Pa，完全满足现场降噪要求。

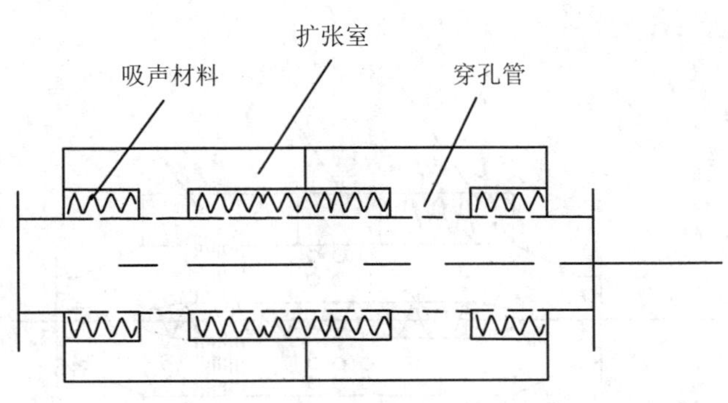

图 7-16 阻性-扩张室复合消声器

二、阻性-共振腔复合消声器

图 7-17 为与某压缩机匹配的消声器，由阻性与共振腔复合构成，长 1 200 mm，外径 640 mm。阻性部分以粘贴在消声器通道周壁上的泡沫塑料为吸声材料，消除该压缩机的中、高频噪声；抗性部分由设置在通道中间，具有不同消声频率的三对共振腔串联组成，消除 350 Hz 以下的低频噪声。在共振腔前、后两端各有一个用泡沫塑料制成的吸声尖劈，吸收高频声和改善消声器的空气动力性能。该消声器有 27 dB（A）的消声量，在低、中、高频的宽频范围都有较好的消声效果。

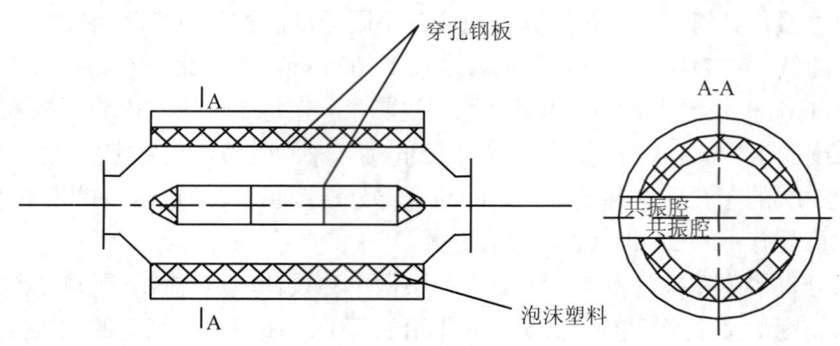

图 7-17　阻性-共振腔复合型消声器

三、阻性-共振腔-扩张室复合消声器

图 7-18 为与某鼓风机匹配的阻性-共振-扩张室复合消声器。该消声器是由一段阻性、一段共振腔和一段扩张室串联组成的阻抗复合消声器。为了解决高频失效问题，中间设置一片吸声层。现场测定消声量达到 24 dB（A）。

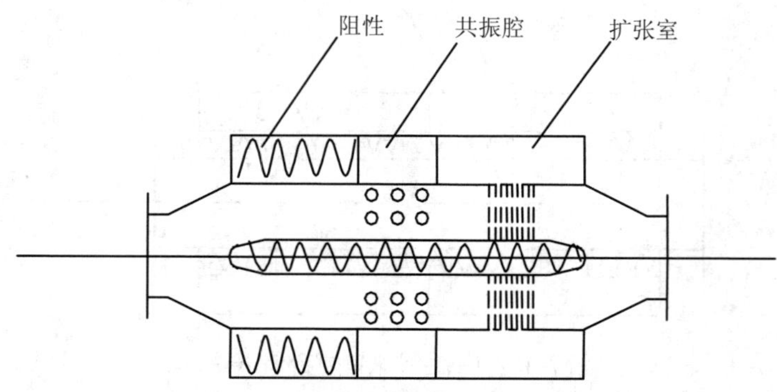

图 7-18　阻性-共振腔-扩张室复合消声器

第五节　微穿孔板消声器

微穿孔板消声器是在确定高速气流下消声器的消声规律与压损的关系，利用微穿孔板制作的阻抗复合消声结构。

一、消声原理及其结构

微穿孔板消声器具有阻性和共振消声器的特点，它的消声原理主要是利用减小共振结构的孔径，提高声阻，以达到拉宽消声频带的目的。同时，利用空腔的大小来控制吸收峰的共振频率，空腔愈大，共振频率愈低，可以在较高的频率范围获得较好的消声效果。

微穿孔板消声器不用任何吸声材料，通常用厚度为 0.2～1.0 mm 具有一定强度的板材制作而成，孔径在 0.1～1.0 mm。为拓宽吸收频带，孔径应尽可能小，但受微孔易堵塞和制造工艺难度大的限制，常用孔径为 0.5～1.0 mm。穿孔率一般在 1%～3%，并在穿孔板后面留有一定的空腔。

在设计多层微穿孔板消声器时，微穿孔板与刚性壁之间以及微穿孔板与微穿孔板之间的空腔总厚度，按照吸收频带的不同，前、后腔的厚度可以相同，也可以不相同。若吸收低频成分空腔可大一些，一般介于 150～200 mm，中频小一些，介于 80～120 mm，高频更小一些，介于 30～50 mm。如果厚度不一样，前、后腔厚度的比例不大于 1∶3。

在气流通道中，气流速度（50～100 m/s）较大时，应在消声器入口端加一节变径管接头，以降低入口流速。对于低于 5 m/s 的流速，可以减小消声器的尺寸。同时，可以考虑接近气流的一层微穿孔板穿孔率略高一些。为防止空腔内沿轴向方向声波的传播，可以每隔 500 mm 左右增加一块横向挡板，以提高消声量。

二、消声量的计算

对于低频消声，当声波波长大于共振腔（空腔）尺寸时，消声量可以用共振消声器的计算公式进行计算。

$$\Delta L = 10\lg\left[1+\frac{a+0.25}{a^2+b^2\left(f/f_r-f_r/f\right)^2}\right] \tag{7-28}$$

式中，$a=\gamma s$；

$b=sc/2\pi f_0 V$；

s —— 通道截面积，m^2；

γ —— 相对声阻；

V —— 板后空腔体积，m^3；

c —— 空气中声速，m/s；

f —— 入射声波的频率，Hz；

f_r —— 微穿孔板共振频率，Hz，$f_r=\dfrac{c}{2\pi}\sqrt{\dfrac{P}{l_k D}}$，$l_k=l+0.8d+\dfrac{1}{3}PD$，其中：

l —— 微穿孔板厚度，m；

P —— 穿孔率，%；

D—— 板后空腔深度，m；

d—— 穿孔直径，m。

微穿孔板消声器往往采用双层板结构，这样可以使吸声频带加宽。对于低频声，当共振频率降低 $D_1/(D_1+D_2)$ 倍（D_1、D_2 分别为双层微穿孔板前腔和后腔的深度）时，则其吸收频率向低频扩展 3～5 倍。

对于中频消声，消声量可以用阻性消声器公式进行计算。

$$\Delta L=\psi\left(\alpha_0\right)\frac{P}{S}l \tag{7-29}$$

对于高频声，其消声量可用如下经验公式计算。

$$\Delta L=75-34\lg u \tag{7-30}$$

式中，u —— 气流速度，m/s，适用范围为 20 m/s$\leqslant u \leqslant$120m/s。

第六节　喷注耗散型消声器

气流从喷嘴高速喷射，产生强烈的空气动力性噪声。这类噪声的特点是声级高、频带宽、传播远、危害大，严重污染周围环境。为了降低排气喷流噪声，可以采用小孔喷注、扩容降压、扩容降速或节流降压等消声措施。在压力较高时，可以先节流降压，再用小孔喷注。

一、小孔喷注消声器

1．消声原理

小孔喷注消声器的构造是用无数个小喷口取代原来的单个大截面喷口，消声原理是通过缩小喷口孔径，改变发声机理，降低小孔喷口产生的干扰声级，从而达到消声的目的。

在一般的排气放空情况下，排气管的直径为几厘米到几十厘米，峰值频率较低，辐射的噪声主要在人耳较敏感范围内。而小孔喷注消声器的孔径为 1 mm 左右，峰值频率比普通排气管喷注噪声峰值频率要高几十倍或几百倍，可以把噪声能量移到人耳不敏感的频率范围，因移频作用而起到减噪效果。

小孔喷注消声器主要适用于降低压力较低而流速较高的排气放空噪声，消声量一般为 20 dB（A）左右，且具有体积小、重量轻、结构简单、经济耐用、消声量大等特点，如图 7-19 所示。

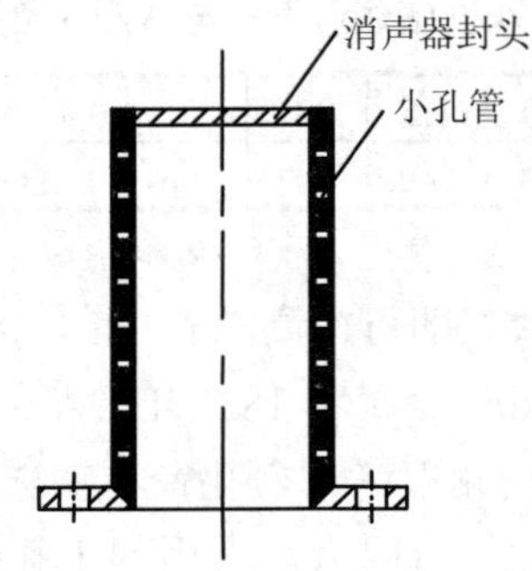

图 7-19　小孔喷注消声器

理论研究与实践证实，喷注噪声峰值频率与喷口直径成反比，其峰值频率为：

$$f_{\max} = 0.2 \times \frac{u}{D} \tag{7-31}$$

式中，u —— 喷注速度，m/s；

D —— 喷口直径，m。

2. 消声量的计算

小孔喷注消声器消声量可以用下式计算。

$$\Delta L = 10\lg\left[\frac{2}{\pi}\left(\mathrm{tg}^{-1}x_A - \frac{x_A}{1+{x_A}^2}\right)\right] \tag{7-32}$$

式中，ΔL —— 消声量，dB（A）；

x_A —— A 声级喷注噪声的相对斯特劳哈尔数，当小孔喷口处的流速与原喷口处流速均为声速时，x_A=0.165D/D_0；

D —— 小孔喷口的直径，mm；

D_0 —— 1 mm。

$$\arctan x_A = \frac{x_A}{1+{x_A}^2}\left[1+\frac{2}{3}\left(\frac{{x_A}^2}{1+{x_A}^2}\right)+\frac{2}{3}\times\frac{4}{5}\left(\frac{{x_A}^2}{1+{x_A}^2}\right)^2+\cdots\right]$$

当 D≤1mm 时，x_A=1，$\arctan x_A = \frac{x_A}{1+{x_A}^2}+\frac{2}{3}\times\frac{{x_A}^2}{1+{x_A}^2}\times\frac{x_A}{1+{x_A}^2}$，上式可简化为：

$$\Delta L = 10\lg\left(\frac{4}{3\pi}{x_A}^3\right) \approx 27.5 - 30\lg D \tag{7-33}$$

小孔喷注消声器的消声量可以由式（7-33）估算或查表 7-3。

表 7-3　小孔喷注消声量与小孔直径关系

小孔直径/mm	0.5	0.8	1.0	1.5	2.0	3	4	5	7.5	10	15	20
消声量/dB（A）	35.9	29.2	27.3	22.2	18.7	14	11.1	8.9	5.9	4.3	2.7	2.0

当小孔孔径减半时，消声效果即可提高 7～9 dB（A）。如小孔孔径为ϕ1 mm 和ϕ2 mm 时，其消声量分别为 27 dB（A）和 18.7 dB（A）；而当孔径增大到ϕ5 mm 时，则消声量小于 9 dB（A）。从实用角度考虑，孔径不宜选得过小，过小的孔径既难加工又易堵塞，影响排气量，增加气流阻力。实用的小孔喷注消声器孔径一般为 1～3 mm，孔心距宜取 5 倍以上孔径，小孔的总开孔面积至少应为原单个面积的 1.5～2 倍，适用排气压力宜控制在（5～10）kg/cm^{2}之间。

二、多孔扩散消声器

多孔扩散消声器是利用陶瓷、烧结金属、烧结塑料、多层金属网等材料来控制各种压力排气产生的空气动力性噪声。消声原理与小孔喷注消声器的消声原理基本相同。多孔扩散消声器所使用的材料本身有大量的细小孔隙，当气流通过这些材料制成的消声器时，排放气流被滤成无数个小的气流，气体压力被降低，流速因扩散减小，辐射噪声的强度就相应地减弱。另外，这类材料具有阻性材料的吸声作用，自身也可以吸收一部分声能。多孔扩散消声器见图 7-20。

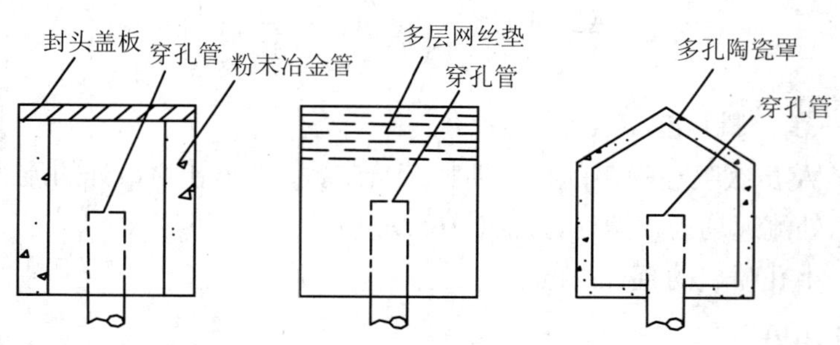

图 7-20　多孔扩散消声器

三、节流降压消声器

节流降压消声器是利用多层孔板（或孔管）分级扩散减压，即将排气的总压降分至各层节流孔板上，将压力突变排空改为压力渐变排空，并使通过孔板的流速控制在临界流速以下，以达到总压降不变而噪声显著降低的目的，如图 7-21 所示。当采用等临界压比（即各级节流孔板后的压力与孔板前的压力比都等于临界压比）的多级节流降压处理时，节流降压消声器的级数、节流孔面积和消声量可由下式计算：

$$n = A\lg p_1 - 1 \tag{7-34}$$

$$S_i = K\mu G\sqrt{V_i / p_i} \tag{7-35}$$

$$\Delta L = 10\alpha \lg\left[\frac{3.7\left(p_1 - p_0\right)^3}{np_1 {p_0}^2}\right] \tag{7-36}$$

式中，n —— 节流级数；

A —— 对空气、氧气或氮气等为 3.6，过热蒸汽为 3.8，饱和蒸汽为 4.1；

p_1 —— 消声器入口前排气压力，Pa；

S_i —— 各级节流开孔面积，cm^2；

K —— 排放不同介质的修正系数，对于空气、氧气或氮气为 4；过热蒸汽为 4.2；饱和蒸汽为 4.4；

G —— 需要的排气量，t/h；

μ —— 保证排气量的截面修正系数，通常取 1.2～2.0；

V_i —— 各级节流前的气体比容，m^3/kg；

p_i —— 各级节流前的气体绝对压力，MPa；

p_0 —— 环境大气绝对压力，Pa；

α —— 修正系数，其实验值为 0.9±0.2，压力较高时，α 取偏低数值，如取 0.7；压力较低时，α 取偏高数值，如取 1.1。

多级节流降压排气消声器主要适用于高温、高压排气条件，必须有足够的强度和好的加工质量，其消声量为 15～20 dB（A）。如果要有更高的消声量，可在节流降压消声器后再加阻性消声器。

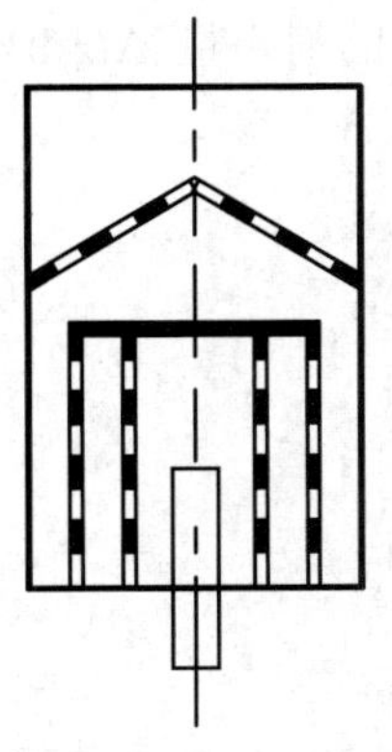

图 7-21　节流降压型消声器

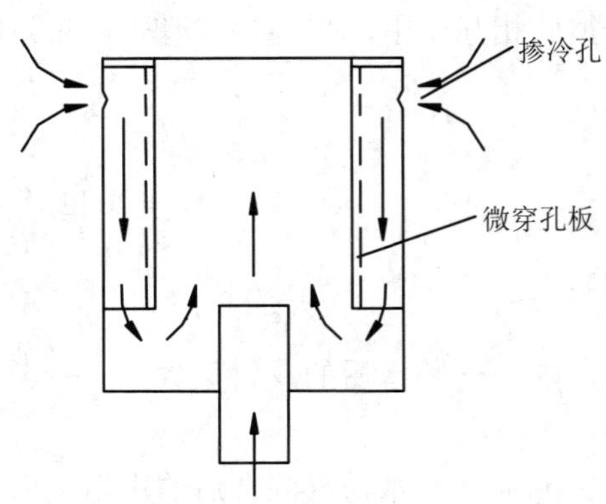

图 7-22　引射掺冷消声器

四、引射掺冷消声器

对于排放高温气流的噪声源，如锅炉，燃气轮机排气等可以采用引射掺入冷空气的方法来提高吸声结构的消声效果。图 7-22 为这种消声器的结构示意图。它的底部接排气管，消声器周围设置有微穿孔板吸声结构，在通道外壁上开有掺冷孔与大气相通。

引射掺冷消声器的消声机理是当气流由排气管排入消声器后，在气流周围形成负压区，利用这种负压把外界冷空气从上半部外壁上的掺冷孔吸入，经微穿孔板吸声结构的内腔，从排气管口周围掺入到排放的高温气流中去，在消声器通道内形成温度梯度，使得中间热，四周冷，温度梯度导致声波产生梯度，声波在传播过程中向消声器周壁弯曲，因为在周壁设置有微穿孔板吸声结构，恰好把声能吸收。根据声线弯曲原理，可以导出掺冷结构所需长度的计算公式。

$$l = D\left(\frac{2\sqrt{T_2}}{\sqrt{T_2}-\sqrt{T_1}}\right)^{1/2} \tag{7-37}$$

式中，D —— 消声器通道直径，m；

T_2 —— 掺冷装置中心温度，K；

T_1 —— 掺冷装置内四周温度，K。

五、喷雾消声器

对于锅炉等排放的高温蒸汽流噪声，可以采用向发出噪声的蒸汽喷口均匀地喷淋水雾来达到降低噪声的目的。消声机理其一是喷淋水雾后，介质密度 ρ 和声速 c 发生了变化，因而引起声阻抗的变化，使声波发生反射；其二是气液两相介质混合时，彼此相互作用，产生摩擦消耗一部分声能。喷雾消声器的消声量 ΔL[dB（A）]为：

$$\Delta L = 20\lg\left(\frac{\rho_2 c_2}{\rho_1 c_1}\right) + 10\lg\left(\frac{1}{1-\gamma}\right) \tag{7-38}$$

式中，γ —— 喷水后的反射系数，$\gamma = \left(\frac{\rho_2 c_2 - \rho_1 c_1}{\rho_2 c_2 + \rho_1 c_1}\right)^2$；

$\rho_2 c_2$ —— 水与汽混合后的声阻抗率；

$\rho_1 c_1$ —— 气体声阻抗率。

喷雾消声器的消声效果与喷水量的多少有关，为维持雾状水均匀不停地喷洒，淋水的喷嘴要很细且保证畅通。消声结构如图 7-23 所示。

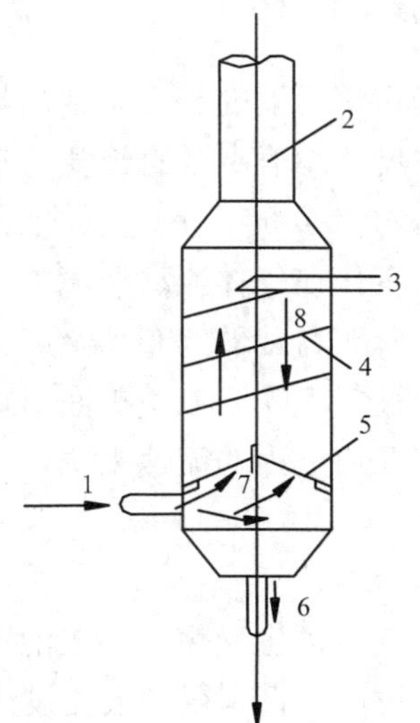

1. 进气管；2. 放空管；3. 喷水管；4. 钢带；5. 气水分离器；6. 污水；7. 气流；8. 水滴

图 7-23 喷雾消声器

第七节 消声技术的应用

一、阻性消声器设计实例

1. 阻性消声器设计要点

（1）确定消声量

根据区域环境、作业场所、厂界噪声应执行的标准，结合设备本身及其周围环境的具体情况，合理确定 A 计权消声量及频带消声量。

（2）选择消声器结构形式

根据气体流量和流速，计算通流截面面积，选择消声器结构形式。一般情况下，气流通道截面的当量直径小于 300 mm，选用单通道直管式；直径在 300～500 mm 时，在通道中加一片吸声层或吸声芯；通道直径大于 500 mm 时，采用片式、蜂窝式或其他形式的消声结构。

（3）选择吸声材料

材料选择除考虑材料的声学性能外，还要考虑消声器的使用环境要求。如高温、潮湿、有腐蚀气体等环境，应考虑吸声材料的耐热、防潮、抗腐蚀等性能。

（4）确定消声器长度

根据消声量和现场要求确定消声器的长度。增加长度可以提高消声量，但应注意现场有限空间所允许的安装尺寸。消声器的长度一般为 1～3 m。

（5）选择吸声材料护面结构

阻性消声器中的吸声材料工作在气体流动环境中，必须用护面结构将吸声材料加以固定。常用的护面结构有麻布、玻璃丝布、金属丝网、金属丝棉、穿孔板等。护面选择不合理，吸声材料会被气流吹脱或使护面结构激起振动，导致消声性能下降。护面结构形式主要由消声器通道内的流速来决定，一般情况下，选择玻璃丝布和穿孔板复合护面结构。

（6）验算消声效果

验算“高频失效”频率和气流再生噪声，如果消声器的初步设计方案经过验算不能满足消声要求时，应重新设计，直到得到最佳设计方案为止。

2. 阻性消声器设计实例

某风机风量 360 m^3/h，进气管径ϕ250 mm，距进气端面 2 m 处测得的噪声频带声压级数据见表 7-4。请设计阻性消声器以满足距进气端面 2 m 处达到 *NR*=85 dB 要求。

表 7-4　某风机进气消声器设计计算

序号	项　目	倍频程中心频率/Hz								
		63	125	250	500	1 000	2 000	4 000	8 000	A
1	倍频带声压级/dB	108	112	110	116	108	106	100	92	117
2	降噪目标（NR85）	103	97	92	87	84	82	81	79	90
3	消声器频带消声量/dB	5	15	18	29	24	24	19	13	27
4	消声器周长与截面比值/（*P*/*S*）	16	16	16	16	16	16	16	16	
5	材料吸声系数/α_0	0.30	0.50	0.80	0.85	0.85	0.86	0.80	0.78	
6	消声系数/ ψ（α_0）	0.4	0.7	1.2	1.3	1.3	1.3	1.2	1.1	
7	消声器所需长度/m	0.78	1.34	0.94	1.39	1.15	1.15	0.98	0.74	
8	气流再生噪声（距端面 2 m）									81

设计过程如下：

（1）确定消声器的消声量

根据进气端面所测噪声频带声压级和距进气端面 2 m 处噪声控制 *NR*=85 dB 限值要求，计算所需消声量列于表 7-4 序号 3。

（2）确定消声器结构

根据风机的风量和管径，选择直管阻性消声结构形式。消声器气流通道的截面周长与截面积比值见表 7-4 序号 4。

（3）选择吸声材料

根据使用环境和噪声频谱要求选择超细玻璃棉做吸声材料，密度 25 kg/m^3、厚度 150 mm。根据气流速度，吸声层护面采用玻璃丝布和镀锌钢板复合结构，板厚 1 mm，孔径 6 mm，孔间距 11 mm。结构吸声系数见表 7-4 序号 5，消声系数见表 7-4 序号 6。

（4）确定消声器长度

根据别洛夫公式计算各中心频率所需要有效消声长度，如 125 Hz，所需有效消声长度为：

$$l_{125}=\frac{\Delta L}{\psi\left(\alpha_0\right)}\times\frac{S}{P}=\frac{15}{0.7}\times\frac{1}{16}=1.34\ \text{m}$$

依次计算出各频带所需长度，见表 7-4 序号 7。按最大值考虑取 1.4 m 作为消声器设计长度。根据以上计算，消声器设计方案如图 7-24 所示。

（5）验算高频失效频率

高频失效频率：$f_{\text{m}}=1.85\dfrac{C}{D}=1.85\times\dfrac{340}{0.25}=2\,516\ \text{Hz}$

计算结果显示失效频率在 4 kHz 的倍频带内，高于 2 516 Hz 的频率段，消声量将降低。消声器设计长度为 1.4 m，在 8 kHz 下的消声量为：

$$l_{125}=\frac{\Delta L}{\psi\left(\alpha_0\right)}\times\frac{S}{P}=1.1\times16\times1.4=24.64\ \text{dB}$$

由于高频失效，中心频率 8 kHz 倍频带内的消声量仅为：

$$\Delta L'=\frac{3-n}{3}\Delta L\approx\frac{3-1}{3}\times24.64=16.4\ \text{dB}$$

由表 7-4 序号 3 可以看出 8 kHz 所需消声量为 13 dB，即使高频失效导致消声量下降，该设计方案仍符合要求。

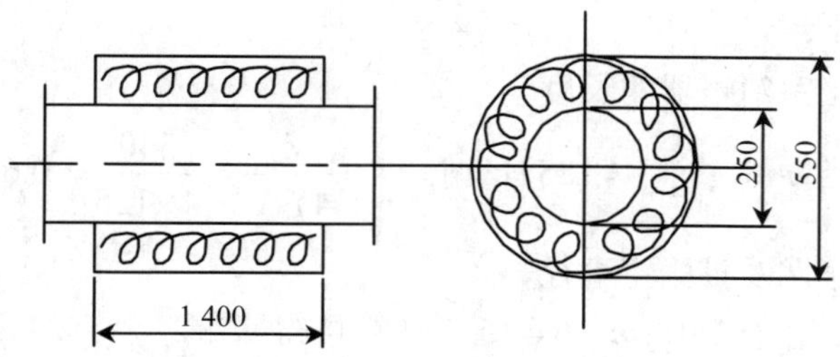

图 7-24 风机进气直管式阻性消声器

（6）验算气流再生噪声

消声通道内气流速度：$u=\dfrac{Q}{S}=\dfrac{360}{360}\times\dfrac{4}{\pi\times2.5^2}=20.4\ \ \text{m/s}$

气流再生噪声：

$$L_{OA}=\left(18\pm2\right)+60\lg u=\left(18\pm2\right)+60\lg20.4=\left(96\pm2\right)\ \ \text{dB（A）}$$

按点源计算气流再生噪声：

$$L_A=L_{OA}-20\lg r-11=98-20\lg2-11=81\ \ \text{dB（A）}$$

气流再生噪声计算值 81 dB（A），降噪标准 90 dB（A），经比较可以看出气流再生噪声对消声器消声效果影响可忽略不计。

二、扩张室消声器设计实例

1. 扩张室消声器设计要点

（1）根据消声频率特性，选择最大的消声频率，确定各节扩张室及其插入管的长度。插入管的长度一般按 1/2 和 1/4 腔长设计。

（2）根据需要的消声量和气流速度，确定扩张比 m，设计扩张室各部分截面尺寸。在实际工程上，一般取 9＜m＜16，最小不应小于 5。

（3）验算所设计的扩张室消声器的上、下限截止频率，如果不在上、下截止频率范围内应重新设计。

（4）验算气流对消声效果的影响，检查在给定的气流速度下，消声量是否能满足要求，否则应进行修改。

2. 扩张室消声器设计实例

某空压机进气管直径 150 mm，气流速度 5 m/s，进气噪声在 125 Hz 处有明显峰值。在进气端设计一个扩张室消声器满足在 125 Hz 有 15 dB（A）的消声量要求。

设计过程如下：

（1）确定扩张室消声器的长度

消声长度：当 n=0，$f_{max}=125\,\text{Hz}$ 时，$l=\dfrac{c}{4f_{max}}=\dfrac{340}{4\times125}=0.68\ \ \text{m}$

（2）确定扩张比及扩张室直径

扩张比：由 $\Delta L_{max}=20\lg m-6=15$，计算可得 m=12

进气管截面：$S_1=\dfrac{\pi d_1^2}{4}=\dfrac{\pi\left(0.15\right)^2}{4}=0.0177\ \ \text{m}^2$

扩张室截面：$S_2 = mS_1 = 12 \times 0.017\,7 = 0.21\ \mathrm{m}^2$

扩张室直径：$D = \sqrt{\dfrac{4S_2}{\pi}} = 0.51\ \mathrm{m}$

由计算值确定插入管长度为 680/2（mm）和 680/4（mm），设计方案如图 7-25 所示。为改善空气动力性能，减小阻力损失，在内插管长度 680/4（mm）段穿孔，穿孔率 $P = 30\%$。

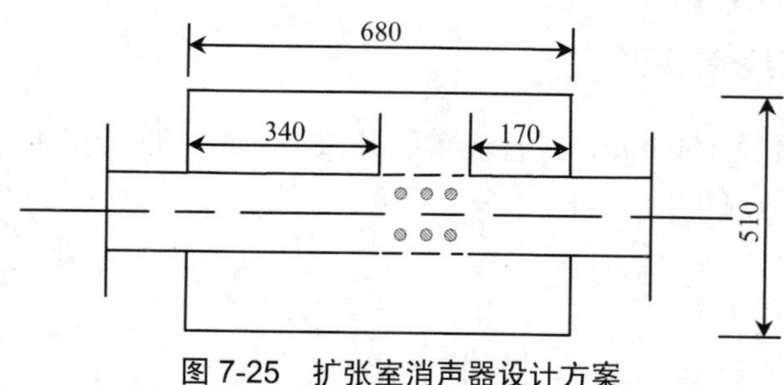

图 7-25 扩张室消声器设计方案

（3）验算扩张室消声器上、下限截止频率

上限频率：$f_{上} = 1.22 \times \dfrac{c}{D} = 1.22 \times \dfrac{340}{0.51} = 813.3\ \mathrm{Hz}$

扩张室的体积：$V = (S_2 - S_1)l = (0.21 - 0.017\,7) \times 0.68 = 0.13\ \mathrm{m}^3$

下限频率：$f_{下} = \dfrac{\sqrt{2}c}{2\pi}\sqrt{\dfrac{S_1}{Vl}} = \dfrac{\sqrt{2} \times 340}{2\pi}\sqrt{\dfrac{0.017\,7}{0.13 \times 0.68}} = 34\ \mathrm{Hz}$

消声频率 $f_{\max} = 125\ \mathrm{Hz}$，在 $f_{上}$ 与 $f_{下}$ 之间，设计符合要求。

（4）验算动态消声量

动态消声量：m=12，u=5 m/s，查表 7-2 得 m_e=10.3，代入公式得：

$$\Delta L = 10\lg\left[1 + \frac{m_e^2}{4}\right] = 10\lg\left(1 + \frac{10.3^2}{4}\right) \approx 15\ \mathrm{dB}$$

计算结果满足消声量要求，设计方案可行。

三、共振腔消声器设计实例

1. 共振腔消声器设计要点

（1）根据共振频率和频带所需消声量确定相应的 K 值，由 K 值求共振腔的体积 V 和传导率 G，设计消声器的具体几何尺寸。

（2）通道截面直径一般不超过 250 mm，气流通道较大时采取多通道并联方式。

（3）确定板厚、孔径和腔深，设计其他参数；消声器长、宽、腔深各尺寸都应小于共振频率波长的 1/3。

（4）穿孔位置应布置在消声器的中部，穿孔范围应小于共振频率相应波长的 1/12，孔心距大于孔径的 5 倍。

（5）用 $f_{上}=1.22c/D$ 估算共振腔消声器高频失效的上限截止频率。

2. 共振消声器设计实例

某气流通道直径 100 mm，设计一单腔共振消声器，使其在 125 Hz 的倍频带上有 15 dB（A）的消声量。

设计过程如下：

（1）计算 K 值

将 $\Delta L=15$ dB 代入公式 $\Delta L=10\lg\left(1+2K^2\right)$ 得 $K=4$

（2）计算共振腔体积 V 和传导率 G

$$S=\frac{\pi}{4}d_1^{\,2}=\frac{\pi}{4}(0.1)^2=0.007\,85\ \text{m}^2$$

由公式 $f_{\rm r}=\dfrac{c}{2\pi}\sqrt{\dfrac{S_0}{Vl_{\rm k}}}$ 和 $K=\dfrac{\sqrt{GV}}{2S}$ 可以推导出：

$$V=\frac{c}{\pi f_{\rm r}}KS=\frac{340\times4\times0.007\,85}{\pi\times125}=0.027\ \text{m}^3$$

$$G=\left(\frac{2\pi f_{\rm r}}{c}\right)^2V=\left(\frac{2\pi\times125}{340}\right)^2\times0.027=0.144\ \text{m}$$

（3）确定消声器几何尺寸

消声器圆形共振腔与管道同心，内径 100 mm，外径 400 mm，共振腔长度为：

$$l=\frac{4V}{\pi\left(d_2^{\,2}-d_1^{\,2}\right)}=\frac{4\times0.027}{\pi\left(0.4^2-0.1^2\right)}=0.23\ \text{m}$$

选择管道壁厚 2 mm，孔径 6 mm，由公式 $G=\dfrac{nS_0}{l+0.8d}$，求开孔数：

$$n=\frac{G(l+0.8d)}{S_0}=\frac{4\times0.144\times(2+0.8\times6)\times10^{-3}}{\pi\left(6\times10^{-3}\right)^2}\approx35\ 个$$

共振腔长 230 mm，外腔直径 400 mm，内腔直径 100 mm，壁厚 2 mm，在气流通道的共振腔中部均匀开孔 35 个，孔径为 6 mm，如图 7-26 所示。

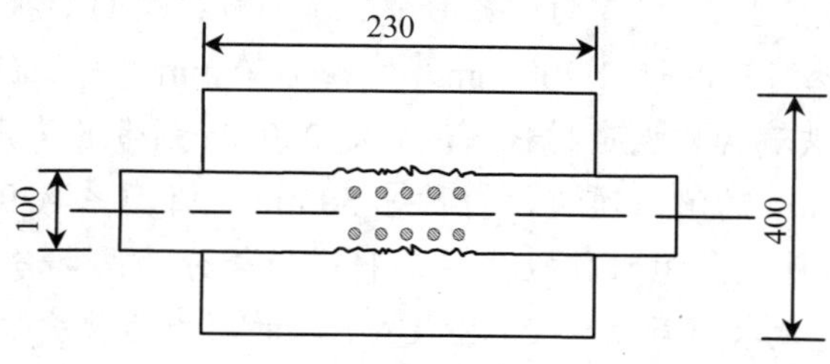

图 7-26　共振腔消声器设计方案

（4）验算消声器消声性能

$$f_{\mathrm{r}}=\frac{c}{2\pi}\sqrt{\frac{S_0}{Vl_{\mathrm{k}}}}=\frac{340}{2\pi}\sqrt{\frac{0.144}{0.027}}=125\ \mathrm{Hz}$$

$$f_{上}=1.22\times\frac{c}{D}=1.22\times\frac{340}{0.4}=1\,037\ \mathrm{Hz}$$

高频失效频率 1 037 Hz，消声中心频率 125 Hz，相距较远，设计符合要求。

共振频率波长 $\lambda_{\mathrm{r}}=\frac{c}{f_{\mathrm{r}}}=\frac{340}{125}=2.72\ \mathrm{m}$，$\frac{1}{3}\lambda_{\mathrm{r}}=\frac{2.72}{3}=0.91\ \mathrm{m}$，本设计共振腔长、宽、腔深尺寸都小于共振频率相应波长的 1/3，故设计方案可行。

思考题与习题

1. 设计消声器时应考虑哪些基本要求？
2. 如何评价消声器的声学性能，简述各评价量的意义。
3. 如何评价消声器的空气动力性能？
4. 消声器可分为哪几种基本类型，简述每种类型消声器的消声特性。
5. 气流对声传播和衰减规律有何影响？
6. 简述小孔喷注消声器和多孔扩散消声器的消声原理。
7. 简述节流降压消声器、引射掺冷消声器和喷雾消声器的消声原理。
8. 简述阻性消声器的设计要点，参照实例掌握阻性消声器的设计要领。
9. 简述扩张室消声器设计要点，参照实例掌握扩张室消声器的设计要领。
10. 简述共振腔消声器设计要点，参照实例掌握共振腔消声器的设计要领。
11. 某风机风量 0.67 m^3/s，进气管径 ϕ200 mm。在进气端 2 m 处测得 63Hz～8 kHz 声压级依次为 109 dB、112 dB、104 dB、115 dB、116 dB、108 dB、104 dB、94 dB，

试设计一个阻性消声器，距进气端 2 m 处的噪声降到评价曲线 NR85 的要求。

12. 用同一种吸声材料衬贴消声管道，管道截面积 1 600 cm^2。当截面形状分别为圆形，正方形和 1∶5 及 2∶3 两种矩形时，试问哪种截面形状的噪声衰减量大？

13. 直管式阻性消声器长 1 200 mm、外径ϕ360 mm、内径ϕ160 mm。采用密度为 20 kg/m^3 的超细玻璃棉作吸声材料，试确定 250 Hz 频带的消声量。

14. 外径ϕ500 mm 的消声通道，内衬厚 50 mm、吸声系数 0.5 的吸声材料。若用厚 100 mm 的同种吸声材料作吸声层，将通道等分为两部分或在中心加直径为 100 mm 的吸声芯，试求消声量为 25 dB（A）时的消声器长度分别是多少？上限失效频率分别是多少？

15. 某风机管径为 200 mm，气流速度 6 m/s，在 250 Hz 处有一噪声峰值，试设计一个扩张室消声器，要求在 250 Hz 处有 20 dB（A）的消声量。

16. 某气流管道直径 150 mm，试设计一单腔共振消声器，要求在 125 Hz 的倍频带上有 15 dB（A）的消声量。

第八章 隔振与阻尼减振技术

【知识目标】

本章要求了解振动的测量与评价；熟悉隔振元件及阻尼材料的性能；理解隔振与阻尼的原理；掌握隔振元件与阻尼材料的选择方法。

【能力目标】

通过对本章内容的学习，学生能独立完成振动测量与评价工作；在工程实施中能应用隔振与阻尼的相关理论知识，合理选择并应用隔振元件和阻尼材料。

第一节 隔振技术

在日常生活中，振动是不可避免的。由振动产生的噪声随处可见，例如，建筑施工工地的打桩声、飞机的轰鸣声、敲击的鼓声等。振动是一种周期性的往复运动，任何一种机械都会产生振动，机械振动产生的主要原因是旋转或往复式运动部件的不平衡、磁力不平衡部件的相互接触而造成的。

振动和噪声有着十分密切的联系，声波就是由发声物体的振动产生的，当振动频率在 20～20 kHz 的声频范围内时，振动源同时也是噪声源。振动能量向外传播的方式有两种：一种是振动能量以空气为介质由振源直接向外辐射，称为空气声；另一种是振动能量通过承载振源的基础，向地层或建筑物结构传递。在固体表面，振动以弯曲波的形式传播，激发建筑物的地板、墙面、门窗等结构振动，再向空中辐射噪声。这种通过固体传导的声叫固体声。机械振动传播途径见图 8-1。水泥地板、砖石结构、金属板材等是隔绝空气声的良好材料，但对固体声却很少衰减。噪声通过固体可能传播到很远的地方，特别是引起物体共振时，会辐射很强的噪声。在日常生活中，会有这样的情况，邻近房间的噪声有时比安装机械设备的房间还显得吵闹，这就是由于固体传声并引起某一建筑结构共振所造成的。

振动能传播固体声而产生噪声危害，同时振动本身的干扰对机械设备、仪器、建筑物以及人体都会产生许多不良的后果。

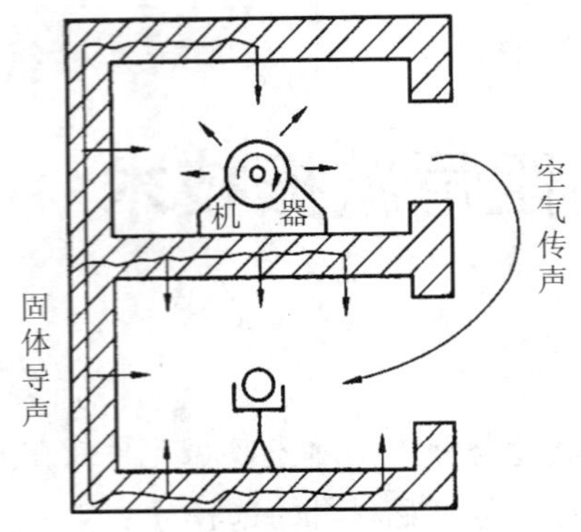

图 8-1　机械振动的传播途径

一、振动的危害与标准

（一）振动的危害

1. 对人体健康的危害

振动频率低于 20 Hz 所辐射的噪声，虽然听不到，然而会引起人体各部分器官的反应。振动对人体的影响可分为全身振动和局部振动。全身振动是指人直接位于振动物体上时所受到的振动。全身振动对人的影响是多方面的，会对人体的神经系统、心血管系统、骨质、听觉等方面带来严重的伤害。局部振动是指手持振动物体时引起的人体部分振动，它只是作用于人体的某一部位。如手长期接触振动，会产生手部职业病，使手指端间断性发白、发紫、发抖、麻木等，称为职业性雷诺氏症。振动对人体的影响与振动的频率、振幅、加速度，振动作用的时间以及人的体位等因素有关。

（1）振动频率对人体的影响

人体感觉的振动频率分为 3 段：低频段为 30 Hz 以下；中频段为 30～100 Hz；高频段为 100 Hz 以上。最有害的振动频率是与人体某些器官的固有频率吻合（共振）的频率，如人体在 6 Hz 左右，内腔在 8 Hz 左右，头部在 25 Hz 左右，神经中枢在 250 Hz 左右，低于 2 Hz 的振动非常危险。

（2）振动的振幅及加速度对人体的影响

人体对振动的感觉还与振幅或加速度有关，常因振幅或加速度的不同而表现出不同效应。当振动频率较高时，振幅起主要作用，比如作用于全身的振动频率为 40～102 Hz 时，振幅达到 0.05～1.3 mm，就会对全身带来危害。高频振动主要对人体各组织的神经末梢发生作用，引起末梢血管痉挛的最低频率是 35 Hz。

当振动频率较低时，则加速度起主要作用。试验表明，人体处于匀速运动状态下，不论其速度多少，均不会对人体产生任何影响。而人体处于变速状态时，就会受到影响，即加速度的产生对人体有影响。频率为 15～20 Hz 的振动，加速度在 0.98 m/s^2 以下，对人体不致造成有害影响，随着加速度的增加，会引起前庭装置反应以致造成内脏、血液位移。如果在极短的时间内产生变速或撞击，持续时间不超过 0.1 s，人体直立向上运动时能忍受（不受伤害）的加速度为 156.8 m/s^2，而向下运动时为 98 m/s^2，横向运动时为 392 m/s^2，如果加速度超过这一数值，便会造成皮肉青肿、骨折、器官破裂、脑震荡等损伤。

（3）振动对人体的影响与作用时间有关

在进行振动评价时，必须考虑人体暴露在振动下的时间长短。这是因为振动对人体的影响与作用时间有密切的关系，在振动作用下的时间越长，对人体的危害就越大。

（4）振动对人体的影响与人的体位、姿势有关

人体处于立位时对垂直振动比较敏感，而卧位时对水平振动比较敏感。人的神经组织和骨骼都是振动的良好传导体。

2. 对建筑物和机械设备的损害

振动使机械设备本身疲劳和磨损，缩短使用寿命，甚至使机械设备中的构件发生刚度和强度破坏。振动会使大楼发生开裂、变形直至坍塌，飞机机翼的震颤以及发动机的异常振动，都会造成严重的飞行事故。

（二）振动的评价与标准

1. 环境振动的评价量

（1）振动的位移

振动的位移即振动质点离开平衡位置的距离，这在研究机械结构的强度、变形和旋转机件不平衡时较为实用，可觉察的位移只发生在低频。

（2）振动的速度

振动的速度和噪声的大小直接有关，而且能提供表征机器运行工况的振动烈度指示值。

（3）振动的加速度

前面已经介绍，当振动频率较低时，对人体影响起主要作用的是加速度的大小。从劳保和环保的角度出发，一般采用加速度作为振动影响的评价量，因为振动对人的影响实际上是振动能量转换的结果。

① 计权加速度计算

$$a_{\mathrm{w}} = \sqrt{\sum_{i=1}^{n}(a_i k_i)^2} \tag{8-1}$$

式中，a_i —— 1/3 倍频程频谱中第 i 频段实测的加速度有效值，$\mathrm{m/s^2}$；

k_i —— 1/3 倍频程频谱中第 i 频段相应的频率计权因数。

② 频率计权加速度级（计权振级或振级）VL（dB）的计算

$$\mathrm{VL} = 20\lg\frac{a_{\mathrm{w}}}{a_0} \tag{8-2}$$

式中，a_{w} —— 频率计权加速度有效值，$\mathrm{m/s^2}$；

a_0 —— 参考加速度，$\mathrm{m/s^2}$，$a_0=10^{-6}\mathrm{m/s^2}$。

③ 等效连续振级计算

$$\mathrm{VL_{weq}} = 10\lg\frac{1}{T}\int_0^T 10^{0.1\mathrm{VL_w}}\,\mathrm{d}t \tag{8-3}$$

④ 累计百分振级 $\mathrm{VL_{ZN}}$

常用的百分振级为 $\mathrm{VL_{Z10}}$、$\mathrm{VL_{Z50}}$、$\mathrm{VL_{Z90}}$，分别表示有 10%时间的 Z 振级超过 $\mathrm{VL_{Z10}}$，有 50%时间的 Z 振级超过 $\mathrm{VL_{Z50}}$，有 90%时间的 Z 振级超过 $\mathrm{VL_{Z90}}$。

2. 环境振动的标准

由各种机械设备、交通运输工具和施工机械所产生的环境振动，对人们的正常工作和休息都会产生较大的影响。我国有关部门制定了《城市区域环境振动标准》（GB 10070—88）和《城市区域环境振动测量方法》（GB 10071—88）。城市区域环境振动标准值见表 8-1。

表 8-1　城市区域环境振动标准值　　单位：dB

适用地带范围	昼间	夜间
特殊住宅区	65	65
居民、文教区	70	67
混合区、商业中心区	75	72
工业集中区	75	72
交通干线道路两侧	75	72
铁路干线两侧	80	80

（1）标准值适用于连续发生的稳态振动、冲击振动和无规振动。对于每日发生几次的冲击振动，其最大值昼间不允许超过标准值的 10 dB，夜间不超过 3 dB。

（2）特殊住宅区是指特别需要安宁的住宅区。

（3）居民、文教区是指纯居民区、文教区、机关区。

（4）混合区是指一般商业与居民混合区；工业、商业、少量交通与居民混合区。

（5）商业中心区是指商业集中的繁华地区。

（6）工业集中区是指在一个城市或区域内规划明确确定的工业区。

（7）交通干线道路两侧是指车流量每小时 100 辆以上的道路两侧。

（8）铁路干线两侧是指距每日车流量不少于 20 列的铁道外轨两侧 30 m 外的住宅区。

二、振动的测量

（一）振动测量仪器的构造和工作原理

振动测量仪器一般由拾振器、放大器、衰减器、频率计权网络、频率限止电路、有效值检波器、幅值或级指示器等部分组成，如图 8-2 所示。

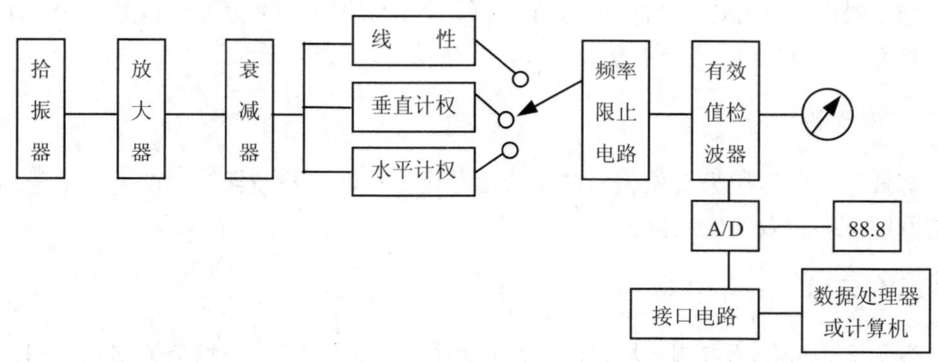

图 8-2 振动测量仪器构造

1. 拾振器

拾振器常采用压电加速度计，用以接收振动，将振动信号变换成与振动加速度、振动的位移、振动的速度相应的电信号。拾振器可以是三轴向的，环境振动测量只需要单轴向，拾振器垂向放置时，测量垂向振级 VL_z；水平放置时，测量水平方向级 $VL_{x\text{-}y}$。

加速度计的主要技术参数有频率特性、灵敏度、质量和动态范围等。在使用振动测量仪器时，加速度计须妥帖、牢固地安装在被测物体表面；选用质量较轻的加速度计，以免影响被测物体的振动特性；引出电线应贴在振动面上，不宜任意悬空，电线离开振动面的位置最好选在振动最弱的部位；保证所选加速度计的动态范围高于被测物体的最大加速度；拾振器的灵敏度主轴方向与测量方向一致；加速度计允许的使用温度上限为 250℃，高温条件会使压电陶瓷退极化。

2. 放大器和衰减器

放大器和衰减器的作用是改变输入的电信号，使其保证在测量范围内（一般为60～140 dB）。也就是将微弱的电信号放大，而当输入电信号较大（高振级）时又要将其进行衰减，以扩大测量范围。

3. 频率计权网络

环境振动测量一般使用垂向频率计权网络以测量垂向 Z 振级，但仪器往往也包含有水平频率计权网络以测量水平方向振级，而且还有平直频率响应的“加速度”特性，测量振动加速度级。

4. 频率限止电路

频率限止电路由高通与低通滤波器组成，使振级测量频率范围限制在 1～80 Hz，即只允许 1～80 Hz 的信号不衰减通过，其余信号均被衰减。

5. 检波器

有效值检波器用来对放大后的交流信号进行检波，检波器输出的直流信号与输入交流信号的有效值成比例。

6. 指示器

指示器用来指示被测环境振动的测量结果，一般使用的是幅值或级指示器。指示器可以是电表，也可以是数字显示。数字显示器具有读数直观、准确的优点。

7. 接口电路

接口电路用来将仪器连接至外部计算机，以便由计算机对测量数据统计分析处理，并将结果打印出来。

（二）振动测量仪器的校准与使用

1. 仪器校准

正常环境条件下使用加速度计，没有过量冲击、过高温度和放射性辐射，性能很稳定，数年变化值不超过 2%。如果长期保存或使用不当，需要定期进行灵敏度校准检验。校准的方法是：①选择一只灵敏度已知的参考加速度计，与待校准的加速度计一起安装在振动台上。当振动台激振时，两只加速度计的输出值正比于各自的灵敏度，从而可以确定待测加速度计的灵敏度。②使用加速度校准器。它能提供频率确定的正弦振动，振动加速度的峰值精确地保持在 10 m/s^2。

2. 传振器放置和频率计权选择

传振器有两种放置方式。测铅垂向计权振级应将传振器按铅垂方向放置，而不能水平放置。这时相应地要将频率计权特性置于“垂直”，而不能置于“水平”。

（三）振动的测量方法

1. 城市区域环境振动测量

环境振动的传播媒介是大地，而居民接受环境振动的方式主要是全身振动，即地面振动通过人与其接触面（如脚、臀部、背部等）传至人的全身。全身振动的敏感频率为 1～80 Hz。因此，铅垂方向（即三维坐标的 Z 方向）的环境振动是影响居民日常生活（睡眠、休息、学习等）的主要因素。国家环境振动测量标准和方法（GB 10070—88、GB 10071—88）规定以铅垂向 Z 振级作为描述和评价城市区域环境振动的基本量，测点置于各类功能区域建筑物室外 0.5 m 以内的振动敏感处或室内地面中央，保证测量值具有代表性。

城市区域环境振动测量需要了解城市区域有哪些环境振动污染源。一般来说，城市振动源主要来自道路交通，穿越城区的铁路、地铁及地下施工、工业设备和建筑施工机械运行以及居民生活振动源等。这些振动污染源按其形式，可分成固定式单个振动源，如一台冲床、一台发电机等；集合振动源，如整个工厂、建筑施工现场、城市道路等。按动态特征分类，振动源大致可分成稳态振动、冲击振动、无规振动和铁路（周期性）振动。其测量技术要点见表 8-2。

表 8-2 区域环境振动测量技术要点

项目名称	稳态振动	冲击振动	无规振动	铁路振动
布点原则	测点设在各类区域建筑物室外 0.5 m 以内振动敏感处，必要时测点置于建筑物室内地面中央	同稳态振动	同稳态振动	每日车次不少于 20 列的铁路干线两侧距离铁道外轨 30 m 以外的居民住宅外 0.5 m 以内振动敏感处，必要时测点置于室内地面中央
拾振器设置	确保拾振器平稳地安放在平坦、坚实的地面上，避免置于如地毯、草地、沙地或雪地等松软的地面上，拾振器的轴线垂直地面			
监测时间	振源正常工作时进行	同稳态振动	同稳态振动	在机车车辆通过时进行
测量条件	避免足以影响环境振动测量值的其他环境因素，如剧烈的温度梯度变化、强电磁场、强风、地震或其他非振动污染源引起的干扰，雨天、雪天应避免进行			
适用仪器	具有 Z 计权的Ⅱ级以上振动仪或振动分析仪	同稳态振动	有 Z 计权Ⅱ级以上振动仪	同冲击振动

项目名称	稳态振动	冲击振动	无规振动	铁路振动
仪器校准	每年至少送计量部门检定一次，平时使用时，进行仪器内部电气信号校准			
仪器计权	Z 计权、快挡			
采样间隔	5 秒	一次冲击过程	≤5 秒	列车通过过程
采样时间	5 秒	10 次冲击过程	≥1 000 秒	20 列列车通过过程
测量结果	5 秒内平均示数	每次冲击最大示数	累积百分振级，等效连续振级，SD	每列车通过时的最大示数
评价量	5 秒内平均示数	10 次最大示数的算术平均值	VL_{Z10}	20 次最大示数的算术平均值
说明	国产振动测量仪器，一般具有统计分析功能，能在每次测量后自动打印累积百分振级、等效连续振级、最大振级和标准偏差等，足以满足国家标准要求			

2. 环境振动污染源测量

环境振动污染源测量，主要目的是了解振动大小、频谱和时间特性，以便对振动污染源进行评价和治理。

振动污染源测量的内容，除铅垂向 Z 振级外，根据需要还可测量水平 x、y 振级、垂直或水平方向的加速度级、倍频程或 1/3 倍频程的振动频谱分析、振动传播的指向性和振动强度随距离衰减状况等。在必要的时候，可进行噪声与振动的同步测量与分析。

环境振动污染源不同，测点布置方法也不同。测试工厂厂界振动，可在工厂法定边界外 1 m 的包络线上选定测点；如需要了解建筑施工场界振动，可在施工场地边界线上选定测点；如需了解城市道路交通振动，可在现行交通噪声测点的下方地面上选定测点。

如需了解振动传播的指向性和振动随距离的衰减状况，可按下述方法选定测点。对固定式单个振动源，以振动源俯视图的几何中心为原点，画出不同半径的同心圆，圆弧间的距离依分析精度而定，根据需要，画出始发于原点的 4 方位或 8 方位、16 方位的辐射线，以辐射线与同心圆的交点为测点，如图 8-3 所示。对厂界或建筑施工场界振动，以厂界外 1 m 包络线或建筑施工场界为基线，经过粗测，确定超过所在功能区域环境振动标准的基线段，向外做若干条等间距的平行于基线段的平行线。根据需要，在每一平行线段上选取若干点为测点，平行线之间的距离按分析精度而定，平行线的条数一直画到最后一条线上找不到超过所在功能区域环境振动标准的测点为止。若厂界或建筑施工场界全线超标，则向外做若干条等间距的平行于基线的闭合平行线，如图 8-4 所示。

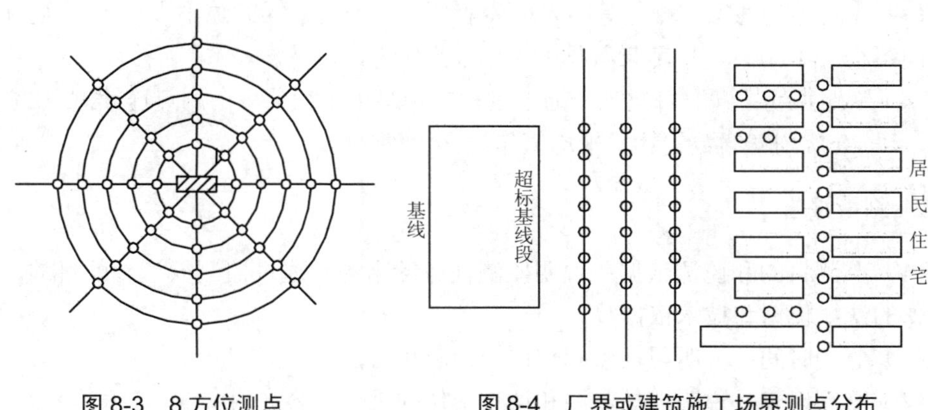

图 8-3　8 方位测点　　　　图 8-4　厂界或建筑施工场界测点分布

对城市道路交通振动源，一般以交通振动测点为起点，做垂直于道路中心线的垂线，在垂线上以等间距（间距大小由分析精度决定）向外确定测点，一直到最后一个测点的铅垂向 Z 振动低于交通干线道路两侧的环境振动标准值为止。若垂线受邻街建筑物阻挡，也可适当移动垂线至缺口向外延伸，如图 8-5 所示。若进行水平方向振动传播规律分析，可视需要再行确定测点。

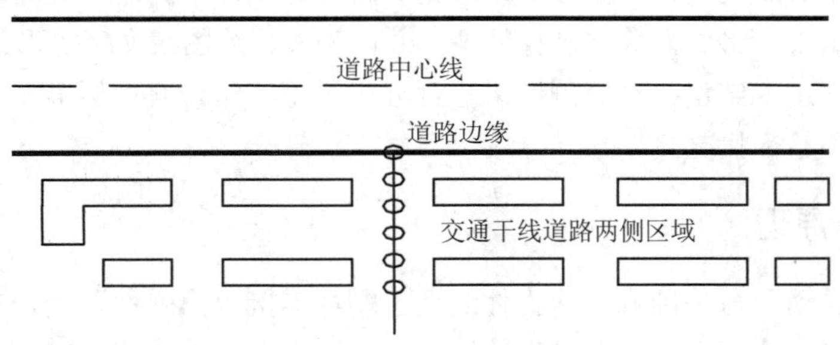

图 8-5　道路交通振动衰减规律分析测点示意

（四）振动测量结果表述

1. 测量内容

振动测量一般应记录仪器型号、振动源情况、加速度计设置方法及表面形态，绘制测量现场示意图。

（1）稳态振动：每个测点测量一次，取 5 s 内的平均示数作为评价量。

（2）冲击振动：取每次冲击过程中的最大示数作为评价量。重复出现的冲击振动，以 10 次读数的算术平均值为评价量。

（3）无规振动：每个测点等间隔地读取瞬时示数，采样间隙不大于 5 s，连续测量时间不少于 1 000 s，以测量数据的 VL_{Z10} 值作为评价量。

（4）铁路振动：读取每次列车通过过程中的最大示数，每个测点连续测量 20 次列车，以 20 次列车读数的算术平均值作为评价量。

2. 测量报告

（1）监测目的和监测依据：说明监测任务的来源，通过监测欲达到的目的，监测工作的法律依据和技术依据等。

（2）监测时间：说明现场监测和调查的起止时间。

（3）监测内容：说明现场监测和调查工作的具体内容。

（4）污染源概况：说明监测范围内的振动污染源状况和污染源周围的环境状况，振动源对周围环境的影响和危害状况。

（5）测点设置：说明布点原则，测点数量、方位和代表性等。

（6）评价标准及评价量：说明评价量确定的依据、目的和意义，根据监测要求适合报告使用的评价标准。

（7）监测方法：说明监测仪器的型号、测量系统的组成、仪器检定和校准状况、环境条件、拾振器的设置、采样方法、监测数据的处理和评价量的获得方法等。

（8）监测结果：将所得数据进行处理，并以列表、绘图或文字等形式说明。

（9）结果评述或结论：对监测结果进行分析讨论，结合有关标准，评述监测对象的污染水平和超标状况。

三、隔振原理

隔振是将振动源与基础或其他物体的近于刚性连接改为弹性连接，防止或减弱振动能量的传播，从而实现减振降噪的目的。实际上振动不可能绝对隔绝，所以通常称为隔振或减振。如果机械设备与基础之间是近刚性的连接，当设备运转时会产生一个干扰力，这个干扰力就会百分之百地传给基础，由基础向四周传播。如果将设备与地基的连接改为弹性连接，由于弹性装置的隔振作用，设备产生的干扰力便不会全部传给基础，只传递一部分或完全被隔绝，由于振动传递被隔绝，固体声被降低，因而就能收到降低噪声的效果。

（一）隔振的类型

隔振一般分为两大类：一类是对作为振动源的机械设备采取隔振措施，降低振动源传入支撑结构的振动能量，称为积极隔振（也称主动隔振）；另一类是对受振动干扰的设备或仪器等采取保护措施，以减弱或消除外来振动对设备或仪器带来的影响，称为消极隔振（也称被动隔振）。例如，在操作工人与振动源之间、精密机器或仪表与其基础之间设置隔振器等。有时，为了减弱沿房屋结构传播振动，可在墙壁和承重梁之间、房屋的钢架和墙壁之间安装弹性结构，也会收到隔振效果。积极与消极隔振原理相同，积极隔振的原理、方法和结论对消极隔振同样适用。

（二）隔振的原理

振动源在振动时，会产生一个激发力，当振动源与基础之间是刚性连接时，这个激发力会全部传给基础，由基础向四周传播；如果将振动源与基础之间的连接变成弹性连接，即在振动源与基础之间安装隔振器（如图 8-6 所示），这样振动源、隔振器与基础就组成了一个隔振系统，当振动源发生振动时，由于隔振器的弹性缓冲作用，可以减弱对基础的冲击力，使基础产生并传递的振动减弱，而且由于振动系统受到摩擦阻尼作用，使振动的机械能转化为热能耗散，也减弱了设备传给基础的振动，从而使噪声的辐射量降低，这就是隔振减噪的基本原理。

1. 隔振系统共振频率

如图 8-6 所示，假设隔振系统的机器设备质量为 m，隔振器可以看成是一个劲度为 k 的弹簧与一个阻尼系数（摩擦系数）为 R_m 的阻尼器组成的有阻尼振动系统，将其并联在机器与刚性基础之间，这个隔振系统的共振频率可用下式表示：

$$f_r = \frac{1}{2\pi}\sqrt{\frac{k}{m}\left(1-\frac{R_m}{R_c}\right)} \tag{8-4}$$

式中，k —— 弹簧的劲度，N/m；

m —— 机器设备的质量，kg；

R_m —— 隔振器的阻尼系数，N/（m·s）；

R_c —— 隔振器的临界阻尼，$R_c = 2\sqrt{km}$，表示外力停止作用后，使系统不能产生的最小阻尼系数；

R_m/R_c —— 阻尼比。

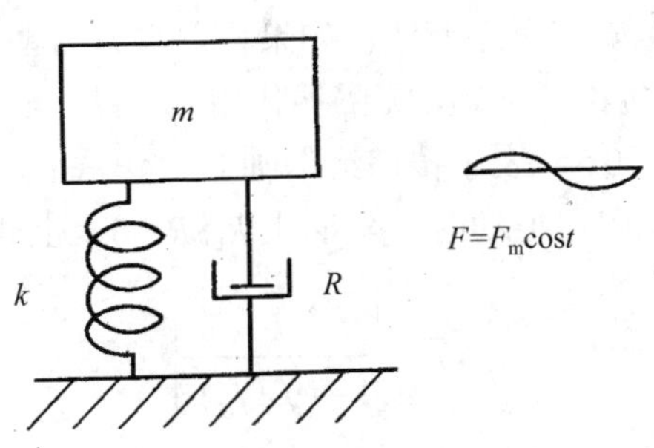

图 8-6　一个自由度的阻尼系统

由上式可知，当 R_m/R_c=1（即 $R_m=R_c$）时，共振频率为 0，此时振动被抑制；当 R_m/R_c=0 时，即系统无阻尼或阻尼很小可忽略时，则共振频率可用下式表示：

$$f_r = \frac{1}{2\pi}\sqrt{\frac{k}{m}} \tag{8-5}$$

2. 设备振幅

物体在周期性外力作用下，设这个交变外力在垂直的 y 方向上运动，那么与这个外力相平衡的是系统的惯性力、摩擦力和弹性力。根据相关定律可推出机器设备在减振器上的最大振幅 y_m 为：

$$y_m = \frac{F_{max}/k}{\sqrt{\left[1-(f/f_0)^2\right]^2 + 4(f/f_0)^2(R_m/R_c)^2}} \tag{8-6}$$

式中，F_{max}/k —— 系统在承受最大干扰力 F_0 下的静态弹性变形，cm；

f —— 激发外力的频率，Hz；

f_0 —— 系统的共振频率，Hz。

3. 传振系数

在实际工程中，人们往往不去注意振动物体的振幅大小，而是更关心干扰力通过隔振器后到底剩余多少力被传到基础上去，因此，在工程上常常用传振系数 T 来衡量隔振器隔振效果的好坏，这是一个非常重要的物理量。

传振系数 T 又称为传递系数、振动传递率等。其定义为通过隔振装置传递到基础上的力的幅值 $F_{f\max}$ 与作用于系统的总干扰力或激发力幅值 F_{max} 之比。根据传振系数的定义，可得到如下数学表达式：

$$T = \left|\frac{F_{f\max}}{F_{max}}\right| = \sqrt{\frac{1+4\left[(f/f_0)(R_m/R_c)\right]^2}{\left[1-(f/f_0)^2\right]^2 + 4\left[(f/f_0)(R_m/R_c)\right]^2}} \tag{8-7}$$

由上式可知，T 越小，说明通过隔振器传递过去的力就越小，因而隔振效果就越好，隔振器的性能就越好，反之亦然。如果机器设备与基础之间是刚性连接，则 T=1，表示总干扰力全部传给了基础，无隔振作用；如果在机器设备与基础之间设置了隔振器，其传振系数为 0.3，表示传递给基础的力是总干扰力的 30%。

当系统为单自由度无阻尼振动时，阻尼比 R_m/R_c=0，上式简化为：

$$T = \left|\frac{1}{1-(f/f_0)^2}\right| \tag{8-8}$$

由式（8-8）可绘出隔振器传振系数 T 与 f / f_0 之间的关系曲线（图 8-7）。

T 与 f / f_0 及阻尼比 R_m/R_c 之间的关系分析：

（1）当 $f / f_0 \ll 1$ 时，即外力频率远低于系统固有频率时，外力主要受弹簧弹性力的抵抗，干扰力通过弹簧毫不减少地传给了弹簧，此时，减振器无减振作用。即图中 AB 段，T=1。因此，这个频率范围被称为劲度控制区。

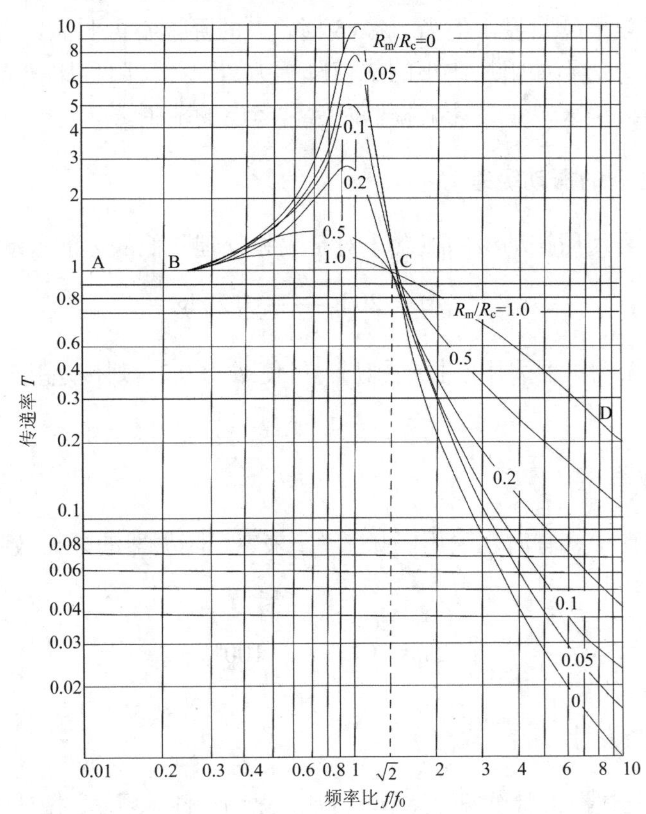

图 8-7　T、f/f_0 及 R_m/R_c 的关系

（2）当 f/f_0=1 或接近于 1 时，外力频率接近系统固有频率，发生共振现象，说明隔振措施极不合理，不仅不起隔振作用，反而放大了振动的干扰，这是隔振设计时应绝对避免的，即图中 BC 段，这时传振系数 T 最大。在此区域内，振动的加剧程度取决于阻尼比，从理论上讲，$R_m/R_c \to 0$ 时，$T \to \infty$，随着阻尼比逐渐增大，可大幅度降低隔振器的动态放大系数和传振系数。因此，这个区域共振频率附近的范围称为阻尼控制区。表 8-3 是几种隔振材料的阻尼比。

表 8-3　几种隔振材料阻尼比

材料名称	钢弹簧	橡胶	软木
阻尼比	0.005	0.02～0.05	0.06

（3）当 $f/f_0=\sqrt{2}$ 时，对于单自由度无阻尼振动，T=1，系统无隔振作用。

（4）当 $f/f_0>\sqrt{2}$ 时，传振系数 T<1，即图中 CD 段，系统起到隔振作用，且 f/f_0 值越大，隔振效果越明显，但当 f/f_0>5 时，T 的降幅不再明显。由图还可看出，过大的阻尼比的 T 值不如阻尼比小的 T 值降幅大，因此，阻尼比一般选用 0.02～0.1，这一范围称为减振区，是设计减振器时常常考虑的范围。

4. 隔振处理的振动级差

在工程中常使用振动级的概念。对于隔振处理降低的力的振动级差为：

$$\Delta L = 20\lg\frac{F_{\max}}{F_{f\max}} = 20\lg\frac{1}{T} \tag{8-9}$$

例如，某振动机器采用隔振措施后，可使 T 为 0.2，则传递基础的力的振动级降低了 14 dB。

5. 隔振效率

在隔振设计中，有时也采用隔振效率 η 来表示隔振器的隔振效果。隔振效率 η 定义为：

$$\eta = (1-T) \times 100\% \tag{8-10}$$

（三）隔振设计

隔振设计是根据机器设备的类型、特征、振动特性（频率、振动强弱）以及环境要求和相应标准等因素，选择合适的隔振器，确定隔振装置正确的安装位置，并合理使用隔振器，充分发挥隔振器的最佳效果，以达到降低振动、保护环境的目的。

隔振设计往往要以振动干扰频率为依据。通常把 100 Hz 以上的干扰振动称为高频振动，6～100 Hz 的振动称为中频振动，6 Hz 以下的振动称为低频振动。大多数工业机械设备振动都属于中频振动，个别设备（高转速设备）产生的振动属于高频振动；而地壳的振动、海潮以及地震的影响属于低频振动。

1. 隔振设计步骤

（1）调查振动源状况，测量机器质量、振动强度、振动频率等参数。

（2）调查振动源周围环境条件及环境要求，确定相应的振动标准。

（3）根据现场要求和标准规定，由干扰频率和所需的传振系数计算隔振系统固有振动频率以及静态压缩量。

（4）根据计算结果和工作环境要求，确定所需隔振元件的载荷、型号和数量，选用和设计能满足要求的隔振装置，并合理布置隔振器。

（5）验算评价隔振装置的各项参数及满足设计适用要求的情况，估计隔振设计的减振降噪效果。

2. 隔振设计方法

（1）传振系数的确定

传振系数应根据设计原则及相关设备参数、使用工况、环境条件等因素来确定。对于无阻尼单自由度振动系统，其传振系数按式（8-8）计算；对于有阻尼存在的振动系统，其传振系数按式（8-7）计算。

（2）隔振系统的静态压缩量、频率比和固有频率的确定

静态压缩量由传振系数 T、设备稳定性、操作条件等要求确定，也可在实验室直接测量。

固有频率可根据传振系数、扰动频率以及频率比来确定。一般情况下，f/f_0取2.5～5。要获得较大的静态压缩量和良好的隔振效果，通常 f_0 选用 2.5～3 Hz。

（3）隔振元件承受的载荷、型号、大小和数量的确定

隔振元件承受的载荷，应根据设备的重量、动态力的影响以及安装时的过载情况等确定。

设备重量均匀分布时，由设备总重量除以隔振元件的数目，就可得到每一个隔振元件的载荷，由此选定隔振元件的型号。设备重量不是均匀分布时，可根据机座中心位置来调整隔振元件的数目和每一个元件的位置和支撑点。隔振元件的数目一般取 4～6 个。

（4）隔振参数的验算

隔振参数的验算包括传振系数、静态压缩量、动态系数和隔振降噪效果等参数的估算。在验算过程中，如果结果与实际情况基本相符，说明设计合理；如果相差较大，则需要根据实际情况重新计算，调整相应的隔振参数，保证能满足设计条件和设计需要为止。

四、隔振元件

无论是积极隔振，还是消极隔振，最终都是通过采用隔振元件、隔振器以及隔振材料来达到隔振的目的。从理论上讲，凡能支承运转设备动力载荷，又具有良好弹性恢复性能的材料或装置均可作为隔振元件。目前，国内大量使用的隔振元件可分为隔振器、隔振垫、管道柔性接口和其他隔振元件四大类。

（一）隔振元件的类型

1. 隔振器

隔振器是一种弹性支撑元件，是通过专门设计而制造出来的一种独立的、自成体系的器件，在使用时可作为机械零件来进行装配和安装。最常见的隔振器有金属弹簧隔振器、橡胶隔振器、金属丝网隔振器、金属与橡胶复合隔振器和空气弹簧隔振器等。

（1）金属弹簧隔振器

金属弹簧隔振器是目前国内外应用较广泛的隔振器，它主要由钢丝、钢板、钢条等制造而成，各种金属弹簧隔振器如图 8-8、图 8-9 所示。最常见的是螺旋弹簧和板条式弹簧两种。螺旋弹簧隔振器使用范围较广，可用于各类风机、球磨机、破碎机和压力机等；板条式弹簧隔振器只在一个方向上有隔振作用，多用于火车、汽车的车体减振和只有垂直冲击的锻锤基础隔振。

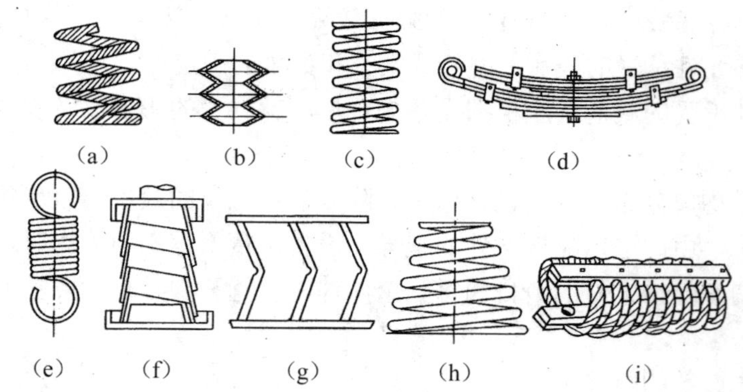

（a）金属螺旋弹簧；（b）金属蝶形弹簧；（c）螺旋柱簧；（d）板簧；（e）拉簧；（f）螺旋板簧；（g）折板簧；（h）螺旋锥簧；（i）不锈钢钢丝绳弹簧

图 8-8　各种金属弹簧隔振器

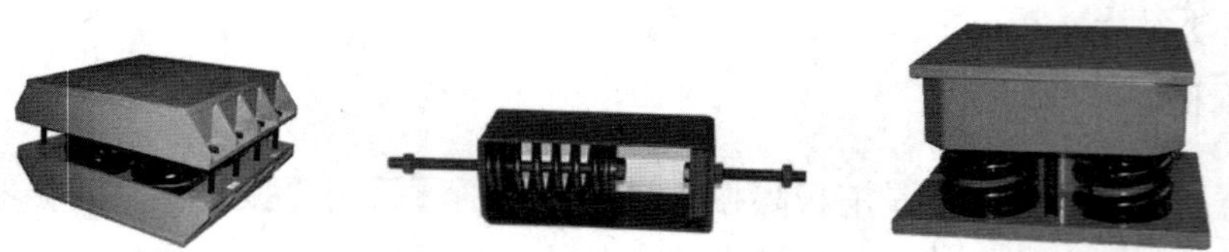

图 8-9　金属弹簧隔振器产品

金属弹簧隔振器的优点：低频隔振效果好，适用频率为 1.5～5 Hz；力学性能稳定，弹簧的动刚度、静刚度的计算值与实测值基本一致，误差一般小于 5%；可承受较大负载，而且在受到长期大载荷作用也不产生松弛现象；适用范围广，耐高温、耐低温、耐油、耐腐蚀、不老化、寿命长；适应性强，能适用于不同要求的弹性支撑系统，既可制成压缩型又可制成悬吊型。

金属弹簧隔振器的缺点：阻尼性能较差，容易传递高频振动，在运转时易产生共振，从而使设备产生摇摆，因此，有些金属弹簧隔振器专门作了阻尼处理；高频隔振效果差，在使用中往往要在弹簧和基础之间加橡胶、毛毡等内阻较大的垫片，以及内插杆和弹簧盖等稳定装置，使高频隔振性能有较大改善。

（2）橡胶隔振器

在实际工程中应用最多的是橡胶隔振器，它具有持久的高弹性和优良的隔冲、隔振性能。这类隔振器是由硬度适合的橡胶材料制成的，其形状、面积和高度应设计合理。这类隔振器可以在垂直、水平和旋转三个方向上隔振，劲度具有较宽的范围可供选择。根据受力情况和变形情况不同，橡胶隔振器可分为压缩型、剪切型和复合型三大类，其竖向刚度与横向刚度的比值分别为 4.5、0.2 及任意设计。图 8-10、图 8-11 为各种橡胶隔振器的结构形状示意图。目前，国内生产的橡胶隔振器一般用丁腈、氯丁或丁基合成橡胶制造，动态系数为 1.4～2.8，阻尼比值为 0.20～0.075。一般适合用于中小型设备和仪器的隔振，适用频率范围是 4～15 Hz。

橡胶减振器的优点：安装使用方便，形状可自由选定，可有效地利用有限空间，发挥最大隔振效果；阻尼大，吸收机械能量强，尤其是吸收高频能量更为突出；具有持久的高弹性。

橡胶减振器的缺点：受环境温度梯度影响大，容易老化，寿命一般为 3～5 年，因此，需要定期检查和更换。

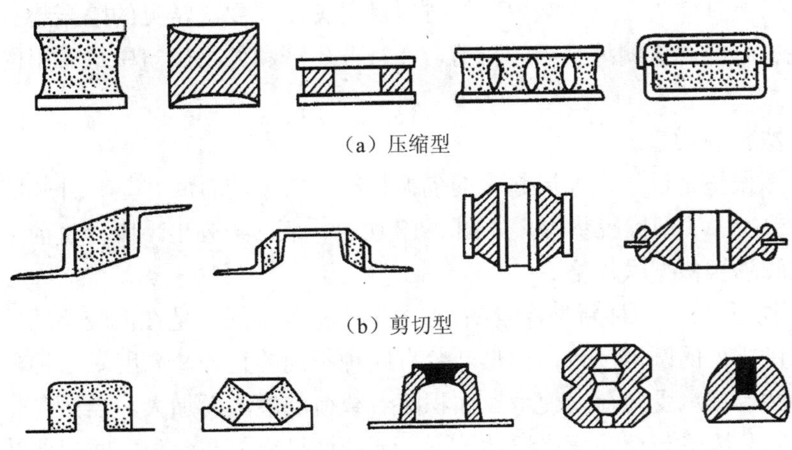

（a）压缩型

（b）剪切型

（c）复合型

图 8-10　各种橡胶隔振器的结构形状示意

图 8-11 橡胶隔振器产品

（3）空气弹簧隔振器

空气弹簧隔振器也称“气垫”。是利用空气在压缩过程中所具有的弹性来隔振的一种装置。其隔振效率高，固有频率低（可在 1 Hz 以下），具有一定的黏性阻尼，对高频及低频振动均可使用。

这种隔振器是在橡胶的空腔内压进一定压力的空气，使其具有一定的弹性，从而实现隔振的目的。空气弹簧隔振器一般附有自动调节机构，每当负荷改变时，可自动调节橡胶腔内的气体压力，使之保持恒定的静态压缩量。空气弹簧隔振器多用于火车、汽车和一些消极隔振的场合。其缺点是需要有压缩气源及一套繁杂的辅助系统，制造工艺复杂，价格昂贵，并且荷重只限于一个方向，故一般工程上较少使用。

2. 隔振垫

利用弹性材料本身的自然特性，置于需要隔振的基座下面，一般没有确定的形状尺寸，可按具体需要进行裁剪、拼排以满足使用需要。常见的隔振垫有软木、毛毡、橡皮、海绵、玻璃纤维等。目前，在行业生产和民用建筑中最常用的是橡胶隔振垫。

（1）橡胶隔振垫

橡胶隔振垫是近年来发展起来的隔振材料，常见的有肋状垫、开孔的镂孔垫、凸台橡胶垫及 WJ 型橡胶垫等，如图 8-12 所示。表 8-4 列出了国内目前生产的几种常用的橡胶隔振垫型号规格。

WJ 型橡胶垫是一种新型橡胶垫，它与平板橡胶不同的是在橡胶垫的一面或两面有纵横交错排列的圆形凸台，圆形凸台有四种不同的直径和高度。这种橡胶垫靠四种交叉的凸台来承受负荷，使承压面积随着载荷的增大而加大。当凸台受压时，隔振垫中层部分因受载荷而变成弯曲波形。振动通过交叉凸台和中间弯曲波来传递，通过传播距离的增大，能较好地分散并吸收任意方向的振动，更有效地发挥橡胶的弹性。

橡胶隔振垫的优点：隔冲、隔振性能好；由于橡胶隔振垫与其接触的表面有相当大的摩擦力，因此，安装基座下面时，一般不需要固定，易于制造安装；通用性强，价格低廉。

橡胶隔振垫的缺点：与橡胶隔振器一样，易受温度、湿度等环境条件的影响，易老化、易松弛，寿命一般为3～5年，在隔绝空气接触的情况下，寿命可达10年；橡胶隔振垫的适用频率范围为10～15 Hz。

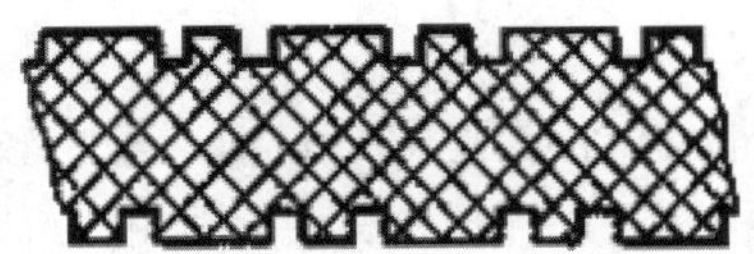

（a）间隔的小圆台（WJ型）

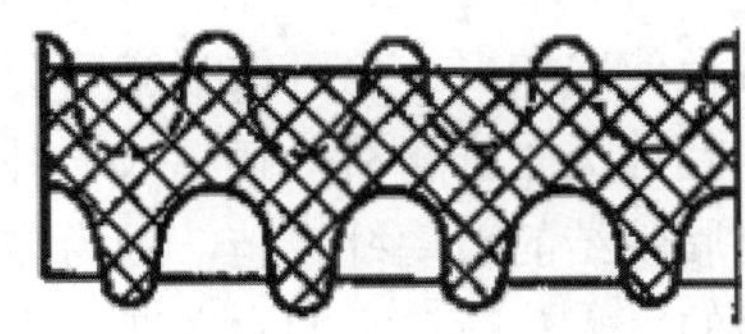

（b）间隔的凹凸圆台（JD型）

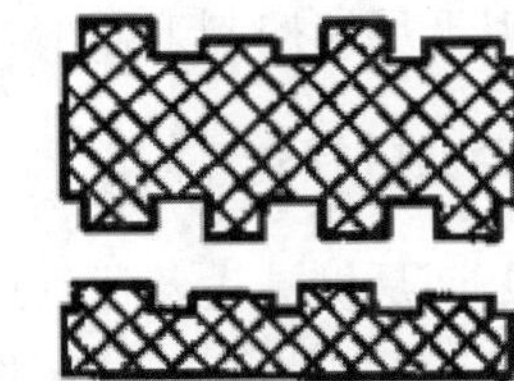

（c）圆弧沟（SD-1型）

（d）间隔的小圆台（STB-1型）

图 8-12　橡胶垫常见形式

表 8-4　国内几种常用的橡胶隔振垫型号规格

型　号	截面形状	载荷范围/MPa	频率范围/Hz
JD1-1	双面凹球坑	0.14～0.35	15.5～22
JD1-2	加小凸球台	0.28～0.63	15.5～22
WJ、XD1	双面凸圆柱台	0.3～0.9	13.8～17.5
STB-1 标准型	双面凸圆柱台	0.15～0.5	8～13
STB-1 机械型及管道型	单面凸圆柱台	0.05	11
SD	双面长凹圆柱沟	0.05～0.8	10.6～16.1

（2）软木

软木是一种传统的隔振材料，它与天然软木不同，它是用天然软木经高温、高压、蒸汽烘干和压缩而成的板状物和块状物。软木具有一定的弹性，但与天然软木、橡胶等其他弹性材料不同。软木的静态压缩量中有一部分属于永久变形，而非弹性变形。软木的压缩性能取决于软木的弹性和孔隙率。固有频率随密度增大而提高，反之下降。对于载荷不大，频率又低的振源，由于其压缩性很小，故不宜使用。在工程实践中，常把软木切成小块，均匀布置在机器机座或混凝土座下面，这样分成小块比整块隔振效果好。

软木的优点是质量轻、耐腐蚀、保温性能好、加工方便等，但在用软木作机器隔振材料时，要有排水设施，否则，软木被水浸湿易腐烂变形，使刚度发生变化，隔振性能变坏或失效。

（3）毛毡

对于载荷很小，隔振要求不太高的场合，用毛毡隔振既方便又经济。用 1.3～2.5 cm 厚的软毛毡制成块状或条状垫层，对隔离高频振动有较好效果，在精密仪器设备上使用较多，也可作为穿墙套管来隔振。

毛毡类隔振材料，包括玻璃纤维毡、矿渣棉毡和各类毡等。目前，使用较多的是树脂胶结的玻璃纤维毡，因为这种材料有良好的阻尼性质，即使附加的负荷超出常用的最大负荷，它的永久变形也很小，在移去负荷后，几乎可以立即恢复原状。毛毡耐化学侵蚀、不怕潮湿、不易燃烧、在较大的温度变化范围内性能稳定，因而被广泛应用于噪声控制工程中。

3. 管道柔性接管

管道振动是机械设备运行过程中常有的。管道强烈振动，不仅会导致管道和支架疲劳损坏，引起相连的建筑物振动，还会辐射强烈的噪声。此外，当机械设备的基础采取了隔振措施后，设备本身相对地增加了颤动，与设备相连的管道便会在原来振动的基础上增加震颤，因此，对管道进行隔振处理是不可忽视的。

在设备的进出管道上安装柔性接管是防止振动从管道传递出去的必要措施，柔性接管又称为补偿接管或软接头或避振喉。柔性接管广泛应用于给排水、暖通空调、消防、压缩机等管道系统的隔振。根据设备和要求的不同，所用的材料和做法大体可分为如下三大类。

（1）帆布软接管

帆布软接管常用在风机与风管的连接处，长度一般取 200～300 mm。实践证明，这种软连接对降低风机沿管道传递的振动是有效的。

（2）橡胶软接管

橡胶软接管一般用于温度在 100℃以下，压力在 2.0 MPa 以下的液体或气体传输管道中，如水泵的进出管道，罗茨风机的进出管道，空压机、真空泵的进气管道以及冷凝器循环管道，化学品防腐管道等。实践证明，橡胶软接管可大幅度降低振动在管道中的传递和有效地隔离和降低管道噪声，不仅如此，由于橡胶软接管的隔振作用，对改善机械设备的运行工况，保证设备安全生产，有效地隔离和降低管道噪声，减弱噪声污染以及减弱建筑结构共振等都大有好处。

（3）不锈钢波纹管

不锈钢波纹管一般用于温度高于 100℃，而又有一定的压力，或者管道内是氨或氟利昂的低温冷冻管道，一般不能用橡胶软管连接的环境条件下，如柴油机出口、空压机出口以及真空泵出口管道、冷冻机冷冻管道等。它是由不锈钢薄板制成波纹形管道，两端焊上不锈钢法兰而制成的，一般有两种类型：一类是波纹管外包一层金属丝网套，管内设有导向管，其允许压力较高；另一类是波纹管外不包网套，其允许工作压力一般为 $0.15\frac{l}{D}$ MPa（l 为波纹管长度，D 为波纹管外径），波纹管的长度由用户自定。

不锈钢波纹管的特点是性能稳定、耐腐蚀、寿命长，但价格较高，一般需按具体要求定制。

4. 其他隔振元件

（1）弹性管道支承：用于管道下部的支承。

（2）高弹性橡胶联轴器：代替刚性联轴器。

（3）油阻力器：与隔振器并联以增加系统的支承阻力。

（4）动力吸振器：在机械设备上的一个附加振动系统，以降低干扰频率激发产生的振动。

（5）吊式隔振器：用于管道和隔声结构悬吊的场合。

（6）防振沟：在机器周围振动波传播的路径上挖一定深度的沟，隔振沟越深、越宽，效果越好，沟内可填充锯末、膨胀珍珠岩或浇灌沥青。

（7）包装隔振：用于货物（器皿、设备或材料）的装卸和运输过程。

（二）隔振元件的选择

隔振效果的好坏，都是通过隔振元件的实施来实现的，因此，正确地设计隔振系统，合理选用隔振元件，就显得尤为重要。这里只讨论隔振器和隔振垫的选择问题，对于其他隔振元件的选择，可参见相关的产品介绍。

1. 频率范围

为了获得良好的隔振效果，隔振系统的固有频率与相应的扰动频率之比应小于 $1:\sqrt{2}$，一般推荐值为 1∶2.5～1∶4.5，保证传振系数 $T<1$，工作在隔振区域内。机器实际振动时往往含有多种频率，在选择隔振器时，应考虑将其低频振动充分地予以减弱，则高频振动会被隔振器在更大的程度上减弱。一般情况下，当固有频率 f_0 为 0.5～2 Hz 时，可选用金属弹簧隔振器或空气隔振器；当 f_0 为 2～10 Hz 时，可选用金属弹簧隔振器、橡胶隔振器、复合隔振器、海绵橡胶或泡沫塑料等；当 $f_0 \geqslant$ 20～30 Hz 时，可选用毛毡、软木、橡胶隔振垫以及某些较硬的橡胶隔振器、金属丝网隔振器等。

2. 静载荷和动载荷

对于隔振效果来讲，每一个隔振器或隔振垫的载荷是否合适是一个非常重要的因素。一般应使隔振元件所受到的静载荷为允许载荷的 90%左右；静载荷和动载荷之和不超过其最大允许载荷。对于隔振垫，允许载荷或推荐载荷是指单位面积的载荷，因此，隔振垫的总载荷与其使用面积有关。

另外，各个隔振器所受的载荷力求均匀，以便采用相同型号的隔振器，对于隔振垫，则要求各个部分的单位面积的载荷基本一致，在任何情况下，实际载荷不能超过其最大允许载荷。

当各支承点的载荷相差较大而无法分布均匀时，可以采用不同型号的隔振器，应力求它们的载荷在各自的允许载荷范围内，而且力求它们的静变形一致。一般情况下，在同一设备上选用的隔振器型号不超过两种，隔振元件的数量取 4～6 个为宜。

3. 使用寿命

隔振器或隔振垫的使用寿命差别很大。钢弹簧寿命最长，橡胶一般为 4～6 年，软木为 10～30 年。超过年限，一般应考虑予以更换。

4. 使用的环境条件

隔振元器件安装场所的温度、湿度、腐蚀、压力等环境条件，会直接影响隔振元器件的使用寿命以及隔振效果。另外，对隔振元器件的重量、尺寸、结构以及价格等因素，应做全面的综合性考虑。

第二节　阻尼减振技术

车辆、船舶、飞机等交通工具的壳体，机器的护壁、风机的壳体以及使用金属板料制造的隔声罩、声屏障、通风管道等，为了减轻结构的重量都日趋轻薄，薄板受外力作用时将会弯曲振动，辐射出强烈的噪声。这些薄板结构受力所产生的噪声称为结构噪声。为了有效地抑制结构噪声，应尽量减少其噪声辐射面积，去掉不必要的金属板面，同时，在薄板表面紧贴或涂敷一层或几层内摩擦大的材料，也是抑制结构振动、减少噪声的有效措施，这种方法称为阻尼减振，这类材料称为阻尼材料。

一、阻尼减振原理

（一）原理

阻尼是指阻碍物体的相对运动，并把运动能量转变为热能的一种作用。一般金属材料，如钢、铅、铜等的固有阻尼都很小，所以，常用外加阻尼材料的方法来增加其阻尼。阻尼材料是具有较大内损耗、内摩擦的材料，如沥青、软橡胶以及其他一些高分子涂料。

采取阻尼措施之所以能够降低噪声，主要是由于阻尼可使沿结构传递的振动能量衰减，还可减弱共振频率附近的振动，因而能减弱金属板弯曲振动的强度。即当机器或薄板发生弯曲振动时，其能量迅速传递给紧密贴涂在薄板上的阻尼材料，于是引起薄板和阻尼材料之间的相互摩擦和错动，阻尼材料时而被拉伸，时而被压缩，由于阻尼材料的内损耗、内摩擦大，使金属板振动能量有相当一部分转化为热能而消耗掉，从而减弱薄板的弯曲振动。同时，阻尼可缩短薄板被激振的振动时间。比如不加阻尼材料的金属薄板受撞击后，要振动 2 秒钟才会停止，而涂上阻尼材料的金属薄板受同样大小的撞击力，其振动时间要缩短很多，也可能只要 0.1 秒就停止了。金属薄板上涂贴阻尼材料可缩短激振后的振动时间，从而也就降低了金属薄板辐射噪声的能量，达到控制噪声的目的。

（二）损耗因数

表征阻尼性能最常用的量是损耗因数，用η表示，定义为薄板振动时每周期时间内损耗的能量 E 与系统的最大弹性势能 E_{p}之比除以 2π。它表征了薄板结构振动时，单位时间振动能量转变为热能的大小，η 越大，其阻尼特性越好。计算公式可用下式表示。

$$\eta=\frac{E}{2\pi E_{\mathrm{p}}} \tag{8-11}$$

板受迫振动的位移和振速分别为：$y=y_0\cos(\omega t+\varphi)$ （8-12）

$$u=\frac{\mathrm{d}y}{\mathrm{d}t}=-\omega y_0\sin(\omega t+\varphi) \tag{8-13}$$

阻尼力在位移 dy 上所消耗的能量为：

$$\delta u\mathrm{d}y=\delta u\frac{\mathrm{d}y}{\mathrm{d}t}\mathrm{d}t=\delta u^2\mathrm{d}t=\delta\omega^2 {y_0}^2\sin^2(\omega t+\varphi) \tag{8-14}$$

阻尼力在一个周期内损耗的能量为：

$$E=\delta\omega y_0^2\int_0^{2\pi}\sin^2(\omega t+\varphi)\mathrm{d}\omega t=\pi\delta\omega y_0^2 \tag{8-15}$$

系统的最大势能为：

$$E_p = \frac{1}{2}ky_0^2 \tag{8-16}$$

将式（8-15）及式（8-16）代入式（8-11）整理得：

$$\eta = \frac{\omega\delta}{k} = 2\xi\frac{f}{f_0} \tag{8-17}$$

可以看出损耗因数除与材料的临界阻尼系数有关外，还与系统的固有频率及激振力频率有关，对于同一系统而言，激振力频率 f 越高，损耗因数就越大，即阻尼效果就越好。材料的损耗因数可通过实际测量求得，常用的方法有频率响应法和混响法两种。

不同材料有不同的内阻尼。大多数材料在常温下，在噪声干扰的主要频率（30～500 Hz）范围内损耗因数接近常数，所以，用损耗因数一个数值就可以表示材料的阻尼性能。大多数材料的损耗因数在 10^{-5}～10^{-1}，其中软橡胶为 10^{-2}～10^{-1}，木材为 10^{-2}，金属为 10^{-5}～10^{-4}。表 8-5 列出了一些材料的损耗因数。

表 8-5　室温下声频范围内的几种材料的损耗因数

材　料	损耗因数	材　料	损耗因数
铝	10^{-3}	砖	（1～2）$\times10^{-2}$
铜	2×10^{-3}	石块	（5～7）$\times10^{-3}$
钢（铁）	（1～6）$\times10^{-4}$	木	（0.8～1）$\times10^{-2}$
锡	2×10^{-3}	胶合板	（1～1.3）$\times10^{-2}$
锌	3×10^{-4}	木纤维板	（1～3）$\times10^{-2}$
镁	10^{-4}	干砂	0.6～0.12
铅	（0.5～2）$\times10^{-3}$	软木	0.13～0.17
玻璃	（0.6～2）$\times10^{-3}$	有机玻璃	（2～4）$\times10^{-2}$

二、阻尼材料

阻尼材料要求有较高的损耗因数，同时有较好的黏结性能，而且在某些特殊环境中使用时要求具有防火、防水、防潮、防油、防腐等性能。目前，阻尼材料分为阻尼涂料和阻尼板材两大类。

（一）阻尼涂料

常用的阻尼材料有沥青、软橡胶和阻尼浆。阻尼浆由多种高分子材料配合而成。阻尼材料可外购，也可由用户自己配制。配制的阻尼材料主要由基料、填料、溶剂三部分组成。

1. 基料

基料是阻尼材料的主要成分，其作用使构成阻尼材料的各种成分进行黏合并黏结金属板。基料性能的好坏对阻尼效果起决定作用，因此，要求有较好的黏结性，在强烈振动下不脱落、不老化，并能适应一些特殊环境如高温、高湿、腐蚀性等场合。常用的基料有沥青基、橡胶基和树脂基等。

2. 填料

填料的作用是增加阻尼材料的内损耗能力和减少基料的用量以降低成本。常用的有膨胀珍珠岩、石棉绒、石墨、碳酸钙和硅石等。一般情况下，填料占阻尼材料的30%～60%。

3. 溶剂

溶剂的作用是溶解基料并防止涂料干裂，常见的溶剂有汽油、乙酸乙酯和乙酸丁酯等。

表8-6为国内几种常见的阻尼涂料的性能，表8-7为几种典型的阻尼浆配比。

表8-6 几种国产阻尼材料

阻尼材料	厚度/mm	损耗因数
石棉漆	3	3.5×10^{-2}
硅石阻尼浆	4	1.4×10^{-2}
石棉沥青漆	2.5	1.1×10^{-2}
软木纸板	1.5	3.1×10^{-2}

表8-7 几种典型的阻尼浆配比

名称	成分和重量百分比/%
厚白漆软木阻尼浆	厚白漆20，光油13，生石膏23，软木粉13，松香水4，水27
沥青阻尼浆	沥青57，胺焦油23.5，熟柚油4，蓖麻油1.5，石棉绒14，汽油适量
防振隔热阻尼浆	30%氯丁橡胶60，420环氧树脂2，胡麻油醇酸树脂4，膨胀珍珠岩8，0.3～1 mm细膨胀蛭石10，1～5 mm膨胀蛭石8，石棉粉6，2%萘酸钴液0.6，15%萘酸铅液0.8，萘酸锰液0.6
沥青-石棉阻尼浆	沥青35，石棉50，桐油、亚麻油15

（二）阻尼板材

阻尼板材是具有足够强度和刚度的高阻尼合金，具有良好的减振功能，并能作为结构材料使用。它能通过内耗将振动能转化为其他形式的能量消耗。因此，阻尼合金作为一个新兴的功能材料领域，将会有广阔的应用前景。

阻尼减振合金按振动衰减机理可分为复合型、超塑性型、铁磁性型、位错型、位错-孪晶型和孪晶型六种。复合型阻尼减振合金主要为Fe-C-Si系合金。随着温度的升高，其阻尼性能明显提高，可在高温下使用；超塑性型阻尼减振合金主要为Al-Zn系合金，其特点主要有比重小、强度高，在微小的振动中就能保持高的减振能力，因此，该系阻尼合金受到材料界和工程界的重视；属于铁磁型阻尼减振合金的典型合金有铁系合金（Fe-Cr-Al、Fe-Cr-Mo）、镍钴合金等，其成本低，且耐蚀性和耐磨损性较好；位错型阻尼减振合金的典型合金为Mg-Zr合金，这类合金的特点是比重小，比强度高，能承受大的冲击载荷，耐蚀性较差（只对某些有机物的耐蚀性好，如苯、碱类等），多应用于航空领域，但不经济；位错-孪晶型阻尼减振合金主要有MCM合金（0.5%～0.7%Cu、0.1%～3%Mn，其余为Mg）和MT合金（含Ti的镁合金），该合金研究得不多，阻尼机制正在研究中；孪晶型阻尼减振合金主要为Cu-Mn系合金，这种类型阻尼减振合金通常温度特性差，衰减特性只能维持到100℃左右，其使用温度低于80℃。但是其衰减较大，而且受应变振幅影响小，应用较为普遍。

高性能的阻尼减振合金在航空、航天和航海领域中有着不可替代的作用。另外，还能用于工业、汽车、建筑、家电等行业，对降低环境噪声，改善人们的生活环境有着重要的作用。因此，阻尼减振合金的应用领域将会越来越大。

在应用过程中由于各种材料的机械性能、使用条件不尽相同，甚至同一类型由于组成不同而具有各自的性质。阻尼板材可作为结构材料代替其他材料直接使用，也可制成阻尼层粘贴在振动机件金属薄板上。在应用时要根据阻尼板材的特点，并结合使用环境及隔振要求进行综合考虑，选择适合的材料，以期达到最佳应用效果。

三、阻尼减振措施

为了得到满意的减振降噪效果，正确使用阻尼材料是非常重要的。有的阻尼材料已预制成薄层，可直接用胶黏剂贴在金属板上，另外还有将阻尼材料喷涂在金属板面上，阻尼涂层与金属板面结合的方法有自由阻尼结构和约束阻尼结构两种形式。

（一）阻尼减振的结构

1. 自由阻尼结构

将一定厚度的阻尼材料黏合或喷涂在金属板的一面或两面形成自由阻尼层结构。金属薄板为基层板，阻尼材料形成阻尼层，如图8-13所示。当板受振动弯曲变形时，板和阻尼层都允许有压缩和延伸的变形，阻尼层将损耗较大的振动能量，从而使振动减弱。自由阻尼振动系统损耗因数与阻尼材料的损耗因数、基板和阻尼材料的弹性模量比、厚度等有关。当阻尼材料的弹性模量比较小时，自由阻尼结构的损耗因数可以表示为：

$$\eta = 14\eta_2 \frac{E_2}{E_1}\left(\frac{d_2}{d_1}\right)^2 \tag{8-18}$$

式中，η_2—— 阻尼材料的损耗因数；

E_1，E_2—— 基板、阻尼材料的弹性模量；

d_1，d_2—— 基板、阻尼材料的厚度。

对于多数情况，E_2/E_1 的数量级为 10^{-4}～10^{-1}，只有较大的厚度比才能达到较高的阻尼。通常取厚度比为 2～3 时，复合自由阻尼层的损耗因数可以达到阻尼材料的损耗因数的 0.4 倍。因此，为保证自由阻尼层有较好的阻尼特性，就要有较大的厚度，造成材料的浪费，这也是自由阻尼的缺点。因此，自由阻尼结构减振降噪措施一般仅适用于降低薄板的振动与发声。

自由阻尼结构的特点是涂层工艺简单，取材方便，但阻尼层较厚，外观不够理想。

2. 约束阻尼结构

约束阻尼结构是将阻尼层牢固地粘贴在基层金属板上后，再在阻尼层上部牢固地贴上一层刚度较大的起约束作用的金属板，如图 8-13 所示。当结构基层板受振动而弯曲变形时，约束层相应地弯曲并与基层板保持平行，它的长度几乎不变。此时，阻尼层受到上下两个板面的约束，上层拉伸，下层压缩，即相当于基层板和约束层产生移滑运动，因而产生剪切力（产生剪切变形）而消耗振动能量。约束阻尼层复合结构的损耗因数可用下式表示：

$$\eta = \frac{3E_3\eta_3}{E_1\eta_1}\eta_2 \tag{8-19}$$

式中，E_3，η_3—— 分别为约束板的弹性模量和损耗因数。

在实际使用中，基板和约束层的弹性模量相近，复合板的阻尼大小和阻尼厚度无关。如果使用合理，可以使阻尼复合板的损耗因数接近甚至大于阻尼材料的损耗因数，取得较好效果。

约束阻尼结构的特点是施工复杂，造价昂贵，但阻尼减振效果好，一般用于减振要求较高的场合。

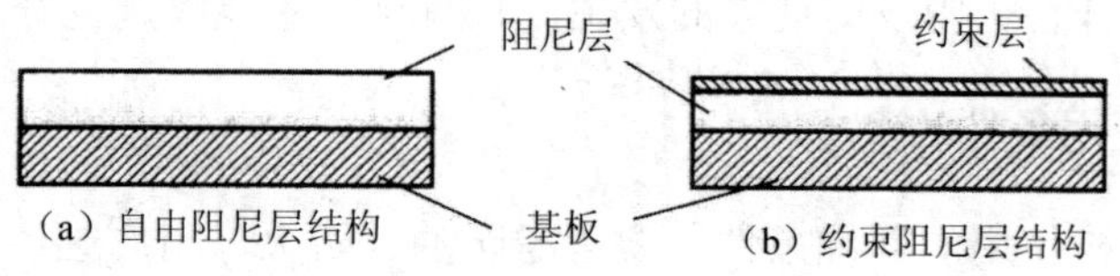

图 8-13 阻尼层结构形式

（二）阻尼减振措施的应用

阻尼减振措施应用非常广泛，它可用于宇航、航空、船舶和铁路运输等各个领域，可有效地抑制金属结构在固有频率上的振动，还能大幅度地降低结构噪声。在实施阻尼措施中，应注意以下几个方面。

1. 阻尼层结构种类的确定

阻尼结构形式不同，它们的运动形式也不同，相应的阻尼减振效果也有差异。在实施阻尼措施过程中，根据金属基层板的性质和振动特点、阻尼减振的要求以及环境条件合理地选用阻尼材料和设计合理的阻尼结构，是取得较好的阻尼减振效果的关键。

2. 阻尼涂层位置的确定

试验表明，用阻尼材料覆盖振动面，如果按振动大小分布涂层比采取均匀涂敷的方法效果会更好。例如，在振动波腹上增加涂层厚度，而波节上不加涂层，效果会更好。因此，比较经济有效的方法是找出振动腹点，对腹点加重涂敷。在涂层位置确定的情况下，可利用累计试法（即多次在不同振动位置试涂），找出振动面的低频共振区域和振动腹点，然后进行重点处理。

3. 阻尼层的厚度

由前面公式可知，阻尼结构的损耗因数与阻尼涂层的厚度有很大关系。在实际应用中，对于自由阻尼结构，阻尼层与基板厚度之比通常取 2～3，即阻尼层厚度取金属板厚度的 2～3 倍。厚度太小，收不到应有的效果，厚度太大，也不适宜。因为当厚度超过一定值后，其阻尼效果增加不显著，还会浪费材料。对于约束阻尼结构，其厚度则与材料特性、构件厚度等多种因素有关，应根据具体情况具体分析，综合考虑。

4. 涂敷的要求

在对金属板进行阻尼处理前，首先要进行清污，确保阻尼层与基层板能够牢固黏结；在涂敷过程中，应仔细涂敷，为保证涂层的一定厚度可分层涂刷，每次涂刷不宜过厚，待干透后再涂敷第二层，以保证有足够的黏合性和减振性能，切勿形成“两层皮”，避免开裂、脱皮等现象的发生，只有这样才能收到良好的效果。

5. 环境和使用条件的考虑

根据阻尼结构使用的环境条件，要考虑防油、防火、耐腐蚀、隔热保温等方面的性能。可以通过在材料中加入一定添加剂来满足相应的需要。

思考题与习题

1. 振动有哪些危害？
2. 什么是隔振？简述隔振原理。
3. 简述固有频率、频率比与隔振系统隔振效果的关系。
4. 简述常见的隔振元件，并说明各自特点以及适用情况。
5. 如何选择隔振元件？
6. 什么是阻尼减振？简述阻尼的原理。
7. 配制阻尼涂料由哪几部分组成，各组成部分有何作用？
8. 阻尼减振结构有哪两种形式，各有何特点，二者有何区别？
9. 在实施阻尼减振处理时应注意哪些事项？
10. 车辆运行过程中，为什么空载时比满载时振动大？
11. 质量为 500 kg 的机器支承在劲度 k=900 N/cm 的钢弹簧上，机器转速为 3 000 r/min，因转动不平衡而产生 1 000 N 的干扰力。该系统的阻尼比 ξ=0，试求：传递到基础上的力的幅值是多少？
12. 一台重 6 120 N 的电动机，安装在相同的 6 个隔振器上，每个隔振器垂向刚度为 6×10^4 N/m，电动机转速为 800 r/min，试求：①不计阻尼时，系统的传递率；②阻尼比为 0.004 5 时，系统的传递率；③不计阻尼时，安装 4 个隔振器时，系统的传递率。

第九章 实验实训与噪声控制工程实例

【知识目标】

本章要求了解噪声监测规范及仪器使用方法；熟悉噪声监测和工程测量布点原则及数据处理；理解噪声监测及工程测量评价因子的意义；掌握噪声控制工程方案编制程序及工艺设计要领。

【能力目标】

通过对本章内容的学习与实训，学生能独立完成各类噪声监测任务；参考工程案例，能独立完成噪声控制工程的方案编制工作及一般噪声控制工程的工艺设计工作。

第一节 噪声监测实验

实验一 道路交通噪声的测量

1. 实验目的

（1）掌握道路交通噪声测量条件及布点方法；
（2）掌握声级计的使用方法及道路交通噪声测量方法；
（3）掌握道路交通噪声测量数据的统计方法及评价方法。

2. 实验条件

测量仪器准确度为Ⅱ型及其以上的声级计，其性能符合 GB 3785—83 的要求。测量前后均需使用声级校准器进行校准，要求测量前后校准偏差≤0.5 dB，否则测量无效。

测量应在无雨、无雪的天气条件下进行（要求在有雨、有雪的特殊条件下测量时，应在报告中给出说明），风速大于 5 m/s 时，停止测量。

3. 测点选择

测点必须选择在市区主、次交通干线（车流量大于 100 辆/h）自然路段两路口之间，测点距任一路口距离大于 50 m，长度不足 100 m 的路段，测点设于路段的中间。传声器位于马路一边的人行道上距路面（含慢车道）20 cm 处，距地面高度 1.2 m，垂直指向路面中心线，手持（手持时传声器应距离身体 0.5 m 以上）或用三脚架固定声级计。

4. 实验步骤

（1）仪器准备及校准

准备好符合测量要求的声级计，打开电源待读数稳定后，用校准器校准仪器。

使用活塞发声器进行校准时，声级计计权开关应置于“线性”或“C”计权位置。把活塞发生器紧密套入电容传声器的头部，推开活塞发生器的电源开关，发出 124 dB 声压级的声音。调节声级计的“校准”电位器，使其读数刚好是 124 dB。

使用声级校准器进行校准时，声级计可以置于任意计权开关位置。把声级校准器套入电容传声器头部，调节声级计“校准”电位器，使声级计读数刚好是声级校准器产生的声压级，对于 1 inch（ϕ24 mm）外径的自由场响应电容传声器，校准值为 93.6 dB；对于 1/2 inch（ϕ12 mm）外径的自由场响应电容传声器，校准值为 93.8 dB。

（2）噪声测量

在选定的测点上进行测量。将声级计“设定—测量”开关置于“测量”位置，“线性—A”计权转换开关置于“A”位置，时间计权开关置于“慢”响应。每 5 s 读取一个瞬时 A 声级，连续读取 200 个数据（大约 17 min）。同步记录 15 min 的车流量。按表 9-1 要求如实填写实验记录。测量结束后，再次校准仪器，检查前后校准误差是否≤0.5 dB，否则应重新测量。

表 9-1　道路交通噪声测量记录表

测点编号		测量人		记录人		测量地点	
仪器型号		测量日期		测量时段		噪源说明	
干线长度		干线宽度		车流量		天气状况	

100																				
200																				
备　注																				

使用积分式声级计或统计分析仪测量时，因其具有连续测量和自动记录、自动分析功能，设定测量时间应为 20 min。测量完毕，记录下仪器所输出的等效声级 L_{eq}，统计声级 L_{10}、L_{50}、L_{90} 和标准偏差 σ。

5. 数据处理与评价

（1）数据处理

测量结果一般用统计噪声级和等效连续 A 声级来表示。将测量的 200 个瞬时 A 声级从大到小排列，找出第 20 个、第 100 个及第 180 个读数的测量值，它们依次为统计声级 L_{10}、L_{50}、L_{90}。

（2）评价方法

① 数据平均法

用等效声级 L_{eq} 和统计声级 L_{10}、L_{50}、L_{90} 的算术平均值、最大值及标准偏差表示该路段的交通噪声水平。采用等时间间隔测量时，测量时段 T 内的等效连续 A 声级可采用下式计算：

$$L_{eq}=10\lg\left[\frac{1}{T}\sum_{i=1}^{n}10^{0.1L_{Ai}}t_i\right] \tag{9-1}$$

或

$$L_{eq}=10\lg\left[\frac{1}{n}\sum_{i=1}^{n}10^{0.1L_{Ai}}\right] \tag{9-2}$$

式中，L_{eq} —— 等效连续 A 声级，dB（A）；

T —— 总的测量时段，s；

L_{Ai} —— 第 i 个 A 计权声级，dB（A）；

t_i —— 采样间隔时间，s；

n —— 测量数据个数。

统计的声级起伏若符合正态分布（必要时作正态概率坐标图验证），也可用下式计算等效声级：

$$L_{eq}\approx L_{50}+\frac{(L_{10}-L_{90})^2}{60} \tag{9-3}$$

式中，L_{eq} —— 等效连续 A 声级，dB（A）；

L_{10} —— 在测量 T 时段内，10%的测量时间所超过的声级，dB（A）；

L_{50} —— 在测量 T 时段内，50%的测量时间所超过的声级，dB（A）；

L_{90} —— 在测量 T 时段内，90%的测量时间所超过的声级，dB（A）。

等效声级的标准偏差可用下式计算：

$$\sigma = \frac{1}{2}\left(L_{16} - L_{84}\right) \tag{9-4}$$

式中，σ —— 等效声级标准偏差；

L_{16} —— 16%的测量时间所超过的声级，dB（A）；

L_{84} —— 84%的测量时间所超过的声级，dB（A）。

把交通干线各路段的等效声级和统计声级分别乘以路段长度，然后求算术平均值。用下式表示：

$$L = \frac{1}{l}\sum L_i l_i \tag{9-5}$$

式中，L —— 全市道路交通噪声平均值，dB（A）；

l —— 全市交通干线的总长度，km；

l_i —— 第 i 段干线的长度，km；

L_i —— 第 i 段干线测得的等效声级或统计声级，dB（A）。

② 图示法

图示法是用噪声污染图表示。如有条件可对全市道路交通噪声进行测量，由各自然路段测得的等效声级加权平均值得出城市交通干线噪声平均值，绘制城市交通噪声污染图。

当用噪声污染图表示时，按 5 dB（A）一个等级，以不同颜色或不同阴影线画出每段马路的噪声值，即得到全市交通噪声污染分布图。

实验二　城市区域环境噪声测量（网格测量法）

1. 实验目的

（1）掌握城市区域环境噪声测量的布点方法；

（2）掌握声级计的使用方法及城市区域环境噪声测量方法；

（3）掌握城市区域环境噪声测量数据的处理方法及评价方法。

2. 实验条件

同交通噪声测量条件。

3. 测点选择

将待测量的城市（或城市某一区域）划分成若干个等大的正方格，网格要覆盖住被测量的区域。每一网格中的工厂、道路及非建成区的面积之和不得大于网格面积的 50%，否则该网格无效。有效网格总数应多于 100 个。

测点布在每一个网格中心，如网格中心不宜测量（如建筑物、污沟、禁区等），应将测点移至距离中心最近的可测量位置进行测量。

4. 测量时间

测量时间一般分为：昼间（06:00～22:00）和夜间（22:00～06:00）两部分。昼间测量一般选在08:00～12:00和14:00～18:00时间内，在此时间内任何时刻测得的噪声，均代表昼间的噪声；夜间测量一般选在22:00～05:00时间内，在此时间内任何时刻测得的噪声，均代表夜间的噪声。

5. 实验步骤

（1）仪器准备及校准

同道路交通噪声测量。

（2）噪声测量

在选定的测点上进行测量。将声级计"设定—测量"开关置于"测量"位置，"线性—A"转换开关置于"A"计权位置，时间计权开关置于"慢"响应。每5 s读取一个瞬时A声级，连续读取200个数据（夜间噪声变化不大时，可用"快"响应连续读取100个数据）。测量结束后，再次校准仪器，检查前后校准误差是否<0.5 dB，否则应重新测量。

使用积分式声级计或统计分析仪测量时，因其具有连续测量和自动记录、自动分析功能，设定测量时间应为20 min。测量完毕，记录下仪器所输出的等效声级L_{eq}，统计声级L_{10}、L_{50}、L_{90}和标准偏差σ。

6. 数据处理与评价

（1）数据处理

根据测量数据计算出各个测点的昼间、夜间的等效连续A声级L_{eq}，统计声级L_{10}、L_{50}、L_{90}和标准偏差σ，昼夜等效声级L_{dn}。L_{eq}、L_{10}、L_{50}、L_{90}的计算参考交通噪声中的计算方法，σ、L_{dn}的计算方法如下：

$$\sigma = \sqrt{\frac{1}{n-1}\sum_{i=1}^{n}\left(\overline{L_A} - L_{Ai}\right)} \tag{9-6}$$

式中，n —— 测量总数；

$\overline{L_A} = \frac{1}{n}\sum_{i=1}^{n} L_{Ai}$ —— 测得的A声级的算术平均值，dB（A）；

L_{Ai} —— 测得的第i个瞬时A声级，dB（A）。

$$L_{dn}=10\lg\frac{1}{24}\left[16\times10^{0.1L_d}+8\times10^{0.1(L_n+10)}\right] \qquad (9\text{-}7)$$

式中，L_d、L_n—— 分别为昼间和夜间的等效连续 A 声级，dB（A）。

（2）评价方法

① 数据平均法

求出全部网点的等效 A 声级 L_{eq}，统计声级 L_{10}、L_{50}、L_{90} 的算术平均值，最大值和标准偏差 σ，用以表示所测城市区域的噪声水平。

② 图示法

测量结果通常以等效 A 声级 L_{eq} 绘出的区域噪声污染图表示。一般按 5 dB（A）一档分级，用不同的颜色或阴影线表示每一档等效 A 声级，绘制在覆盖该城市（或某一区域）的网格上，用以表示该城市（或某一区域）的噪声污染状况。区域噪声污染图可按昼间、夜间和日夜等效 A 声级分别绘制。

测量用记录表，可参照交通噪声测量的记录表自己绘制。

实验三　机械设备噪声频带声压级测量及频谱分析

1. 实验目的

（1）掌握频谱分析仪的使用方法；
（2）掌握机械设备噪声测量布点方法；
（3）掌握机械设备噪声频带声压级测量方法；
（4）掌握频谱分析图的绘制方法。

2. 测点选择

测点数目可视机器设备的大小和发声部位的多少选取 4～8 个测点。外形尺寸小于 0.3 m 的小型机器，测点距设备表面 0.3 m；外形尺寸在 0.3～1 m 的中型机器，测点距设备表面 0.5 m；尺寸＞1 m 的大型机器，测点距设备表面 1 m；特大型或危险性设备，测点可选在较远的位置。中小型设备一般在设备的四个侧面和顶面布点，大型机器设备一般在半高度的四个侧面、顶面及四个顶角布置测点。画出测点布置示意图。

3. 实验步骤

（1）仪器校准

同道路交通噪声的测量。

（2）频带声压级测量

将频谱分析仪的“设定—测量”开关置于“测量”位置，“线性—A”转换开关置于“A”计权位置，时间计权开关置于“快”响应。传声器对准机器设备表面，每个测点读取 3～5 个 A 声级，将每个测点测得的 A 声级进行平均，找出最高声级点。将“线性—A”计权转换开关置于“线性”位置，将中心频率指示灯调至最小中心频率的位置，从低频到高频依次测量频带声压级。

表 9-2　倍频带声压级测量记录表

<table>
<tr><td colspan="2">设备名称</td><td colspan="2"></td><td colspan="2">转　　速</td><td colspan="2"></td><td colspan="2">单位名称</td><td colspan="2"></td></tr>
<tr><td colspan="2">设备型号</td><td colspan="2"></td><td colspan="2">风　　压</td><td colspan="2"></td><td colspan="2">仪器型号</td><td colspan="2"></td></tr>
<tr><td colspan="2">设备功率</td><td colspan="2"></td><td colspan="2">风　　量</td><td colspan="2"></td><td colspan="2">测量日期</td><td colspan="2"></td></tr>
<tr><td colspan="2">绝缘等级</td><td colspan="2"></td><td colspan="2">生产厂家</td><td colspan="2"></td><td colspan="2">测 量 人</td><td colspan="2"></td></tr>
<tr><td colspan="2">设备及噪声测量布点示意图</td><td colspan="10"></td></tr>
<tr><td colspan="2">中心频率/Hz</td><td>63</td><td>125</td><td>250</td><td>500</td><td>1 000</td><td>2 000</td><td>4 000</td><td>8 000</td><td>A</td><td>C</td></tr>
<tr><td rowspan="5">频带声压级/dB</td><td>测点 1</td><td></td><td></td><td></td><td></td><td></td><td></td><td></td><td></td><td></td><td></td></tr>
<tr><td>测点 2</td><td></td><td></td><td></td><td></td><td></td><td></td><td></td><td></td><td></td><td></td></tr>
<tr><td>测点 3</td><td></td><td></td><td></td><td></td><td></td><td></td><td></td><td></td><td></td><td></td></tr>
<tr><td>测点 4</td><td></td><td></td><td></td><td></td><td></td><td></td><td></td><td></td><td></td><td></td></tr>
<tr><td>测点 5</td><td></td><td></td><td></td><td></td><td></td><td></td><td></td><td></td><td></td><td></td></tr>
<tr><td colspan="2">备　　注</td><td colspan="10"></td></tr>
</table>

4. 数据记录与分析

（1）将所测量的 A、C 声级和频带声压级数据记录在表 9-2 中。

（2）以中心频率为横坐标，频带声压级为纵坐标，绘制频谱图，分析该机械设备的噪声频率特性。

实验四　驻波管法测量材料吸声系数

1. 实验目的

（1）了解人耳的听觉频率范围以及增强对垂直入射吸声系数的理解；

（2）熟悉驻波管法测量材料吸声系数的原理及实验装置；

（3）掌握驻波管法测量材料吸声系数的方法。

2. 实验条件

驻波管采用截面面积均匀的圆形或正方形管，管壁以密实且刚硬的材料制成，内表面平滑，且无微细缝隙。长度与圆截面内径或方截面边长的比值，宜在 10～15 范围内。

声源系统由声频信号发生器、功率放大器、扬声器等部分组成。扬声器装在与驻波管相连通的箱体内，箱体的壁面用厚实材料制成，壁面与扬声器间衬垫隔振材料，箱体内填充吸声材料。扬声器以纯音信号激发，信号频率采用 1/3 倍频程系列的中心频率。在测试期间，纯音信号的幅值和频率应保持稳定。

探测器主体为可移动传声器，在管内装置部分的截面积总和，不大于驻波管截面积的 5%，除受声面外，必须隔离一切与外部相通的传声通道，受声面与驻波管轴线互相垂直。探测器附有标尺或传动读数装置，传声器部分必须采取隔振措施，并保证在移动探测器过程中不会与驻波管管壁或扬声器作刚性接触。

输出的指示装置由信号放大器、衰减器、滤波器和指示器等部分所组成。接收信号自探测器反馈输送至输出指示装置的电缆，采用屏蔽电缆。在测试期间，信号放大器的工作状态保持稳定。指示器附有读数装置，并能精确测量接收信号相对比值或相应的级差，指示器的指示应随接收信号的变化迅速地变化，采用声级计指示并读数时，一般不宜用“慢档”测量。

3. 实验要求

试件从待测吸声材料中随机取样，同一批材料至少应制备三个试件，试件截面的形状和面积与驻波管截面相同。试件的表面平整，对于松散材料，用透声装置护面，其透声面积应占总面积的 30%以上。试件可靠地固定在驻波管内，侧面紧贴管壁，但不应受挤压而使其变形。必要时试件的侧面与管壁间的缝隙采取适当的密封措施。

4. 实验原理

驻波管的一端放置被测材料，用声频信号发生器带动扬声器，从驻波管的另一端向管内辐射平面波。声波以垂直入射的方式入射到材料表面，一部分被材料吸收，一部分被反射，反射波与入射波在管中叠加产生驻波，形成沿驻波管长度方向声压极大值（波腹）与极小值（波节）的交替分布。利用可移动的探管接收管中驻波声场的声压，即可通过测试仪器测出声压级极大值与极小值，求得声压级极大值与极小值的比值，根据下面的计算公式计算垂直入射吸声系数。

$$n=\frac{p_{max}}{p_{min}} \tag{9-8}$$

式中，n—— 驻波比；

p_{max}—— 声压最大值，Pa；

p_{min}—— 声压最小值，Pa。

由驻波比 n 利用下式计算出声压反射系数 γ：

$$\gamma=\frac{n-1}{n+1} \tag{9-9}$$

式中，γ —— 声压反射系数；

n—— 驻波比。

利用下式计算垂直入射吸声系数 α_0：

$$\alpha_0=1-|\gamma|^2=\frac{4n}{(n+1)^2} \tag{9-10}$$

式中，α_0—— 垂直入射吸声系数。

也可以通过声压级极大值与极小值的差值，利用下式计算吸声系数：

$$\alpha_0=\frac{4\times10^{(L_p/20)}}{\left[1+10^{(L_p/20)}\right]^2} \tag{9-11}$$

5. 实验装置

设备由驻波管、声源系统、探测器及输出指示装置等部分所组成，如图 9-1 所示。取一根内壁光滑而坚硬的刚性管（圆管或方管），管截面尺寸 d（圆管的直径或方管的边长）小于最高测试频率相应波长的 1/2，即：

$$d\leqslant\frac{\lambda}{2}=\frac{c}{2f_{max}} \tag{9-12}$$

式中，d—— 驻波管的截面尺寸，m；

λ—— 入射声波的波长，m；

c—— 声速，340 m/s；

f_{max}—— 入射声波的最大频率，Hz。

管子的长度大于最低测试频率相对应波长的 1/2，即：

$$l\geqslant\frac{\lambda}{2}=\frac{c}{2f_{min}} \tag{9-13}$$

式中，l—— 驻波管的长度，m；

λ—— 入射声波的波长，m；

c —— 声速，340 m/s；

f_{min} —— 入射声波的最小频率，Hz。

6. 实验步骤

（1）检查实验装置，调整信号发生器使其发出的单频信号频率到指定的数值，调节信号发生器的输出得到适宜的音量。

（2）移动小车使传声器到除极小值以外的任一位置，改变接收滤波器通带的中心频率，读取测试仪器最大读数，使接收滤波器通带的中心频率与管中实际声波频率准确一致。

（3）将探管移动到试件的表面，再慢慢移开，找出一个声压级极大值，改变测量放大器的增益，使测试仪器表头的指针正好处在满刻度的位置，找出相邻的第一个声压级极小值。

（4）调整信号发生器到其他测试频率，重复以上实验过程，得到各相应测试频率的实验数据。

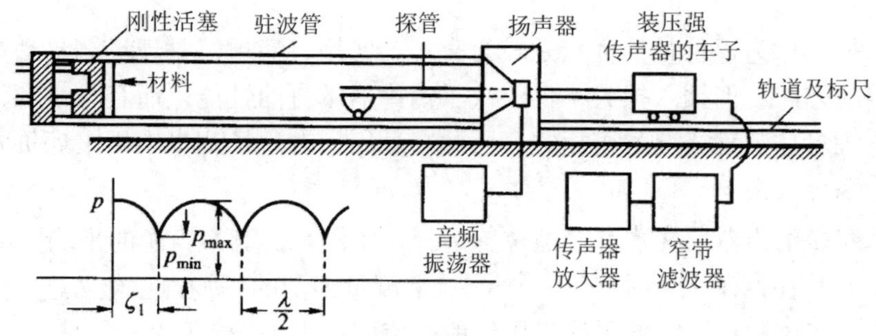

图 9-1　驻波管法测量材料吸声系数装置图

7. 数据记录与处理

（1）数据记录

记录测量数据，同时记录被测材料的名称、厚度、密度等参数，以及试件安装情况等实验条件。

（2）结果处理

测试结果以表格和曲线图形式表示，注明测试的各 1/3 倍频带中心频率的声压级极大值与极小值，以及对应的吸声系数。曲线图以吸声系数为纵坐标，坐标范围从 0 到 1.0，间隔取 0.2。以中心频率为横坐标，取 1/3 倍频带的中心频率。

实验五　消声器插入损失测量及消声性能评价

1. 实验目的

（1）了解插入损失法评价消声器消声性能的基本原理；
（2）熟悉声压级的测量方法；
（3）掌握插入损失法评价消声器消声性能的方法。

2. 实验条件和要求

选择风机及与之相匹配的消声器为实验器材。选用II型及其以上的频谱分析仪，测量时将频谱分析仪固定在支架上，测量前后对声级计进行校准。尽量避免环境噪声的干扰，噪源周围 2 m 以内不得有反射物，测点处的背景噪声级至少比测量值低 10 dB。

3. 实验原理

插入损失作为评价量的优点是较为直观、实用、简单，是现场测量消声器消声量最常用的方法。但插入损失不仅取决于消声器本身的性能，而且与声源、末端负载以及系统总体装置情况紧密相关，因此，适用于在现场测量中用来评价安装消声器前后的综合效果。

在未安装消声器前在声源合适位置选择一个测点，测量声源的平均声压级 $\overline{L}_{p1}$，将消声器安装在声源上，并在同一个测点上测量声源的平均声压级 $\overline{L}_{p2}$，由插入消声器前后，在该测点所得的平均声压级的差值即可求得插入损失 L_{IL}。

$$L_{\mathrm{IL}} = \overline{L_{p1}} - \overline{L_{p2}} \tag{9-14}$$

式中，$\overline{L_{p1}}$ —— 安装消声器前某测点的声压级，dB；

$\overline{L_{p2}}$ —— 安装消声器后某测点的声压级，dB。

4. 实验步骤

（1）仪器校准
同道路交通噪声测量。
（2）未安装消声器前的声压级测量
按照实验三测量布点的方法选择一个测点。将声级计的“设定—测量”开关置于“测量”位置，“线性—A”转换开关置于“A”计权位置，时间计权开关置于“快”响应。传声器对准机器设备表面，在选择的测点处读取 3～5 个 A 声级。将“线性 —

A”转换开关置于“线性”位置，在测点处读取 3～5 个声压级。

（3）安装消声器后的噪声测量

将消声器安装在风机上，在同一测点处，按照未安装消声器前的测量方法在测点处分别读取 3～5 个 A 声级和 3～5 个声压级。

5. 数据处理与评价

（1）数据处理

将安装消声器前后测量的 A 声级和声压级进行平均，得到安装消声器前后的 A 声级和声压级的平均值。

（2）消声性能评价

利用式（9-14）计算平均 A 声级和平均声压级的差值得到 A 声级和声压级的插入损失，评价消声器消声的声学性能。

实验六 城市区域环境振动及振动污染源测量

1. 实验目的

（1）了解某一振动源对区域环境的污染状况；

（2）熟悉城市环境振动污染源测量布点方法；

（3）掌握振动测量仪器的使用方法；

（4）掌握环境振动污染源的测量方法。

2. 实验条件

环境振动通常使用环境振动仪或公害振动仪进行测量，《城市区域环境振动测量方法》（GB 10071）规定，用于测量振动的仪器，其性能必须符合国际标准 ISO 8041 有关条款的规定。ISO 8041 标准将仪器按测量精度分为两种类型：Ⅰ型仪器主要用于振动环境能严格规定或控制的场合，在规定的基准条件下，测量精度为 ±0.7 dB，在一般条件下通常达不到这一精度。Ⅱ型仪器适合于一般应用，测量精度为 ±1 dB。

3. 振动测试仪器的使用

（1）振动测试仪器的校准

仪器传感器的灵敏度随着放置时间长短会发生变化，而仪器内部的电校准信号也会变化，因此，有必要定期对传感器及仪器的整机灵敏度（包括电校准信号）进行校准。在实验前后还需要按要求进行仪器校准，以使仪器灵敏度保持正常。

（2）传感器放置和频率计权选择

环境振动测量使用的传感器通常体积和质量较大，可以稳定可靠地平放在待测环境的地面上。传感器有两种放置方式，当测量垂直方向的振动时，应将传感器按铅垂方向放置，相应将频率计权特性置于“垂直”，这样才能测得铅垂方向计权振级；当测量水平方向的振动时，应按要求将传感器水平放置，相应将频率计权特性置于“水平”位置。

4. 测点选择

测量建筑物外部振动时，测点置于各类区域建筑物室外 0.5 m 以内的振动敏感处，测量建筑物内部振动时，测点置于建筑物内地面中心，测点数目不少于 3 个。测量时将振动传感器安放在平坦、坚实的地面上，避免置于如地毯、草地、沙地或雪地等松软的地面上。

测量环境振动污染源时，测点可根据测量目的来决定。如需要了解工厂厂界振动，可在工厂法定边界外 1 m 的线上选定测点；如需要了解建筑施工场界振动，可在施工场地边界线上选定测点；如需了解城市道路交通振动，可在现行交通噪声测点的下方地面上选定测点。

如需了解振动传播的指向性和振动随距离的衰减状况，可按下述方法选定测点。

（1）固定式单个振动源

以振动源俯视图的几何中心为原点，画出不同半径的同心圆，圆弧间的距离依分析精度而定。根据需要，画出始发于原点的 4 方位、8 方位或 16 方位的辐射线，以辐射线与同心圆的交点为测点。

（2）城市道路交通振动

以要求的交通振动测点为起点，做垂直于道路中心线的垂线，在垂线上，以等间距向外确定测点，一直到最后一个测点的铅垂向 Z 振动低于交通干线道路两侧的环境振动标准值为止，测点间距按分析精度而定。若垂线受邻街建筑物阻挡，也可适当改变垂线方向向外延伸。若进行水平方向振动传播规律分析，可视需要再行确定测点。

（3）厂界或建筑施工场界振动

以厂界外 1 m 线或建筑施工场界为基线，经过粗测，确定超过所在功能区域环境振动标准的基线段，向外做若干条等间距的平行于基线段的平行线，一直画到最后一条线上找不到超过所在功能区域环境振动标准的测点为止。根据需要，在每一平行线段上选取若干点为测点，平行线之间的距离，按分析精度而定。若进行水平方向振动传播特性的分析，可视需要再行确定。

5. 数据处理与评价

根据现场测量条件选择上述测量方法中的某一单元进行环境振动测量，得到测点的加速度和加速度振级，包括瞬时值，累计百分加速度及振级，等效连续振级及其标准偏差。同时给出振动频谱分析结果，可以是倍频程或 1/3 倍频程各中心频率的垂直方向和水平方向的频带加速度级。依据测量结果对环境振动污染状况或振动污染源特性进行评价。

第二节 噪声控制工程实例

实例一 城市轨道交通噪声控制工程设计

1. 工程概述

城市轨道交通分为地铁、地面和高架轻轨三种形式。轨道又可以分为有缝和无缝两类。轨道交通噪声源可以分为动力系统和轨轮系统两大类。当车速小于 50 km/h 时，以机车动力系统噪声为主，50～100 km/h 时，以轨轮系统噪声为主。因此，噪声频谱随车速不同发生相应变化。上海明珠轻轨线一期工程从漕河泾到江湾镇，全长 24.9 km。全线经过 44 个噪声敏感路段（点），噪声控制成为建设明珠线的难题之一。

2. 城市轻轨交通噪声特性

上海地铁敞开段和高架轻轨实测结果表明，距离轨道 10 m 处的最大噪声级为 77～81.6 dB（A），其中以 63 Hz 噪声最为突出，有明显的峰值；单列车通过所产生的等效连续 A 声级 56.5dB（A）；通过对不同高度（0 m，0.5 m，1.5 m）测试结果进行分析，轨轮噪声是上海轨道交通噪声的主要噪源，测量结果见表 9-3。

表 9-3 轻轨列车噪声辐射水平表

声压级/A 声级		测试高度/m		
		0	0.5	1.5
距列车距离/m	3	98/89	95/88	93/85
	7	89/78	88/79	89/83

轻轨噪声频带宽度达 5 个倍频程，其中，主要噪声的频率范围是 200～1 600 Hz，约 3 个倍频程。

3. 声学结构实验性研究

声屏障是国内外轻轨噪声控制普遍采用的措施，明珠线也采取该措施对噪声进行控制。由于上海城市声学环境较为复杂，在设计明珠线声屏障前专门在地铁敞开段进行声屏障插入损失验证性试验和隔声与吸声结构选择性试验。

测试时车速控制在 75～80 km/h，进行 10 次测量，测试结果取测试阶段最大值的平均值，采取 8 种方案进行测试。① 安装声屏障之前；② 安装 1.6 m 高外防护墙；③ 外防护墙内侧安装吸声材料；④ 外防护墙内侧安装双层微穿孔板吸声结构；⑤ 外防护墙下部 1.25 m 安装穿孔板，中间安装 PVC 板，上部安装 1.25 m 吸声结构，总高度 4.4 m；⑥ 外防护墙仅中间有 PVC 板，上部安装吸声屏体，总高度 4.4 m；⑦ 外防护墙仅中间有复合玻璃棉板，上部安装吸声屏体；⑧ 外防护墙下部安装 1.25 m 双层微穿孔板，中间安装玻璃棉板，上部安装 1.25 m 吸声结构，总高度 4.4 m。测试结果见表 9-4。

表 9-4 不同结构形式的声屏障插入损失数据表

测点高度/m	距屏距离/m	不同条件下实测插入损失 *IL* /dB（A）						
		②	③	④	⑤	⑥	⑦	⑧
6.3	30	6.4	7.6	7.0	10.0	12.9	13.0	11.1
4.1	30	7.4	8.5	7.8	11.1	12.3	10.4	13.0
2.5	30	6.4	8.0	6.0	10.2	12.2	11.9	11.7
6.3	20	4.3	6.0	6.3	8.8	13.4	10.7	10.5
4.1	20	7.4	8.8	8.8	12.4	15.2	13.9	13.3
2.5	20	6.3	8.2	7.5	11.1	14.3	13.8	13.1
4.1	10	3.6	3.7	6.7	10.0	14.7	14.5	12.6
2.5	10	5.4	2.5	3.6	7.8	12.0	15.0	13.8

实验结果表明，4.4 m 高的声屏障在 10～30 m 范围内，声影区插入损失达到 13～15 dB（A）。在该范围内，6 层楼以下噪声级一般低于 70 dB（A），基本上满足交通干线两侧降噪要求。对于噪声保护对象在 30 m 外的区域，可以不加上部吸声屏体，仅用 1.3 m 防护墙即可。该试验研究为选择声屏障的隔声、吸声材料提供了科学依据。

4. 声屏障设计

实际应用的声屏障模型主要是线声源，高架轨道可认为是无限长线声源。一个无限长的不相干线声源的屏障声衰减要比点声源小，两者之间的最大差值不超过 5 dB（A）。无限长线声源屏障的绕射声衰减为：

$$\Delta L_{\mathrm{d}}=\begin{cases}10\lg\dfrac{3\pi\sqrt{1-t^2}}{4\arctan\sqrt{\dfrac{1-t}{1+t}}} & (t\leqslant 1)\\[2ex] 10\lg\dfrac{3\pi\sqrt{t^2-1}}{2\ln\left(t+\sqrt{t^2-1}\right)} & (t>1)\end{cases}\tag{9-15}$$

式中，$t=\dfrac{40f\delta}{3c}$；

f —— 频率；

δ —— 声程差；

c —— 声速。

根据试验结果，声屏障结构下部采用彩钢板制成高 1.6 m 的防噪墙，彩钢板穿孔率为 33%，后面是憎水性矿棉，留 100 mm 厚空腔；中间安装 1.5 m 高双层玻璃（4/4 mm），消除司乘人员对声屏障的隧道感；上部安装弧形百叶窗式穿孔彩钢板吸声屏，穿孔率为 25%，中间填充憎水矿棉。

彩钢板为基板，表面进行防腐处理，岩棉、聚氨酯板等制作芯材。该结构不仅具有一定的强度，而且具有良好的耐候、耐潮、耐湿和阻燃特性。厚 50 mm 的彩钢复合板计权隔声量达到 32 dB（A）。结构的优良性能使其在道路声屏障建设中得到广泛的应用。材料性能指标见表 9-5、表 9-6、表 9-7。

表 9-5 彩钢复合板的力学性能数据表

板厚/mm		50	80	100	120
最大支撑间距载荷/（kN/m^2）	0.5 m	1.70	2.88	3.60	4.33
	1.0 m	1.37	2.30	2.86	3.43
	1.5 m	1.20	2.00	3.50	3.00

表 9-6 彩钢复合板（50 mm）1/3 倍频程隔声量表

中心频率/Hz	100	125	160	200	250	315	400	500
隔声量/dB	18.4	18.6	20.0	25.9	27.4	26.4	28.8	28.9
中心频率/Hz	630	800	1 000	1 250	1 600	2 000	2 500	3 150
隔声量/dB	28.8	28.2	26.7	29.6	34.0	39.8	42.8	44.8
计权隔声量/dB	32							

表 9-7 吸声彩钢板（50 mm）吸声系数表

频率/Hz	吸声系数	频率/Hz	吸声系数	频率/Hz	吸声系数
100	0.18	400	0.88	1 600	0.79
125	0.22	500	0.89	2 000	0.63
160	0.43	630	0.87	2 500	0.55
200	0.53	800	0.88	3 150	0.52
250	0.59	1 000	0.83	4 000	0.43
315	0.92	1 250	0.80	5 000	0.46

5. 声屏障设计分析

声屏障对道路交通噪声控制的能力有一定限度，声屏障的关键尺寸是它的有效高度，由于受高度所限，因此沿线高层建筑获得降噪量较为有限。

声屏障应优化布置，以最少的投入取得最大的降噪效果。利用自然地形或其他附属物作为声屏障是较为可取的措施。常州市红梅住宅小区紧靠铁路，如果采用声屏障措施，需要高度 12 m，总长度 400 m，投资上百万元。该小区采用在沿线建设一批不开后窗的四层建筑和部分工厂仓库用房，起到了很好的隔声效果。

针对轨轮噪声，国外常采用以下降噪措施：用橡胶弹性车轮代替钢车轮；在车轮上加装消声器；在车轮辐板上加阻尼层；采用经过声学优化设计的车轮。我国一些学者进行的初步研究结果表明，橡胶弹性车轮可以明显降低轮轨噪声峰值，明显缩短车轮噪声衰减时间，从而大幅度降低噪声总量，弹性车轮能够改善噪声的频谱特性，可消除相当宽的频带噪声。

实例二　空气压缩机噪声控制工程设计

（一）噪源概况

某空压站内有 20 m^3 空压机两台，10 m^3 空压机 1 台，空压机房占地面积 110 m^2，实测进气口噪声 97 dB（A），工人休息室噪声 74 dB（A），储气罐排气管口噪声 102 dB（A）。

（二）空压机噪声的产生和特性

空气压缩机是一个多声源发声体，其噪声主要由进、排气系统产生的空气动力性噪声、机件传动系统产生的机械噪声和动力系统噪声三个部分组成。

1. 进气噪声

空气压缩机在运转时，气缸进气阀不断地间歇开闭，空气也周期性地被吸入，在进气管内就会产生压力波动，由于空气是连续介质，空压机进气后，后继空气的补偿气流与空压机部件的碰撞及间歇运动产生的涡流，以声波的形式从进气口辐射出来，形成进气噪声。进气噪声一般为 90～110 dB（A），低频突出，频带较宽，传播距离远，是空压机的主要噪声。其强度与压缩机的负荷、进气阀的大小以及气门通路的结构等因素有关。

2. 排气噪声和储气罐噪声

压缩机把经压缩后的气体排入储气罐或其他用气部位，随着排气阀的开启，排气量的变化引起管内压力脉动，使排气管、储气罐和相关部件振动而辐射噪声。由于排气动作是在压缩机系统内部进行的，所以，排气噪声强度往往小于进气噪声。压缩机排气噪声的大小与排气管的壁厚、长度以及有无弯曲部分等因素有关。

3. 机械噪声

压缩机在运转过程中，由于阀门的撞击、曲轴连杆系统的冲击、活塞与气缸壁的摩擦等多种因素会产生机械性噪声，由于机械发声部位较多，因而它的机械噪声的频率范围很宽。

4. 动力系统噪声

压缩机的动力系统随着压缩机使用的不同而不同，一般是由电动机带动，而移动式压缩机大多是由柴油机带动。电动机噪声主要有冷却风扇的气流噪声、电磁噪声和滚珠轴承旋转而产生的声音，在整个机组的噪声中占次要地位；而柴油机噪声比电动机噪声的强度大，并呈低中频特性。

（三）空压机噪声的估算

从上面的分析可知，空气压缩机的噪声是多部位、多类型的，其频谱很宽，声压级也较高。

当压缩机功率在 1～100 kW 时，可用下面的经验公式估算噪声强度：

$$L_A = 9.8\lg W + 77.4 \tag{9-16}$$

式中，L_A —— A 声级，dB（A）；

W —— 压缩机输入功率，kW。

由于压缩机的类型不同，也可以借助下述三个经验公式进行计算：

① 离心式压缩机的声功率级：

$$L_W = 20\lg W + 50\lg\frac{u}{244} + 81 \qquad (9\text{-}17)$$

式中，W—— 压缩机功率，HP（1 HP=735.5 W）；

u—— 叶尖线速度，m/s。

② 往复式压缩机的声功率级：

$$L_W = 105 + \lg W \qquad (9\text{-}18)$$

③ 轴流式压缩机的声功率级：

$$L_W = 20\lg W + 76 \qquad (9\text{-}19)$$

（四）空压机噪声控制技术措施

空压机辐射噪声部位多、声级高，一般根据降噪要求以及现场环境特点，采取消声、隔声、隔振等综合治理措施。

1. 消声

根据空压机进气口噪声低频突出的特点，在进气口设计、安装抗性消声器或阻抗复合式消声器来降低进气噪声。采用带插入管的多节扩张式消声器，由于插入管的形式有多种，可将各连通管中心线位置相互错开，以拓宽消声频率范围，提高消声效果；也可以在内部短管上开很多的细孔，通过改变气流在管内的流动方向，起到滤波消声的目的。为了保证消声器的消声效果，对空压机消声器的指标要求如下：（1）消声量＞20 dB（A）；（2）阻力损失＜830 Pa；（3）体积小，便于安装维修；（4）内插管的直径处气流速度＜35 m/s。

在消声器进口管径和出口管径为同样尺寸时，抗性消声器的消声量计算公式如下：

$$\Delta L = 10\lg[1 + \frac{1}{4}(m - \frac{1}{m})^2 \sin^2(kl)] \qquad (9\text{-}20)$$

式中，m—— 扩张比；

k—— 波数，$k=2\pi f/c$；

l—— 扩张室长度，m。

根据上述消声量计算公式，可通过改变扩张比和扩张室长度来调节消声量。扩张室消声器的管径不宜过大，内径超过 400 mm 时可采用加芯或多管式消声器。

2. 隔声

对小型空压机可以整体加装隔声罩，隔声罩壁可选用 2.5 mm 厚的钢板，内壁涂刷 5～7 mm 厚的沥青阻尼层，并衬加 50 mm 厚的吸声材料。为了有利于机组的通风散热，在隔声罩适当位置应设计、安装进排气消声器。根据需要可在罩体上设置隔声门、窗等结构，以等透射量的原则进行设计计算。在隔声部件接缝以及和管道相接的部位用软材料做密封处理，在隔声罩与空压机组之间应避免出现“声桥”而降低隔声效果。

在空压机站内设置隔声室，将主机房与操作室分开。隔声室设双层墙和两道门（声闸）隔声结构，门厚 80 mm，内衬超细玻璃棉，钢板内侧涂沥青，隔声室内四壁及天花板采用超细玻璃棉做吸声处理，观察窗采用双层玻璃隔声结构。

隔声罩设计涉及的计算公式如下。

（1）隔声罩插入损失计算：

$$\mathrm{IR}=\overline{\mathrm{TL}}+10\lg\overline{\alpha} \tag{9-21}$$

式中，$\overline{\mathrm{TL}}$ —— 隔声罩壁与顶板的平均隔声量，dB；

$\overline{\alpha}$ —— 隔声罩壁与顶板的平均吸声系数。

（2）隔声罩内换气量估算：

$$V=\frac{Q}{c_{\mathrm{p}}\rho\Delta t} \tag{9-22}$$

式中，Q —— 机器放热量，4 186.8 J/h；

c_{p} —— 空气比热容，4 186.8 J/（kg• ℃）；

ρ —— 空气密度，kg/m^3，一般取 ρ=1.2；

Δt —— 隔声罩（室）内外温差，℃。

也可用下述经验公式计算：

$$V=nV' \tag{9-23}$$

式中，n —— 换气次数，经验数值，n=30～120 次/h；

V' —— 隔声罩（室）的容积，m^3。

（3）如果采取机械通风机的冷却方式，所配加的风机按下式计算选定：

$$V=\frac{860N\alpha}{0.24\rho\left(t_2-t_1\right)} \tag{9-24}$$

式中，V —— 设备散热所需通风量，m^3/h；

N —— 设备功率，W；

α —— 散热系数，可取 0.01～0.5；

ρ —— 空气容重，常温下取 1.2 kg/m^3；

t_2 —— 隔声罩内空气温度，℃；

t_1 —— 隔声罩外空气温度，℃。

3. 隔振

空压机的振动主要通过基础和管道系统向外传递，会导致管道、支架以及建筑物的疲劳损坏，同时辐射噪声，因此必须对空压机的振动进行有效控制。

通过基础传递的振动控制主要措施有：①使用隔振器在空气压缩机与基础之间形成弹性联结，减少振动传递，这是隔振最关键的环节。②使用带隔振缝悬浮基础，切断空压机振动向地基传递的途径。隔振缝宽 150～200 mm，充干砂，在基础下面铺干砂和工业毡，毡厚 20～40 mm。③在隔声室外挖隔振沟切断沿地面传播表面波为主的振动。

对于空压机管道的振动问题，由于其振动多数是由于气流脉动而引起的，因此，要降低管道振动，必须减少气流脉动，在现场可以考虑采用如下措施。

（1）避开共振管长度

压缩机管道通常是一端与压缩机气缸连接，另一端与容器如储气罐相通。能引起管道共振的管长称为共振管长度，为了防止管道共振，在设计管道长度时，一定要避开共振管长度。共振管长度的计算公式如下：

$$l=(0.8\quad 1.2)\frac{ci}{4f}\quad (i=1，3，5，\cdots) \tag{9-25}$$

式中，l——共振管长度，m；

c——声速，m/s；

f——激振频率，Hz。

激振频率来自压缩机的运行。若压缩机为单缸时，$f=mn/60$，$m=1$ 为单作用，$m=2$ 为双作用，n 为压缩机每分钟的转数。

为了防止管道振动，在设计管道长度时，一定要避开选择共振管长度，这是相当重要的。

（2）在管道中加设孔板

利用孔板降低管道气流的脉动，是一种简单易行、效果显著的方法。把尺寸适当的孔板安装在容积足够大的容器进口或出口处，由于孔板是一个阻力元件，能够使气流脉动下降，从而使管道的振动也下降。

孔板的内孔径与管道的内径之比可按下式选取：

$$d_{孔}/D_{管}=0.43\quad 0.5 \tag{9-26}$$

孔板厚度取 3～5 mm 为佳，不能取得太厚，否则会出现尖叫的噪声。孔板材料可选用与管道相同的材质。孔板应安装在脉冲较大的进、出口处，而且是容积足够大的进、出口处。一般来讲，在直径较大、长度较短的管道上通过安装孔板取得的减振降噪效果更佳。

（3）用减振材料包裹管路

用沥青油毡，泡沫橡胶，矿棉及玻璃棉等材料包裹空压机管路，可以有效降低辐射噪声。

（五）治理效果

通过上述一系列综合治理措施后，空压机进气口噪声降到 73 dB（A），操作室噪声降到 52 dB（A），主机房内噪声低于 90 dB（A）。

实例三　山西兰花集团伯方煤矿风井噪声控制工程方案

1. 工程概述

山西兰花集团有限责任公司伯方煤矿风井安装两台 FBCDZ-8-No.26 型煤矿地面用防爆抽出式对旋轴流通风机，额定风量为 5 540～11 800 m^3/min，实测风量为 7 327 m^3/min，风压 850～4 300 Pa，实际静压 1 477 Pa。配套电机 YBFe560S_2-8 型。

经江苏建筑职业技术学院测定，厂界敏感点噪声（围墙外 1m）73.5 dB（A），按照《工业企业厂界环境噪声排放标准》（GB 12348—2008）和《声环境质量标准》（GB 3096—2008）要求，厂界噪声超标，必须对噪声进行治理，以消除对环境造成的污染。

2. 方案编制的指导思想

（1）突出以人为本的设计理念，保护工人及周边居民身心健康；
（2）达到环境噪声、厂界噪声及值班室噪声降噪目标要求；
（3）工程施工期间及噪声控制设施投入使用后不影响风井系统正常通风；
（4）降噪设施工艺先进、结构合理、安全可靠，便于施工及设备检修；
（5）在满足降噪要求的条件下尽量降低工程造价。

3. 方案编制的依据

（1）《环境噪声污染防治法》；
（2）《工业企业噪声控制设计规范》（GBJ 87—85）；
（3）《声环境质量标准》（GB 3096—2008）；
（4）《工业企业厂界环境噪声排放标准》（GB 12348—2008）；
（5）伯方煤矿提供的相关资料；
（6）江苏建筑职业技术学院现场勘察资料及噪声测量数据。

4. 噪声控制目标及工程质量目标

（1）厂界（环境）噪声控制目标

风井四周距居民区较远，属于工业区，按规定厂界噪声控制应执行《工业企业厂界环境噪声排放标准》（GB 12348—2008）Ⅲ类区和《声环境噪声标准》（GB 3096—2008）

Ⅲ类区标准，考虑到地方政府对环境保护的重视以及环保部门排污收费力度的加大，该工程设计执行《工业企业厂界环境噪声排放标准》（GB 12348—2008）Ⅱ类区和《声环境噪声标准》（GB 3096—2008）Ⅱ类区标准，即：白天≤60 dB（A），夜间≤50 dB（A）。考虑到风机昼夜连续运行的实际情况，厂界噪声实际控制目标≤50 dB（A）。

（2）值班室噪声控制目标

《工业企业噪声控制设计规范》（GBJ 87—85）规定：高噪声作业场所的值班室有电话通信要求时，噪声限值为 70 dB（A）。因此，值班室噪声控制目标≤70 dB（A）。

（3）工程质量目标

① 满足合同书中工程验收标准的各项要求；

② 噪声控制系统的吸声、隔声、消声材料防潮、阻燃、耐腐蚀；

③ 噪声控制设施 5 年内不大修，环境噪声不超标，使用寿命≥10 年；

④ 满足通风安全需要，施工期间及噪声控制设施投入使用后不影响系统通风；

⑤ 尽量做到工程设计结构合理，用材精良，外形美观，降低工程造价。

5. 噪声源现场勘察、测量与分析

（1）噪声测量数据

江苏建筑职业技术学院对噪声源进行现场测量，测点布置示意图见图 9-2，测量数据见表 9-8、表 9-9。

表 9-8　各监测点测量数据表　　单位：dB（A）

测点编号	1	2	3	4	5	6	7	8	9	10	11
测 量 值	94.6	91.0	93.6	89.7	93.4	92.2	88.8	90.5	90.3	84.5	85.8
测点编号	12	13	14	15	16	17	18	19	20	21	22
测 量 值	85.8	98.2	82.6	84.9	60.2	59.5	62.7	64.8	71.6	72.9	63.9
测点编号	23	24	25	26	27	28	29	30	31	32	33
测 量 值	66.5	73.5	73.2	55.6	74.1	68.7	67.4	66.1	61.6	61.3	60.5

表 9-9　代表性测点频带声压级测量数据表　　单位：dB（A）

中心频率/Hz	63	125	250	500	1 000	2 000	4 000	8 000
集 流 器	80.6	84.5	84.9	94.2	86.6	81.1	77.2	76.6
一级风机	82.7	87.5	97.1	93.3	85.3	77.4	72.7	66.9
二级风机	81.0	86.1	89.9	91.6	84.6	76.8	72.5	66.9
扩 散 器	77.9	81.9	86.3	87.6	81.2	71.5	67.0	59.0
扩 散 塔	97.5	101.2	102.3	97.1	91.4	82.7	80.2	76.4

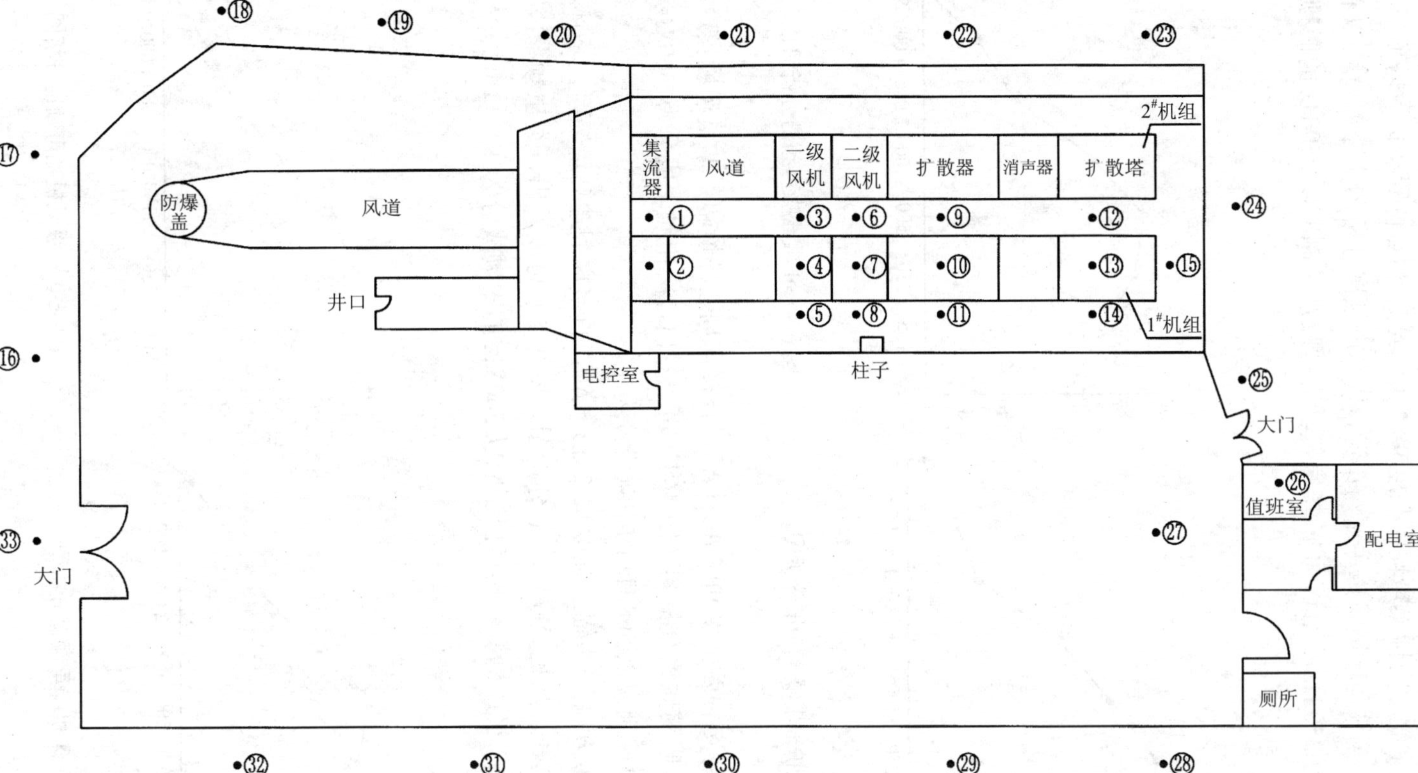

图 9-2 噪声测量布点示意图

（2）噪源分析

① 扩散塔空气动力性噪声辐射强度 98.2 dB（A）（测点位置在扩散塔顶部），直接向周边环境辐射，是环境噪声主要污染源，从噪声频谱分析图（图 9-3）可以看出，突出频率成分为 250 Hz，因此，扩散塔空气动力性噪声控制应以 250 Hz 的低频成分为主。

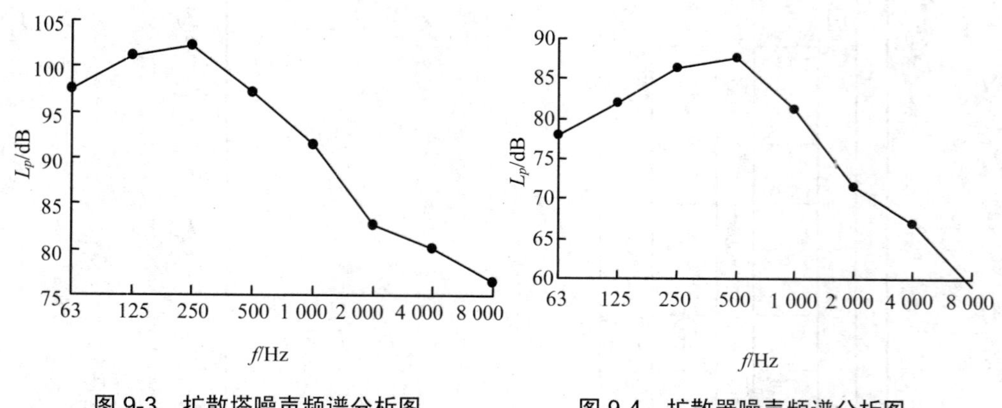

图 9-3 扩散塔噪声频谱分析图

图 9-4 扩散器噪声频谱分析图

② 扩散器噪声辐射强度 90.3 dB（A），直接向周边环境辐射，是环境噪声次要污染源之一，从噪声频谱分析图（图 9-4）可以看出，突出频率成分为 500 Hz，因此，扩散器噪声控制应以 500 Hz 的中频成分为主。

③ 二级风机机壳噪声辐射强度 92.2 dB（A），直接向周边环境辐射，是环境噪声次要污染源之一，从机壳噪声频谱分析图（图 9-5）可以看出，突出频率成分为 500 Hz，因此，二级风机机壳噪声控制应以 500 Hz 的中频成分为主。

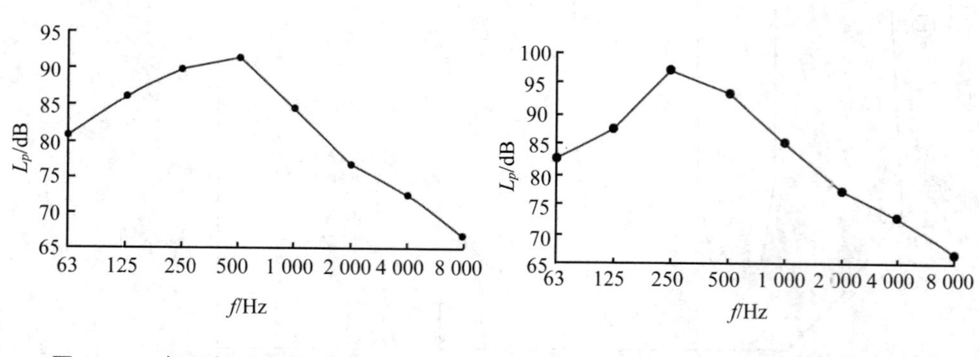

图 9-5 二级风机噪声频谱分析图

图 9-6 一级风机噪声频谱分析图

④ 一级风机机壳噪声辐射强度 93.6 dB（A），直接向周边环境辐射，是环境噪

声次要污染源之一，从噪声频谱分析图（图 9-6）可以看出，突出频率成分为 250 Hz，因此，一级风机机壳噪声控制应以 250 Hz 的低频成分为主。

⑤ 集流器噪声也是环境噪声次要污染源之一，实测集流器噪声最高声级 94.6 dB（A），从噪声频谱分析图（图 9-7）可以看出，突出频率成分为 500 Hz，因此，集流器噪声控制应以 500 Hz 的中频成分为主。

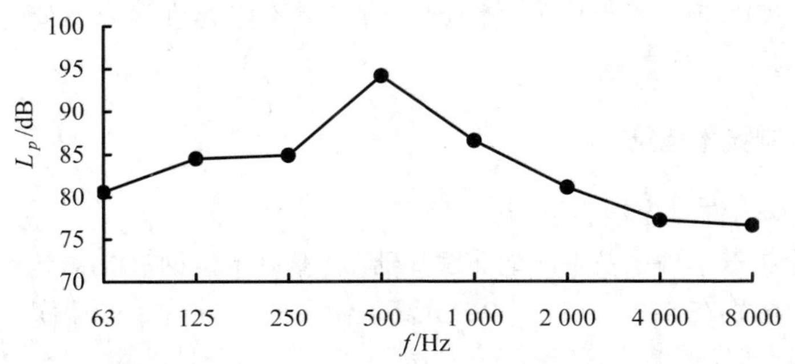

图 9-7 集流器噪声频谱分析图

6. 降噪量确定

（1）环境（厂界）噪声降噪量确定

厂界敏感点噪声 73.5 dB（A），按照《工业企业厂界环境噪声排放标准》（GB 12348—2008）Ⅱ类区的要求，白天≤60 dB（A）、夜间≤50 dB（A），白天超标 13.5 dB（A），夜间超标 23.5 dB（A）；按照《声环境质量标准》（GB 3096—2008）Ⅱ类区的要求，白天≤60 dB（A）、夜间≤50 dB（A），环境噪声白天超标 13.5 dB（A），夜间超标 23.5 dB（A）。以夜间≤50 dB（A）为限值，环境噪声实际超标量为 23.5 dB（A），因此，环境（厂界）噪声降低量应≥23.5 dB（A）。

（2）扩散塔空气动力性噪声降噪量确定

扩散塔空气动力性噪声 98.2 dB（A），是环境噪声主要污染源，扩散塔与厂界直线距离较近，噪声扩散衰减及空气吸收量较小，根据公式：$L_{A(扩散塔)} = L_{A(厂界)} + 20\lg\left(\frac{3r}{D}\right) + K$ 进行测算，扩散塔降噪量应≥23.5 dB（A），以 30 dB（A）为目标值进行工程设计。

（3）集流器、一级风机、二级风机、扩散器、扩散塔隔声结构隔声量确定

集流器噪声辐射强度为 94.6 dB（A），一级风机噪声辐射强度为 93.6 dB（A），二级风机噪声辐射强度为 92.2 dB（A），扩散器噪声辐射强度为 90.3 dB（A），扩散塔底部噪声辐射强度为 84.9 dB（A），五者均是环境噪声次要污染源，其中以集流器噪声辐射最强，由于五者与厂界直线距离较近，噪声扩散衰减及空气吸收量较小，

厂界噪声控制标准≤50 dB（A），以集流器最强辐射量计算，隔声结构隔声量应≥44.6 dB（A），以 45 dB（A）为目标值进行工程设计。

（4）值班室降噪量确定

值班室距离风机相对较远，关门时噪声辐射强度 55.6 dB（A），高噪声作业场所的值班室有电话通信要求时，噪声限值为 70 dB（A），风机系统进行隔声及消声处理后，会大大降低环境噪声值。因此，值班室不需要进行降噪处理即可以满足要求。

7. 噪声控制技术措施

（1）空气动力性噪声消声措施

① 在两个扩散塔外围及中间地面做基础，在基础上做钢筋混凝土承重框架结构，总高度 9.5 m，分别在 5 m、7.5 m、9.5 m 高度做圈梁，5 m 以下为消声塔底部隔声围护结构柱及消声器支撑结构，5～7.5 m 为第二段消声器壳体结构，7.5～9.5 m 为第三段消声器壳体结构。

② 扩散塔上方安装抗性-阻性-阻性复合消声器，消声器分为三段，第一段为扩张室抗性消声器，第二段为低中频阻性消声器，第三段为中高频阻性消声器。

③ 第一段消声器为扩张室。扩张室下截面 5.6 m×3.38 m，与消声塔出流截面对接；上截面 8.45 m×4.25 m，与第二段消声器对接，高度 0.6～0.9 m。消声器壳体选用钢板-阻尼漆-玻璃丝布-憎水超细玻璃棉-玻璃丝布-穿孔板复合结构。

④ 第二段消声器为蜂窝式结构。器壁为土建围护结构，壁厚 370 mm，内腔尺寸 8.45 m×4.25 m，外围高度 2.5 m。消声片采用憎水阻燃吸声材料-玻璃丝布-穿孔板复合结构。异型消声片组成片式消声单元，由片式消声单元组合成蜂窝式消声通道，片厚分别为 300 mm 和 150 mm，有效消声长度 1.5 m。

⑤ 第三段消声器为蜂窝式结构。器壁为土建围护结构，壁厚 370 mm，内腔尺寸 8.45 m×4.25 m，外围高度 2 m。消声片采用憎水阻燃吸声材料-玻璃丝布-穿孔板复合结构。异型消声片组成片式消声单元，由片式消声单元组合成蜂窝式消声通道，片厚分别为 170 mm 和 100 mm，有效消声长度 1.5 m。

⑥ 消声器壳体外围抹沙灰，涂彩色涂料。

⑦ 消声器外壁适当位置设爬梯，便于测量出风口风压、风速及消声片检修。

⑧ 消声器上方安装避雷设施。

备注：详细布局及结构见图 9-8 和图 9-9。

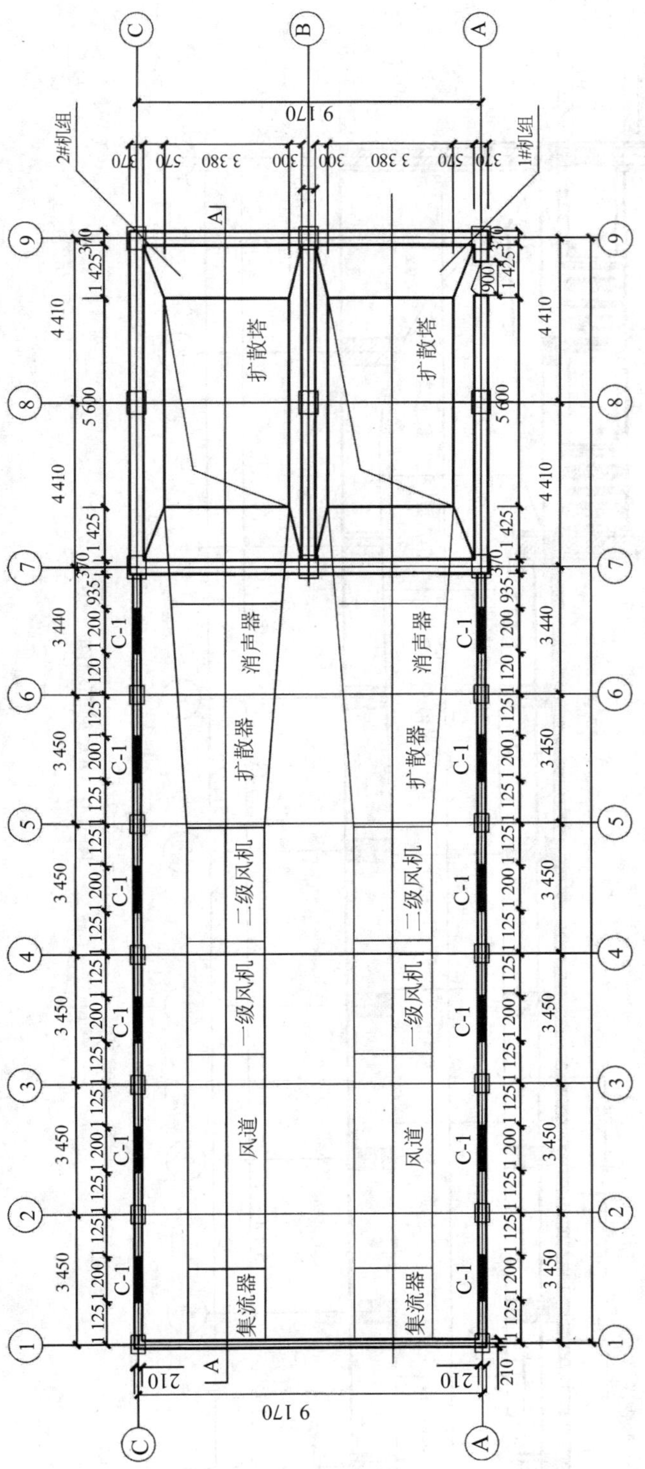

图 9-8 底层平面图（1：100）

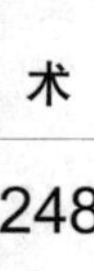

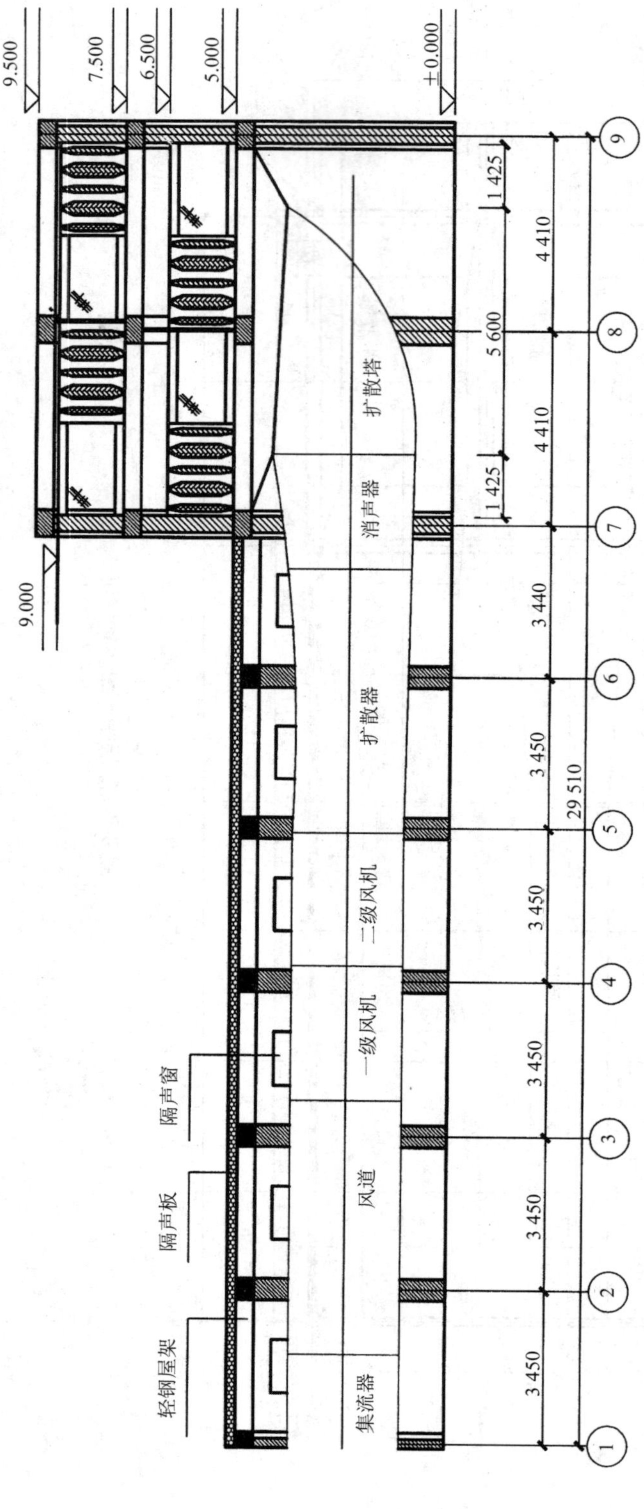
9.500
7.500
6.500
5.000
±0.000
9.000
轻钢屋架
隔声板
隔声窗
集流器
风道
一级风机
二级风机
扩散器
消声器
扩散塔
1 425
4 410
5 600
4 410
1 425
3 450
3 450
3 450
3 450
3 450
3 440
29 510
1
2
3
4
5
6
7
8
9

图 9-9 AA 剖面视图

（2）扩散塔底部隔声措施

① 扩散塔采用土建围护隔声结构，以消声器承重柱为墙柱砌筑土建隔声围护结构。

② 消声塔围护隔声结构设隔声门，便于检修人员进出，位置在 1 号风机一侧。

（3）集流器、风机及扩散器隔声措施

① 两套风机系统共建一个组合式隔声围护结构，集流器、风机及扩散器两侧地面做基础，安装轻钢结构屋架。

② 隔声墙体及顶板采用穿孔板-玻璃丝布-超细玻璃棉-玻璃丝布-石棉水泥板-玻璃丝布-超细玻璃棉-玻璃丝布-彩钢板-聚苯乙烯塑料-彩钢板复合结构。

③ 一级风机、二级风机顶部位置的隔声结构做成可拆卸式，以便于风机检修和起吊。

④ 隔声围护结构两侧墙各安装 7 扇隔声窗，以便于隔声围护结构内部采光。

⑤ 隔声围护结构底部适当位置留雨水孔。

8. 消声器消声量计算

（1）扩张室消声器消声量计算

风机直径 2.6 m，通流面积 $s_1 = \frac{1}{4}\pi D^2 = \frac{1}{4}\times 3.14\times 2.6^2 = 5.31$（$\mathrm{m}^2$），扩张室 8.45 m×4.25 m，通流面积 s_2=4.25×8.45=35.91 m^2，扩张比 $m = s_2/s_1 = 35.91/5.31$ =6.76，则扩张室消声器消声量为：

$$\Delta L = 10\lg\left[1+\frac{1}{4}\left(m-\frac{1}{m}\right)^2 \sin^2(kl)\right] = 20\lg m - 6 = 10.6\ \text{dB（A）}$$

（2）第二段消声器消声量计算

吸声材料选用憎水离心超细玻璃棉，以 150 mm 片厚计算。该结构的吸频带吸声系数见表 9-10。

表 9-10　150 mm 厚消声片频带吸声系数表

中心频率/Hz	125	250	500	1 000	2 000	4 000
吸声系数/α_0	0.50	0.80	0.85	0.85	0.86	0.80

$$\bar{\alpha}_0 = \frac{0.50+0.80+0.85+0.85+0.86+0.80}{6} = 0.78$$

$$\psi_{(\alpha_0)}=4.34\times\frac{1-\sqrt{1-\alpha}}{1+\sqrt{1-\alpha}}=1.25$$

$$\Delta L_A=\psi_{(\alpha_0)}\frac{P}{S}l=\psi_{(\alpha_0)}\frac{2l}{b}=1.25\times\frac{2\times1.5}{0.21}=17.9\text{ dB（A）}$$

（3）第三段消声器消声量计算

吸声材料选用憎水离心超细玻璃棉，每片以 100 mm 厚计算。该结构的吸频带吸声系数见表 9-11。

表 9-11　100mm 厚消声片频带吸声系数表

中心频率/Hz	125	250	500	1 000	2 000	4 000
吸声系数/α_0	0.25	0.60	0.85	0.87	0.87	0.85

$$\overline{\alpha_0}=\frac{0.25+0.60+0.85+0.87+0.87+0.85}{6}=0.72$$

$$\psi_{(\alpha_0)}=4.34\times\frac{1-\sqrt{1-\alpha}}{1+\sqrt{1-\alpha}}=1.15$$

$$\Delta L_A=\psi_{(\alpha_0)}\frac{P}{S}l=\psi_{(\alpha_0)}\frac{2l}{b}=1.15\times\frac{2\times1.5}{0.17}=20.3\text{ dB（A）}$$

（4）消声器总消声量计算

$$\Delta L_A=10.6+17.9+20.3=48.8\text{ dB（A）}>45\text{dB（A）（目标值）}$$

9. 消声器空气动力性能评价

（1）第一段消声器阻损计算

消声通道气流速度 $u=\frac{7\,327}{60\times3.38\times5.6}=6.45$ m/s，查局部阻力系数为 0.07，当量直径 $d_e=\frac{2ab}{a+b}=\frac{2\times3.38\times5.6}{3.38+5.6}=4.21$，查摩擦阻力系数为 0.05，则阻力损失为：

$$\Delta H_{\lambda1}=\lambda\frac{l}{d_e}\frac{\rho u_1^2}{2}=0.05\times\frac{1}{4.21}\times\frac{1.29\times6.45^2}{2}=0.32\text{ Pa}$$

$$\Delta H_{\xi1}=\xi\frac{\rho u_1^2}{2}=0.07\times\frac{1.29\times6.45^2}{2}=1.34\text{ Pa}$$

$$\Delta H_1=\Delta H_{\lambda1}+\Delta H_{\xi1}=0.32+1.34=1.66\text{ Pa}$$

（2）第二段消声器阻损计算

消声器进风通流面积 S_1=4.25×8.45=35.91 m^2，出风通流面积 S_2=0.21×5×2.1×8=17.64 m^2，气流速度 $u_2=\dfrac{7\,327}{60\times0.21\times5\times2.1\times8}=6.92\ \text{m/s}$，$\dfrac{S_2}{S_1}=\dfrac{17.64}{35.91}=0.49$，查局部阻力系数为 0.3，当量直径 $d_e=\dfrac{2ab}{a+b}=\dfrac{2\times0.21\times2.1}{0.21+2.1}=0.38$，查摩擦阻力系数为 0.05，则阻力损失为：

$$\Delta H_{\lambda2}=\lambda\frac{l}{d_e}\frac{\rho u_2^2}{2}=0.05\times\frac{1.5}{0.38}\times\frac{1.29\times6.92^2}{2}=6.1\ \ \text{Pa}$$

$$\Delta H_{\xi2}=\xi\frac{\rho u_2^2}{2}=0.3\times\frac{1.29\times6.92^2}{2}=9.27\ \ \text{Pa}$$

$$\Delta H_2=\Delta H_{\lambda2}+\Delta H_{\xi2}=9.27+6.1=15.37\ \ \text{Pa}$$

（3）第三段消声器阻损计算

消声器进风通流面积 S_3=4.25×8.45=35.91 m^2，出风通流面积 S_4=0.17×7×2.1×8=20 m^2，气流速度 $u_3=\dfrac{7\,327}{60\times0.17\times7\times2.1\times8}=6.1\ \text{m/s}$，$\dfrac{S_4}{S_3}=\dfrac{20}{35.91}=0.56$，查局部阻力系数为 0.25，当量直径 $d_e=\dfrac{2ab}{a+b}=\dfrac{2\times0.17\times2.1}{0.17+2.1}=0.32$，查摩擦阻力系数为 0.05，则阻力损失为：

$$\Delta H_{\lambda3}=\lambda\frac{l}{d_e}\frac{\rho u_3^2}{2}=0.05\times\frac{1.5}{0.32}\times\frac{1.29\times6.1^2}{2}=5.63\ \text{Pa}$$

$$\Delta H_{\xi3}=\xi\frac{\rho u_3^2}{2}=0.25\times\frac{1.29\times6.1^2}{2}=6\ \ \text{Pa}$$

$$\Delta H_3=\Delta H_{\lambda3}+\Delta H_{\xi3}=6+5.63=11.63\ \ \text{Pa}$$

（4）消声通道总阻损失及风量损失计算

① 阻力损失：$\Delta H=\Delta H_1+\Delta H_2+\Delta H_3=1.66+15.37+11.63=28.66\ \ \text{Pa}$

② 风量损失：$Q'=Q\dfrac{\Delta H}{H}=7\,327\times\dfrac{28.66}{1\,477}=142.2\ \ \text{m}^3/\text{min}$

（5）阻塞比计算

① 第一段消声器阻塞比：$R_1=\dfrac{35.91-33.41}{35.91}=0.07$

② 第二段消声器阻塞比：$R_2 = \frac{35.91 - 17.64}{35.91} = 0.51$

③ 第三段消声器阻塞比：$R_3 = \frac{35.91 - 20}{35.91} = 0.44$

（6）再生噪声测算

$$L_A = 20 + 60\lg u_3 = 20 + 60\lg 6.1 = 67.1\ \text{dB（A）}$$

从上述空气动力性能指标计算值可以看出，扩散塔消声器空气动力性能优秀，风量损失仅为总风量的 $\frac{142.2}{7\,327} \times 100\% = 1.9\%$，压力损失仅为总压力的 $\frac{28.66}{1\,477} \times 100\% = 1.9\%$，噪声控制工程实施后既可以消除环境噪声污染，也不影响通风系统正常通风。

10. 工程概算

该工程费用由勘察测量及方案编制，施工图设计、竣工验收测量、材料与设备、工资及税金等项构成，合计为 91.58 万元，详细预算略。

实例四　燃油热水机组噪声控制工程设计

1. 工程概述

江苏省徐州市工商局家属楼燃油热水机组选用了某公司的 DSNY-120Y 型产品。由于机房坐落于居民区内，受用地面积限制，机房建得较小，仅能勉强容下机组，室内没有进行吸声处理，最高声级达 91.5 dB（A）。机房南侧 1.5 m 是居民楼，西侧及北侧 1 m 是市工人医院围墙，机房周围楼房层次较高，噪声扩散衰减受阻，加之门窗没有进行隔声处理，一层居民楼窗前噪声 73 dB（A），机房外 1 m 处最高声级为 77 dB（A），环境噪声超过了 GB 3096—2008 规定的Ⅱ类区标准（该区域被当地环保局划定为噪声Ⅱ类区）。

2. 噪声污染现状调查及降噪量确定

（1）噪声污染现状调查与分析

江苏建筑职业技术学院对噪声现场进行了监测，监测数据见表 9-8。该热水机组主要噪声源有三个：一是燃烧器电机的电磁噪声及进风口产生的空气动力性噪声，属中低频噪声；二是烟气出口产生的空气动力性噪声，属中低频噪声；三是水泵产生的机械噪声。

（2）降噪量确定

① 燃烧器降噪量

燃烧器安装在距离机房门 2 m 处，实测噪声级平均值为 88.3 dB（A），最高值为 91.5 dB（A）。受普通隔声门的实际隔声能力限制，考虑用封闭式隔声罩[降噪量为 22 dB（A）左右]把室内噪声降至 70 dB（A）左右。

② 烟气出口降噪量

烟气出口 1 m 处实测噪声级平均值为 77.5 dB（A），最高为 78 dB（A）。考虑到南面是居民楼，北面是工人医院，距离较近，结合区域背景噪声情况，加装消声器，要求降噪量为 18 dB（A）左右，烟气出口噪声可以降至 60 dB（A）以下。

③ 门窗处理

机房与居民楼只有 1.5 m 距离，根据实测室内噪声数据，门窗的隔声量应达到 25 dB（A）。

通过对噪声进行频谱分析，除了A声级的降噪量必须满足上述要求外，各噪源降噪后的噪声还应满足相关噪声评价曲线 NR 的要求。各噪源的降噪量见表 9-12。

表 9-12 噪声监测数据及降噪量

噪声源	项目	A 声级	倍频带声压级/dB							
			63	125	250	500	1 000	2 000	4 000	8 000
燃烧器	实测声级	91.5	77.0	92.0	91.0	91.0	82.0	84.0	83.5	79
	NR 数	65.0	87.0	78.0	72.0	68.0	65.0	62.0	60.0	59
	降噪量	21.5	—	14.0	19.0	23.0	17.0	22.0	23.5	20
烟囱	实测声级	78.0	84.0	87.0	82.5	74.5	64.0	54.5	52.0	43
	NR 数	55.0	79.0	70.0	63.0	58.0	55.0	52.0	50.0	49
	降噪量	18.0	5.0	17.0	19.5	14.5	9.0	25.0	2.0	—

3. 噪声控制目标及技术措施

（1）噪声控制目标

① 居民区噪声控制达到《声环境质量标准》（GB 3096—2008）的Ⅱ类区域要求，即昼间≤60 dB（A），夜间≤50 dB（A）；

② 结构简单，安全可靠，便于施工及设备检修，尽量降低工程造价；

③ 噪声控制后保证热水机组系统正常运行；

④ 选用材料耐腐蚀、阻燃，使用寿命在 10 年以上。

（2）噪声控制技术措施

① 在燃烧器上加装隔声罩，罩下部设置进风消声器，保证燃烧用氧及冷却通风

需要。隔声罩的隔声量为 22 dB（A），进风消声器消声量不低于 22 dB（A）。

② 在烟气出口处安装阻抗复合消声器，消声量为 18 dB（A）。

③ 将现有 2 m×2.5 m 卷帘门改成 1.2 m×2 m 的隔声门，隔声量为 25 dB（A）。

④ 将现有的三个窗子堵上一个，另外两个窗子改成尺寸为 1 m×1.5 m 的双层玻璃隔声窗，隔声量为 25dB（A）。

⑤ 将现有的六个通风预留孔全部堵上，以防漏声。为保证燃烧用氧及机房内降温要求，北侧墙底部开设进风消声通道，消声量不小于 25 dB（A）。西侧墙加装排气风机，型号 FA-40，风量 48 m^3/min。

4. 噪声控制设计

（1）烟气出口消声器设计

① 通流面积的确定

烟气出口实际尺寸为：390 mm×240 mm，按片式消声通道要求，面积扩大 1.5 倍，通流面积为：390 mm×240 mm×1.5＝0.14 m^2。设计成双通道，其边长为 150 mm×460 mm。

② 材料与结构

外层采用钢板，厚度 1.5 mm；中间层采用玻璃丝布包超细玻璃棉，厚度 80 mm，容重 25 kg/m^3；内层镀锌板穿孔护面，厚度 0.8 mm，孔径 8 mm，穿孔率 25%。

③ 设计计算

单个通道截面尺寸 460 mm×150 mm，烟气流速 4.2 m/s。计算结果见表 9-13。

表 9-13　烟气出口消声器设计计算表

序号	项目	倍频带声压级/dB							
		63	125	250	500	1 000	2 000	4 000	8 000
1	实测声级/dB	84.0	87.0	82.5	74.5	64.0	54.5	52.0	43.0
2	降噪要求（NR55）	79	70	63	58	55	52	50	49
3	消声器应有消声量/dB	5	17	19.5	14.5	9	2.5	2	—
4	消声器周长与截面比	17.7	17.7	17.7	17.7	17.7	17.7	17.7	17.7
5	材料吸声系数（α_0）	—	0.60	0.65	0.60	0.55	0.40	0.30	—
6	消声系数[ψ（α_0）]	—	1.0	1.1	1.0	0.86	0.55	0.39	—
7	有气流时的消声系数	—	0.98	1.08	0.98	0.84	0.54	0.38	—
8	消声器所需长度/m	—	0.98	1.02	0.83	0.60	0.26	0.30	—
9	再生噪声声压级/dB	—	66	60	54	48	42	36	—

由上述计算数据可知，消声器所需长度为 1.02 m，取 1.1 m。

$f_c = 1.85 \times \frac{c}{D} = 1.85 \times \frac{340}{0.263} = 2\ 419.6\ \text{Hz}$。消声器设计符合要求。

（2）隔声罩设计

① 材料与结构

外层采用钢板，厚度 1.5 mm，涂敷阻尼漆厚度 4 mm；中间层采用玻璃丝布包超细玻璃棉，厚度 80 mm，容重 25 kg/m^3；内层采用镀锌板穿孔护面，板厚 0.8 mm，孔径 8 mm，穿孔率 25%。隔声罩外围尺寸设计为 1.1 m×1.1 m×0.95 m，燃烧器一侧预留喷油管孔，配电盒一侧设计成双开门。其隔声量见表 9-14。

表 9-14 隔声罩隔声量表

倍频带中心频率/Hz	63	125	250	500	1 000	2 000	4 000	$\bar{R}$
相应隔声量/dB	—	31	33	41	52	62	61	45

② 隔声罩进风消声器设计

采用三通道进风，单通道截面尺寸 190 mm×150 mm，气流速度 5.5 m/s。进风消声器设计计算结果见表 9-15。

表 9-15 隔声罩进风消声器消声量计算表

序号	项 目	倍频带声压级/dB							
		63	125	250	500	1 000	2 000	4 000	8 000
1	实测声级/dB	77.0	92.0	91.0	91.0	82.0	84.0	83.5	79.0
2	降噪要求（NR65）	87	78	72	68	65	62	60	59
3	消声器应有消声量/dB	—	14	19	23	17	22	23.5	20
4	消声器周长与截面比	23.9	23.9	23.9	23.9	23.9	23.9	23.9	23.9
5	材料吸声系数（α_0）	—	0.42	0.61	0.72	0.72	0.77	0.87	—
6	消声系数[ψ（α_0）]	—	0.58	1.0	1.15	1.15	1.25	1.35	—
7	有气流时的消声系数	—	0.56	0.97	1.12	1.12	1.21	1.31	—
8	消声器所需长度/m	—	1.05	0.82	0.86	0.64	0.76	0.75	—
9	再生噪声声压级/dB	—	74.5	68.4	62.4	56.4	50.4	44.4	—

由上表计算数据可知，消声器所需长度为 1.05 m，取 1.1 m。

$f_c = 1.85 \times \frac{c}{D} = 1.85 \times \frac{340}{0.169} = 3\ 721.9\ \text{Hz}$。消声器设计符合要求。

（3）机房进风消声通道设计

采用江苏建筑职业技术学院设计委托当地生产的陶粒吸声砖，外形尺寸 190 mm×190 mm×380 mm。三通道进风，单通道截面尺寸 1 m×0.1 m×2 m，消声量不小于 25 dB（A），以便和机房组合隔声要求一致。消声器设计计算结果见表 9-16。

表 9-16　室内进风消声器消声量计算表

序号	项目	倍频带声压级/dB							
		63	125	250	500	1 000	2 000	4 000	8 000
1	材料吸声系数（α_0）	—	0.42	0.61	0.72	0.72	0.77	0.87	—
2	消声系数[ψ（α_0）]	—	0.58	1.0	1.15	1.15	1.25	1.35	—
3	消声器有效消声长度/m	—	2	2	2	2	2	2	2
4	消声器周长与截面比	22.1	22.1	22.1	22.1	22.1	22.1	22.1	22.1
5	消声器的消声量/dB	—	25.6	44.2	50.8	50.8	55.3	59.7	—

$f_c = 1.85 \times \dfrac{c}{D} = 1.85 \times \dfrac{340}{0.1} = 6\ 290$ Hz。进风消声通道设计符合要求。

（4）隔声门设计

外层采用钢板，板厚 1.5 mm，涂敷阻尼漆，厚度 4 mm；中间层采用木质龙骨，空隙填充玻璃丝布包裹的超细玻璃棉，厚度 50 mm，容重 25 kg/m^3；内层采用镀锌板穿孔护面，板厚 0.8 mm，孔径 8 mm，穿孔率为 25%。门扇外围包毛毡，厚度 5 mm，门框贴毛毡，厚度 5 mm。门外围尺寸 1.2 m×2 m×60 mm。其隔声量见表 9-17。

表 9-17　隔声门隔声量表

倍频带中心频率/Hz	63	125	250	500	1 000	2 000	4 000	$\bar{R}$
频带隔声量/dB	—	31	33	41	52	62	61	45

$f_c = 0.551\dfrac{c^2}{t}\sqrt{\dfrac{\rho_m}{E}}$ =8 492.7 Hz。隔声门设计符合要求。

（5）隔声窗设计

隔声窗采用 3 mm×100 mm×6 mm 双玻隔声方式，内层 3 mm 厚玻璃倾斜 3°，其隔声量见表 9-18。

表 9-18　隔声窗隔声量表

倍频带中心频率/Hz	63	125	250	500	1 000	2 000	4 000	$\bar{R}$
频带隔声量/dB	—	31	33	41	52	62	61	45

$f_c = \dfrac{120}{\sqrt{0.25L(t_1 + t_2)}}$ =80 Hz。隔声窗设计符合要求。

5. 噪声治理效果

通过采取上述噪声控制措施以后，该燃油热水机组噪声得到了有效的控制。考虑到 125 Hz 以下的低频声降噪幅度偏低，加工烟气出口消声器时，在原设计的基础上增加了抗性消声部分；考虑到吸声砖的实际吸声系数偏低等因素，施工时隔声罩进风消声器进行了特殊处理。工程结束后，经江苏省徐州市环境监测总站监测，南厂界夜间值为 48 dB（A），居民区敏感点噪声为 50 dB（A）；昼间环境噪声在 51～58 dB（A）已高于机组厂界噪声，该燃油热水机组的厂界噪声昼、夜均达标。

实例五　山西晋城蓝焰煤业公司凤凰山矿污水处理厂机房噪声控制工程设计

（一）噪声源概况

山西省晋城蓝焰煤业公司凤凰山矿污水处理厂机房内部尺寸为：长×宽×高 =11.2 m×6.6 m×4.1 m；五窗一门，窗户尺寸为：高×宽=1.6×1.6 m，门尺寸为：高×宽=2.95 m×2.38 m；室内没留通风孔。机房内安装有六台章丘大成机械有限公司 2002 年 4 月生产的 N_0DSR-150 型三叶罗茨鼓风机，其中两台流量为 14.4 m^3/min，四台流量为 12.4 m^3/min。配套电机为文登市仪能电机有限公司 2008 年 3 月生产的 Y200L-4 型，转速为 1 470 r/min，B 级绝缘。

机房内噪声强度为 90.5 dB（A），室外最高声级为 81.4 dB（A）。机房处于污水处理厂区域范围内，是典型的工业区，依据《工业企业厂界环境噪声排放标准》（GB 12348—2008）三类区标准和《工业企业噪声控制设计规范》（GBJ 87—85）要求，机房内外噪声均超标。

（二）噪声控制目标

1. 机房外环境噪声控制目标

依据《工业企业厂界环境噪声排放标准》（GB 12348—2008）的规定，三类区域噪声控制标准为：白天小于等于 65 dB（A），夜间小于等于 55 dB（A）。考虑到污水处理厂风机昼夜连续运行，因此，机房外环境噪声控制的技术目标小于等于 55 dB（A）（背景修正值）。

2. 机房内噪声控制目标

依据《工业企业噪声卫生标准》规定，对于新建、扩建、改建的工业企业的生产车间和作业场所的工作地点，其噪声标准为 85 dB（A）。因此，机房内噪声控制的技术目标小于等于 85 dB（A）。

3. 机房散热通风控制目标

为便于设备检修及机房室内整体美观，机房采取整体隔声方式，机房适当位置安装冷空气进入消声器和热空气排出消声器，满足噪声控制以后，电机绝缘 B 级散热通风要求。并满足施工期间的风机正常运行要求。

（三）噪声源现场勘察测量数据

机房噪声源现场测量布点示意图如图 9-10 所示，噪声测量数据如表 9-19 和表 9-20 所示。其中，表 9-19 为监测点测量的 A 声级值，表 9-20 为有代表性测点频带声压级测量数据。

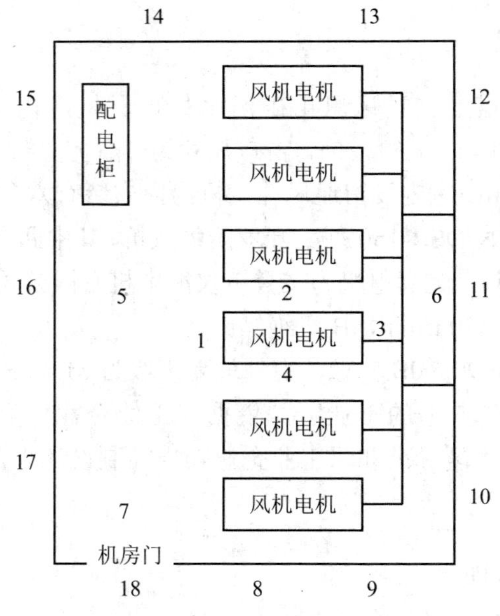

图 9-10 噪声测量布点示意图

表 9-19 各监测点测量数据表 单位：dB（A）

测点编号	1	2	3	4	5	6	7	8	9
测量数值	90.6	94.3	95.2	91.3	89.6	90.5	90.1	79.6	76.8
测点编号	10	11	12	13	14	15	16	17	18
测量数值	75.1	74.7	74.3	76.7	75.8	70.3	72.6	76.9	81.4

表 9-20 代表性测点频带声压级测量数据表　　单位：dB

中心频率/Hz	63	125	250	500	1 000	2 000	4 000	8 000
3 号测点	91.1	102.3	87.9	92.8	87.8	81.7	82.6	74.6

（四）噪声污染特性与降噪目标分析

1. 噪声污染特性分析

（1）机房外环境噪声分析

机房外最高声级为 81.4 dB（A），位于机房门外处，主要是机房门没有采取隔声措施，室内噪声向外环境辐射所致，因此，噪声控制应重点考虑门的隔声问题。

（2）风机噪声频谱特性分析

机房噪声辐射强度 90.5 dB（A），由于机房未进行吸声处理，噪声直接透过门窗向机房外辐射，是机房外环境噪声主要污染源，从机房噪声频谱分析图（图 9-11）可以看出，突出频率成分为 125 Hz，是典型的低频噪声，因此，机房隔声应以 125 Hz 的低频噪声为主，设计时增设共振腔，并适当增加吸声层厚度，以降低低频噪声成分。

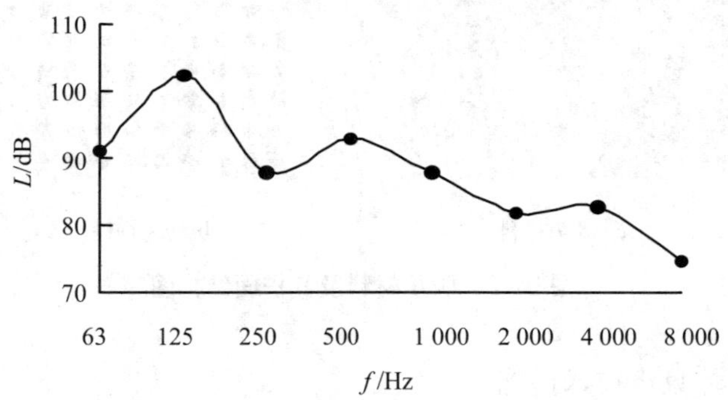

图 9-11 风机噪声频谱分析图

2. 噪声源降噪目标分析

（1）机房外环境降噪量分析

机房外最高声级为 81.4 dB（A），依据《工业企业厂界环境噪声排放标准》（GB 12348—2008）的规定，三类区域噪声控制标准为：白天小于等于 65 dB（A），夜间小于等于 55 dB（A）。外环境噪声实际超标量：白天 16.4 dB（A），夜间 26.4 dB（A），因此，机房外环境降噪量应为 26.4 dB（A），工程设计降噪量定为 30 dB（A）。

（2）机房内环境降噪量分析

机房噪声辐射强度 90.5 dB（A），依据《工业企业噪声卫生标准》规定，对于新建、扩建、改建的工业企业的生产车间和作业场所的工作地点，其噪声标准为 85 dB（A）。因此，机房内环境降噪量应为 5.5 dB（A），工程设计降噪量定为 8 dB（A）。

（五）噪声控制具体技术措施

1. 机房吸声技术措施

（1）机房空间吸声体技术措施

空间吸声体样式较多，如果采取局部吸声布局有两个方面的缺陷：一是室内布局不美观，二是吸声量受到限制。因此，机房空间吸声体采用改良型结构，从下表面看，类似于普通吊顶，实际不是一般吊顶，它是将吸声材料隐藏于上层的一种特殊方式的空间吸声结构，下表层仅起到空间吸声体的护面作用。这种空间吸声体整体布局美观，吸声量大，特别适合于一个车间有多台设备而形成的多点声“聚焦”场合。机房空间吸声体总面积为 74 m^2，吸声材料选型如图 9-12 所示。

a. 吸声材料

b. 护面材料

图 9-12　吸声材料及其护面结构图

（2）机房墙体吸声技术措施

墙体隔声采用“亥母霍兹”共振腔-吸声材料-吸声护板复合吸声结构形式，近壁面设置共振腔，中间层设置吸声材料，外表面采用木质吸声板。该结构是普通隔声结构的改良型，具有吸声能力强，外表布局美观的优点。机房吸声墙体总面积为 146 m^2，吸声材料选型如图 9-13 所示。

a. 吸声材料

b. 护面材料

图 9-13　吸声材料及其护面结构图

2. 机房隔声技术措施

（1）机房门隔声技术措施

隔声门由门扇和门框组成，表面防锈喷涂处理，门体内填充阻尼层、吸声层，外表面为隔声层，内表面为穿孔护面板。制作隔声门时，特别要注意密封，门扇芯内超细玻璃棉不宜挤压密实，应保持其松软状态，以确保其隔声效果。门扇与门框之间的缝隙，应用泡沫橡胶条等弹性材料嵌入门框上的凹槽中，粘牢卡紧。泡沫橡皮条的截面尺寸，应比门框上的凹槽宽度大 1 mm，并凸出框边 2 mm，保证门扇关闭后能将缝隙处挤紧压严。双扇隔声门的门扇搭接缝，应做成双 L 形缝口。在搭接缝的中间，应设置泡沫橡胶条。门扇关闭时，搭接缝两边将泡沫橡胶条挤紧，门扇之间应留 2 mm 宽的缝隙。外包隔声门宜用人造革进行包裹，在人造革与门扇之间应填塞岩棉毯，然后用双层人造革压条规则地压在门扇表面，再用泡钉钉牢，人造革表面应包紧、绷平。在隔声门扇底部与地面间应留 5 mm 宽的缝隙，然后将 5 mm 厚的橡胶带钉在门扇下部前后侧，像扫帚一样托于地面，封闭门扇与地面间的缝隙。隔声门的五金，应与隔声门的功能相适应，如合页应选用无声合页等。

（2）机房窗隔声技术措施

隔声窗由双层夹胶玻璃与窗框组成，内外层玻璃厚度不同，且不平行放置。在窗框内敷贴吸声材料，并对窗缝进行密封。

3. 机房散热通风技术措施

机房隔声处理后，为保障电机及风机正常运行，需要对机房内部强制通风。冷空气进入采用折板式消声结构，热空气排出采用盘式消声结构，盘式消声器配备相应风机。在西墙西北角近天花板位置安装盘式消声器，在南墙东南角近地面位置安装折板消声器。

（六）噪声控制工程施工图

工程施工图如图 9-14～图 9-21。

设计总说明

一、工程设计技术规范

1、工程设计依据的法律、规范及标准

⑴中华人民共和国环境噪声污染防治法；

⑵中华人民共和国《工业企业噪声控制设计规范》（GBJ87-85）；

⑶中华人民共和国《声环境质量标准》（GB3096-2008）；

⑷中华人民共和国《工业企业厂界环境噪声排放标准》（GB12348-2008）。

2、工程设计指导思想

⑴满足机房内外环境噪声降噪目标要求；

⑵施工期间及噪声治理后不影响电机及风机正常运行；

⑶降噪设施结构简单，布局合理，安全可靠，便于施工安装及设备检修。

3、工程设计目标

⑴值班室噪声控制满足《工业企业噪声控制设计规范》（GBJ87-85）对有电话接听时≤70dB(A)的要求。

⑵机房外环境噪声控制满足《工业企业厂界环境噪声排放标准》（GB12348-2008）的Ⅲ类标准，即：昼≤65dB(A)，夜间≤55dB(A)的要求。

⑶满足电机绝缘等级对温升的要求，满足机房内散热通风要求。

二、工程设计技术措施

1、墙体隔声技术措施

墙体隔声采取吸声-隔声复合结构，内部设置共振腔，吸声低频声，中间设置吸声层，宽频带吸收声能，外部设置吸声孔板罩面。设置隔声门窗。

2、空间吸声体技术措施

空间吸声体采用吸声层，外罩穿孔板形式，为使机房整体美观，吸声体表面采用普通吊顶方式，内部采用改型吸声结构。

3、机房通风散热技术措施

为保障电机运行中热量及时散发，在机房相对应的侧墙安装盘式出风消声器，配备风机，抽出热空气，安装折板式消声器，输入冷空气。

三、降噪设施加工安装技术要求

1、消声器加工时，严格按照图纸尺寸要求制作，确保通风量达到设计要求，焊接、铆接、螺接按规范操作，确保结构强度及性能稳定。

2、隔声设施加工时，严格按照图纸要求制作，确保结合处密实不漏声，安装时确保达到与墙体之间密实不漏声的技术要求。

3、吸声结构加工安装时，严格按照图纸要求布设材料，不得随意更改设计材料用量及布设位置。

4、铝质穿孔板厚0.8～1mm，孔径4～8mm，穿孔率25～30%，购买材料时不得超出上述域值范围，加工安装时保证板材的平整。

5、消声器钢板厚度2mm，购买材料时不得低于下限域值。

6、阻尼层厚度为钢板厚度的2～3倍，涂刷时不得低下限厚度要求。

7、玻璃棉指憎水离心超细玻璃棉，容重范围25～30kg/m3，确保不吸水，购买应做憎水试验，以水中取出不带水为准，岩棉容重200～300kg/m3，材料参数不得超出域值要求。加工安装带有玻璃棉的构件时，严禁挤压，确保材料原始结构的完好。

8、玻璃丝布为中厚型为尚，没有特殊要求。

9、所有钢质材料必须进行除垢和防锈处理。

10、隔声窗制作时确保两层玻璃中的一层有适度倾斜，严禁平行安装。

四、注意事项

1、施工前拆除室内灯具、插座、开关及墙壁其它设施，并将电源线引出。

2、降噪设施安装时，确保隔声门、隔声窗、消声器、管线与墙面密实。

3、墙体隔声施工时，先固定龙骨，将龙骨固定为上下1200mm，左右600mm的矩形格。

4、吸声材料为1200X600X50的离心超细玻璃棉毡，填入龙骨空格中，要求内外平整。

5、纤维水泥板及木质穿孔吸声板固定于龙骨上。

6、盘式消声器尽量高位安装，折板式消声器尽量低位安装。

郑州磐恒实业有限公司	晋煤集团凤凰山矿污水处理厂新机房噪控				
图　纸　目　录					第 1 页 共 1 页
序号	图 纸 内 容	设计图号	采用图号	图幅	修 改 记 录
01	新机房-墙体吸隔声图	XJZK-01		A3	
02	新机房-盘式消声器图	XJZK-02		A3	
03	新机房-折板式消声器图	XJZK-03		A3	
04	新机房-隔声门图	XJZK-04		A3	
05	新机房-隔声窗图	XJZK-05		A3	
06	新机房-空间吸声体图	XJZK-06		A3	
07	新机房-管道软隔声图	XJZK-07		A3	

郑州磐恒实业有限公司				建设单位	晋煤集团公司凤凰山煤矿	图 别	施工图
				工程名称	污水处理厂机房噪声控制	图 号	A3
审 定		设 计	岳朝松	图纸内容	新机房设计总说明及图录	比 例	1:80
审 核	张 弛	制 图	张 哲			日 期	2010.10
项目负责人	夏伟凯	工种负责人				图档号	XJZK-00

图 9-14　设计总说明图

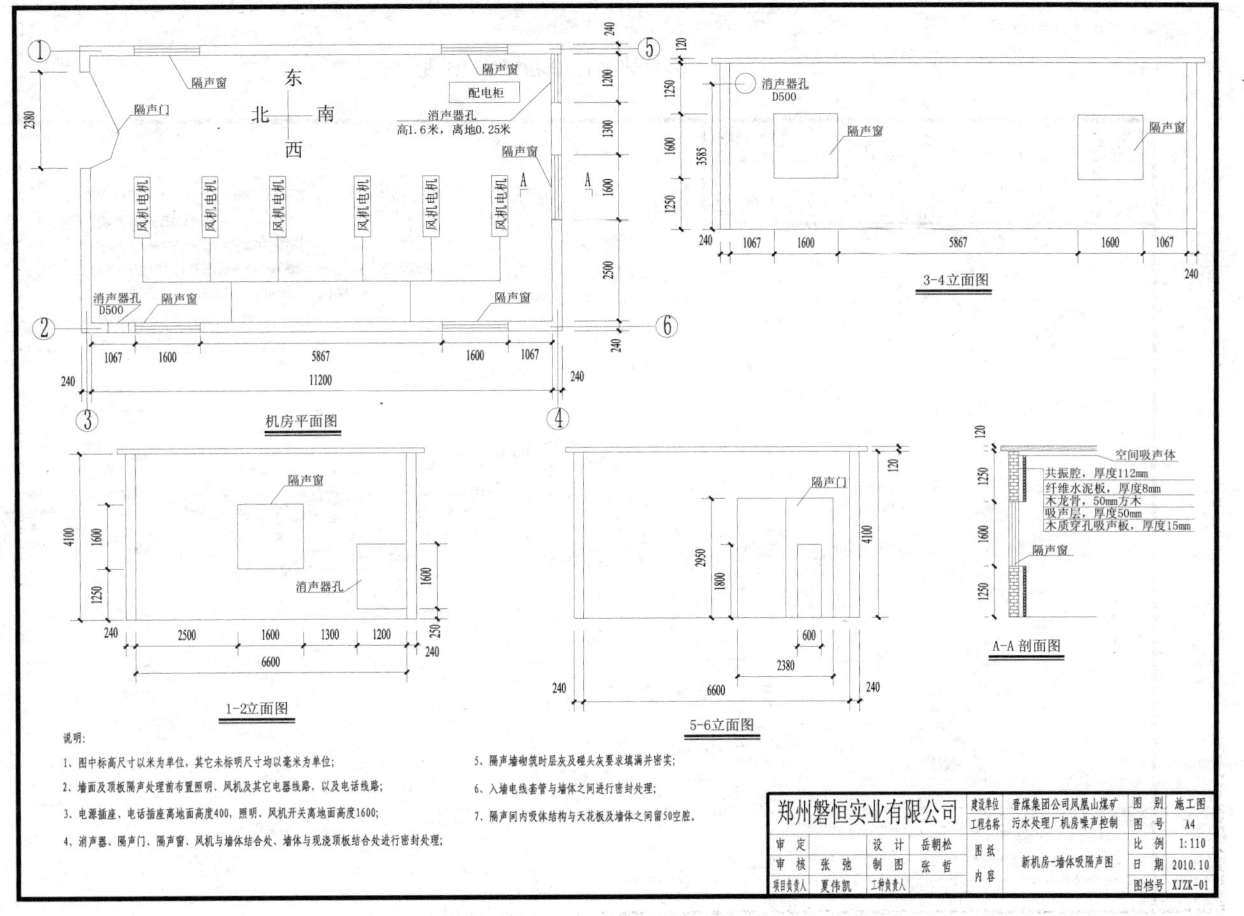

图 9-15 机房吸声隔声布局

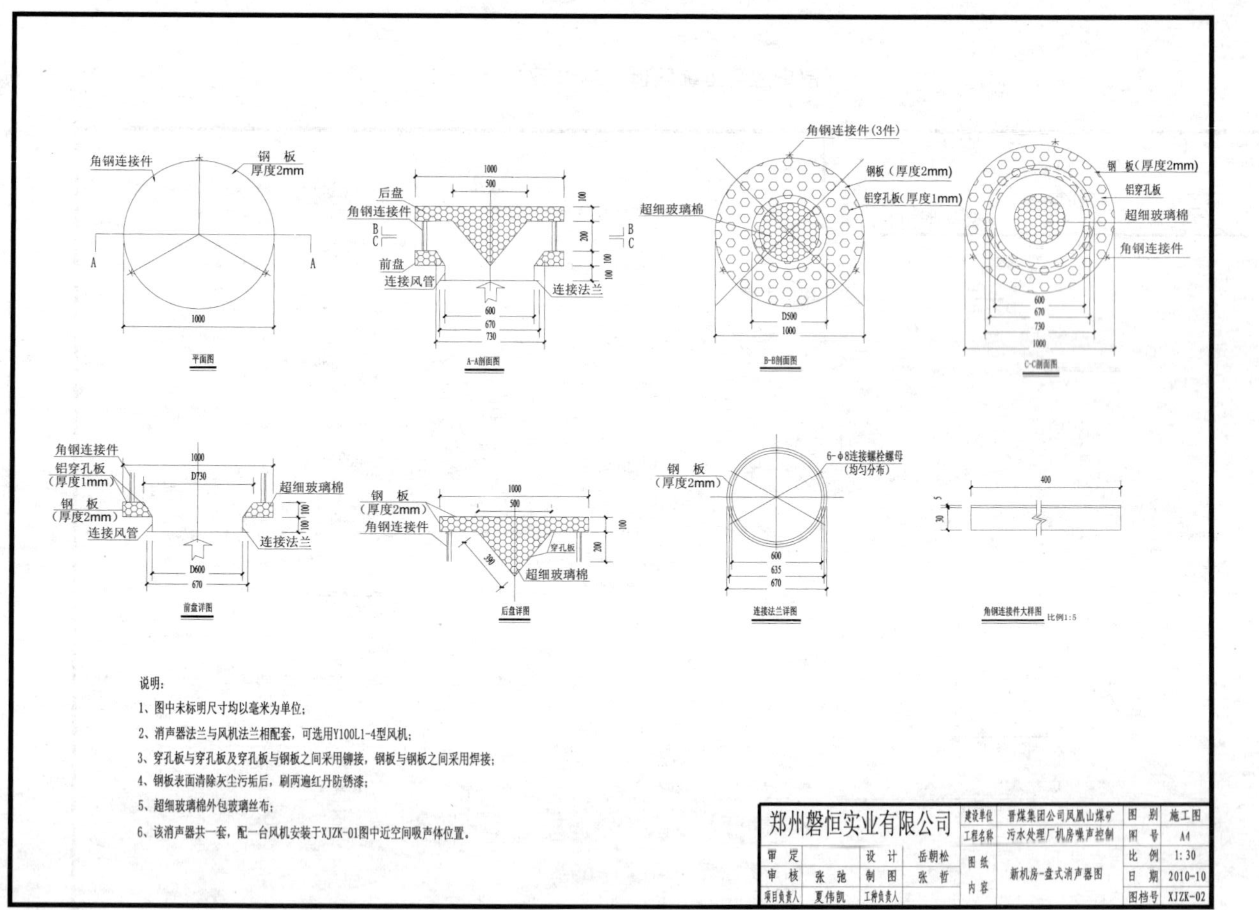

图 9-16 盘式出风消声器

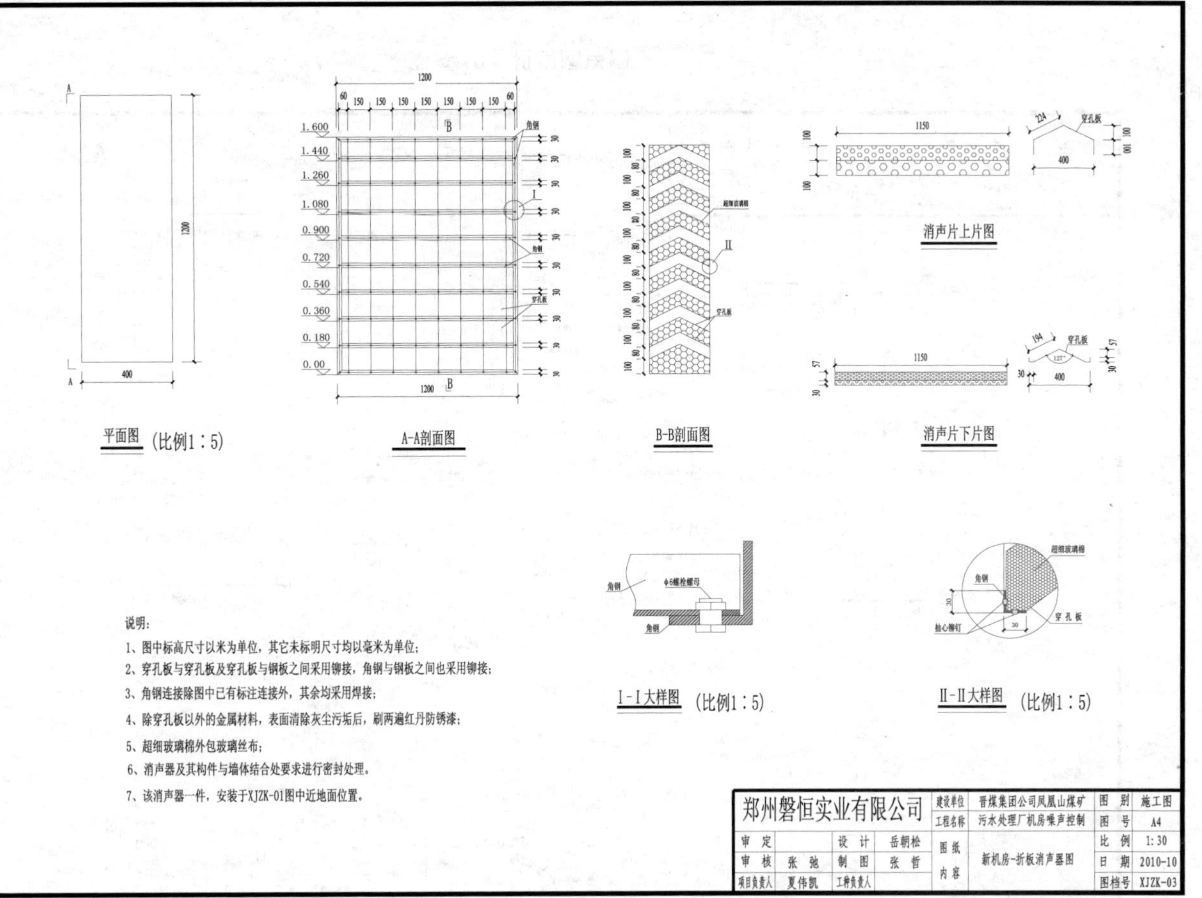

图 9-17 折板式进风消声器

隔声门迎立面图
门扇表面钢板
(厚度2mm)
门框固定构件
两边对称（6个）
门合页
两边对称（6个）
门框
门扇
II-II大样图 1:6
注：合页详图
合页轴心
(直径为20mm的圆钢)
合页轴
(外径为25mm的钢管)
门扇
合页扁钢
门框角钢
(70×70×5)
IV-IV大样图 1:10
角钢壁厚
四周迎门面贴毛毡
门框立面图
门框固定构件
两边对称（6个）
角钢
(70×70×5)
四周毛毡(厚10mm)
I-I大样图 1:10
门闩固定构件
(直径为8mm的圆钢)
锁环
(直径为10mm的圆钢)
锁柄
(厚度为3mm的扁钢)
两扇门间扣缝
门闩
(直径为20mm的圆钢)
III-III大样图 1:5
注：两扇门扣接详图
穿孔板
四周贴毛毡
门扇扣缝贴毛毡
郑州磐恒实业有限公司
建设单位 晋煤集团公司凤凰山煤矿
工程名称 污水处理厂机房噪声控制
审定
审核 张驰
项目负责人 夏伟凯
设计 岳朝松
制图 张哲
工种负责人
图纸内容 新机房-隔声门图
图别 施工图
图号 A4
比例 1:60
日期 2010-10
图档号 XJZK-04

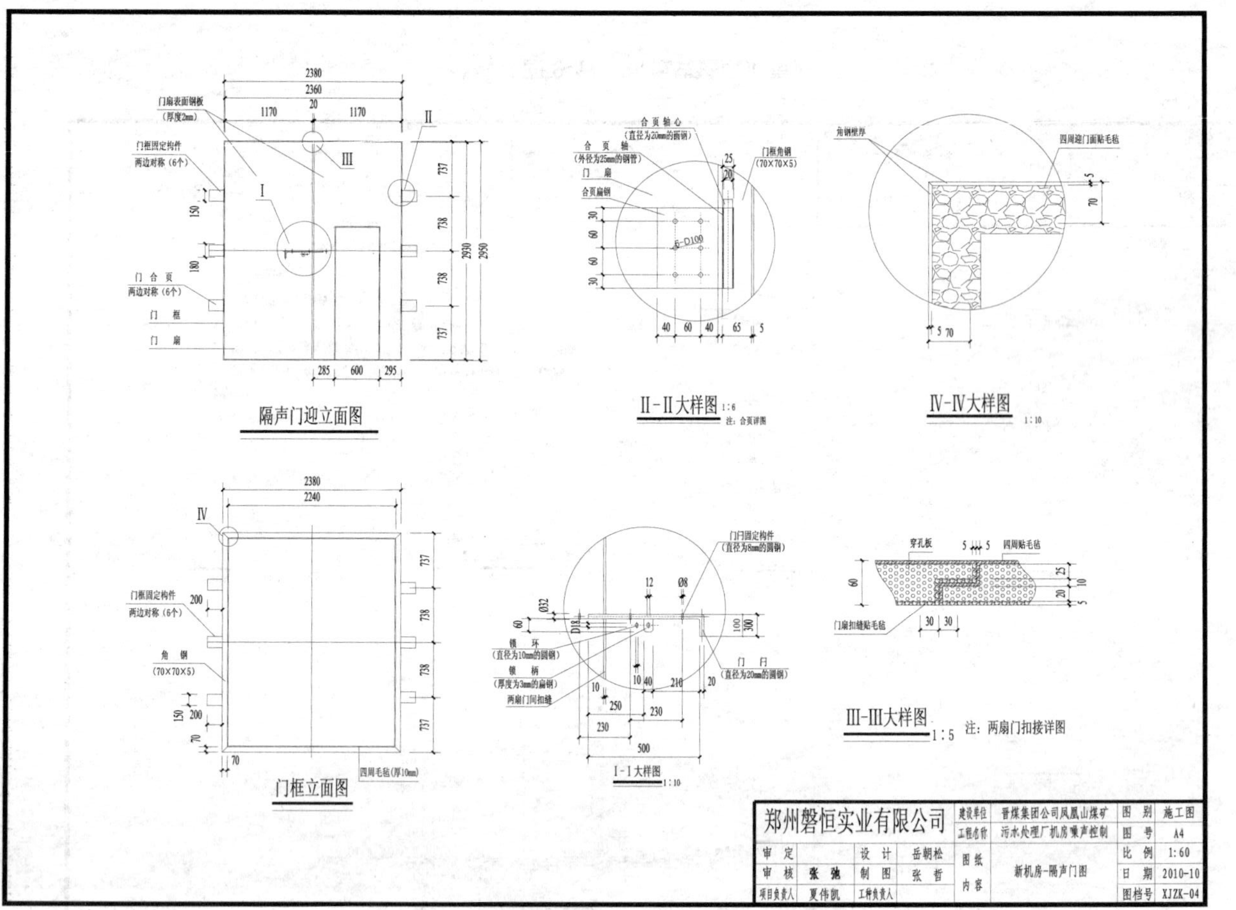

图 9-18 机房隔声门

窗框
(宽度为70mm)
滑动窗扇边
(宽度为40mm)
窗户玻璃(双层)
(外侧×内侧=6mm×3mm)
窗户扣环
800
1440
1600
活动窗户立面示意图
橡胶条
(厚5mm)
窗玻璃
(厚3mm)
窗玻璃
(厚6mm)
橡胶条
(厚10mm)
滑动窗扇边
(塑钢窗边)
塑钢窗扇边
塑钢窗框
超细玻璃棉
(外包玻璃丝布)
70
A-A剖面示意图
说明:
1、隔声窗共计五扇;
2、密封材料可选用发泡胶和毛毡，密封程度以不漏声为准;
3、窗框可选用塑钢材料，也可以选用其它材料;
4、窗户玻璃均采用双层结构，上间距离5mm，下间距离10mm，厚度为外侧×内侧=6mm×3mm的普通玻璃;
5、玻璃与窗扇、窗扇与窗框以及窗框与墙体之间结合要求密实，并且要求进行密封处理;
6、活动隔声窗的两窗扇之间要有良好的结合，并且要求进行必要的密封处理;
7、塑钢窗构件的连接采用相应材料的连接方式，并且要求连接紧密牢固。
郑州磐恒实业有限公司
建设单位 晋煤集团公司凤凰山煤矿
工程名称 污水处理厂机房噪声控制
图纸内容 新机房-隔声窗图
图别 施工图
图号 A4
比例 1:30
日期 2010-10
图档号 XJZK-05
审定
审核 张驰
设计 岳朝松
制图 张哲
项目负责人 夏伟凯
工种负责人

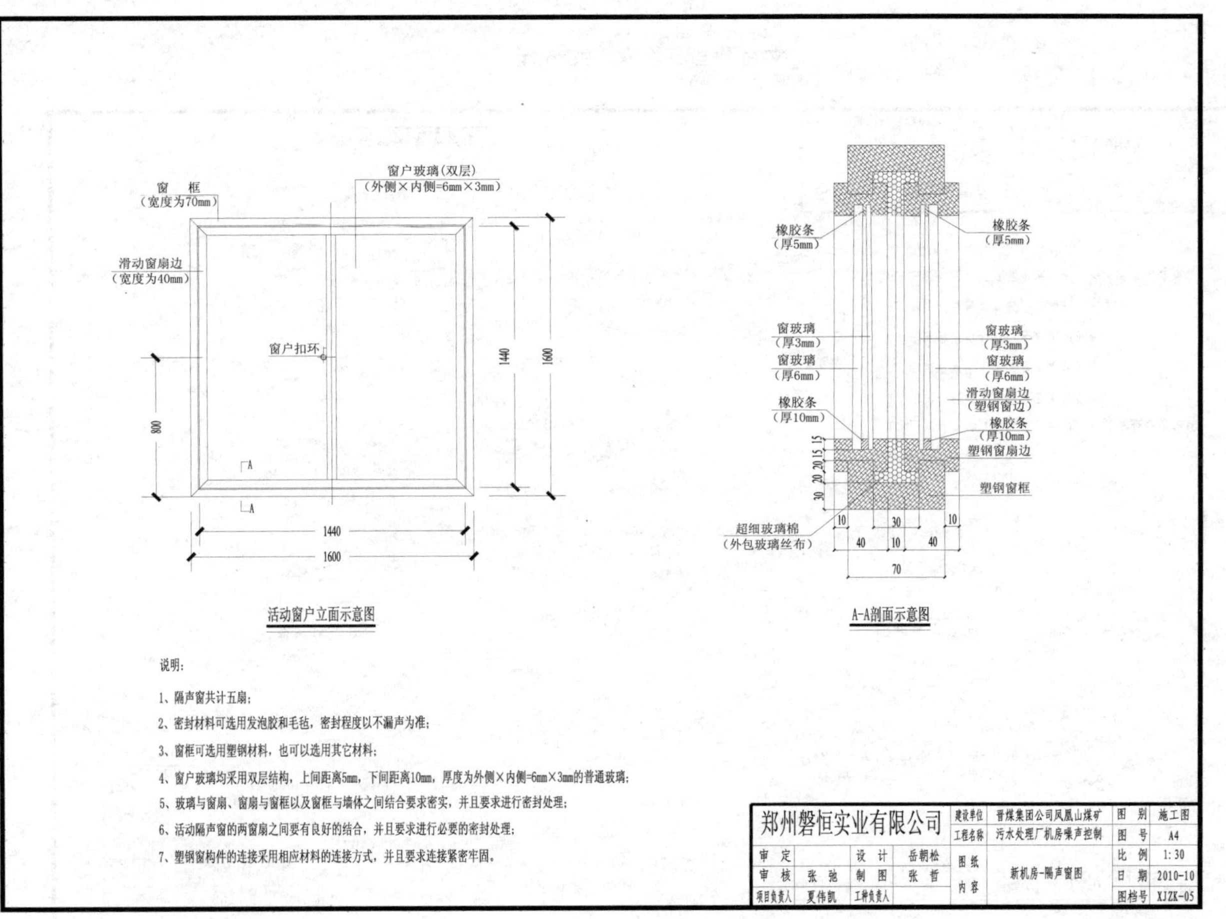

图 9-19 机房隔声窗

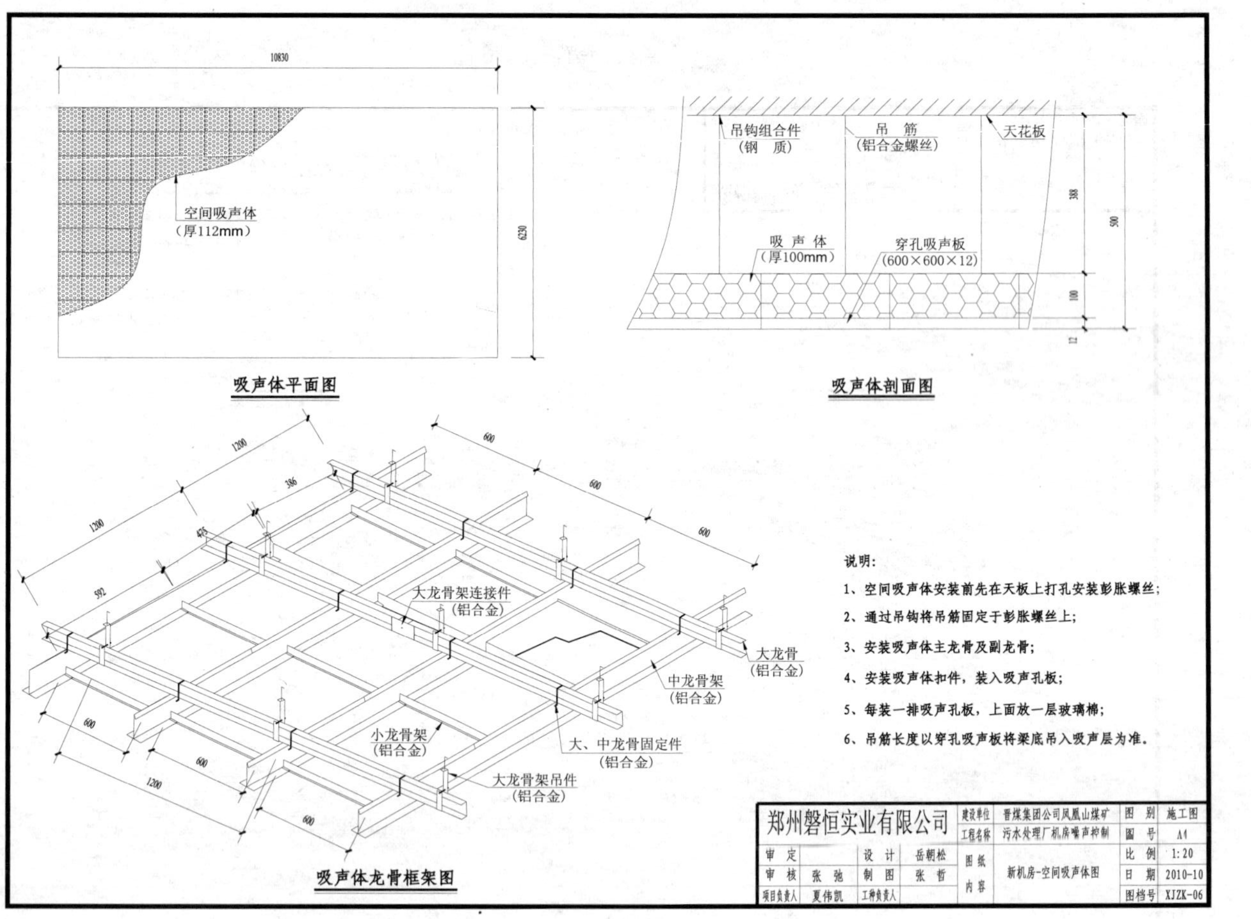

图 9-20 机房空间吸声体

超细玻璃棉
（厚50mm）
铝帛
风管
A-A（风管横剖）剖面图
超细玻璃棉
（厚50mm）
铝帛
风管
50
400
50
B-B（风管纵剖）剖面图
风机电机
风机电机
风机电机
风机电机
风机电机
风机电机
风管支管
A
A
风管干管
B
B
1000
10000
新机房风管布置平面图
郑州磐恒实业有限公司
建设单位 晋煤集团公司凤凰山煤矿
工程名称 污水处理厂机房噪声控制
图别 施工图
图号 A4
审定
设计 岳朝松
比例 1:60
审核 张弛
制图 张哲
图纸内容 新机房-风管软隔声图
日期 2010.10
项目负责人 夏伟凯
工种负责人
图档号 XJZK-07

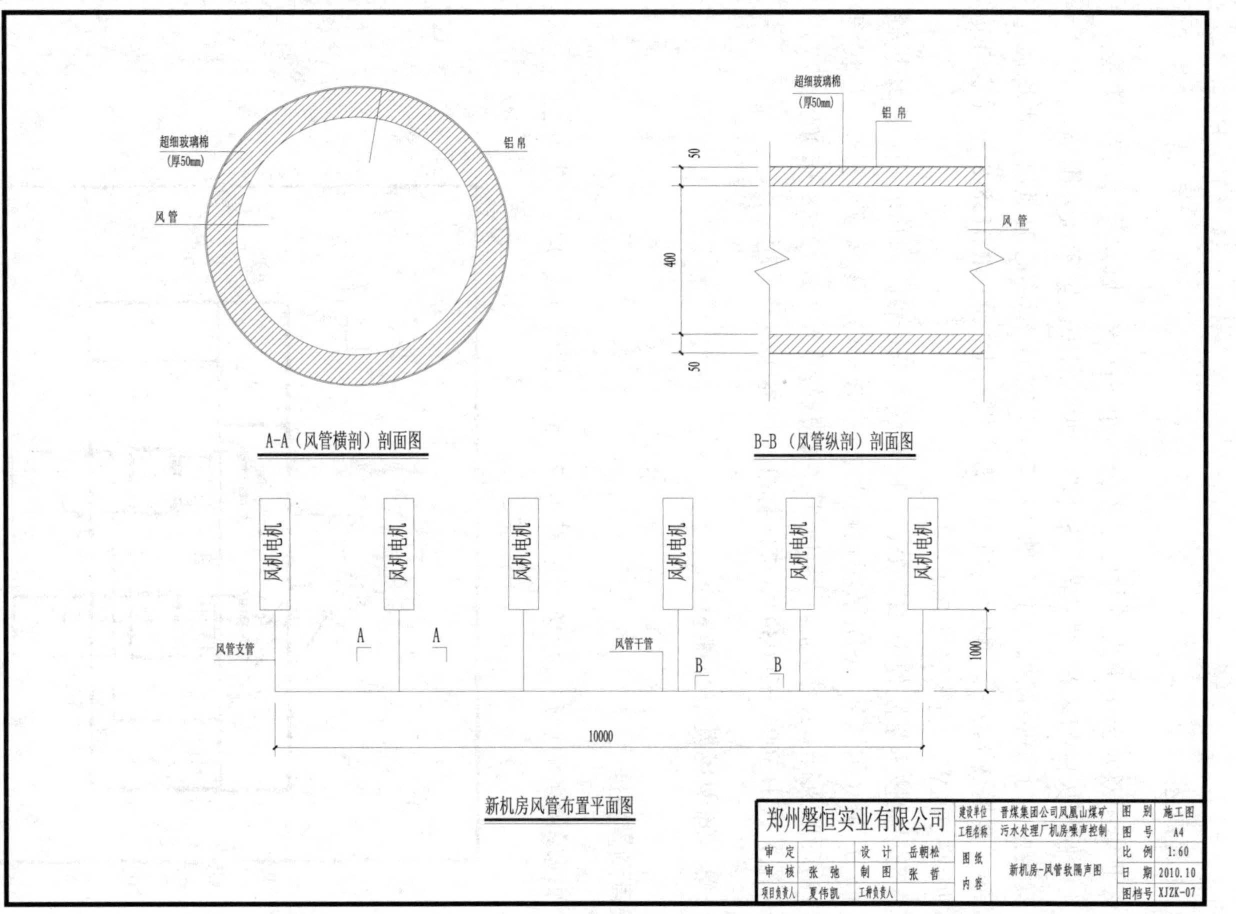

图 9-21 机房管道隔声

实例六　安徽淮北矿业集团双龙公司中央风井噪声控制工程设计

（一）工程概述

淮北矿业集团双龙公司中央风井位于该公司家属区内，风井四周均有居民区，其中东、北两侧居民区与风井仅相隔一条马路，西侧居民区紧邻风井围墙。

机房安装两台上海鼓风机厂生产的 G4-73-11#22 D 型离心通风机，平均风量 5 000 m^3/min，全压 1 740 Pa。配套电机为上海电机厂生产的 JRQ158-8 型异步电动机，额定功率 380 kW，绝缘等级 B。

江苏建筑职业技术学院使用 HS6280 D 噪声频谱分析仪，对风井噪声现场进行勘察与测量，厂界（围墙外 1 m）敏感点噪声 78.3 dB（A）。该区域为工业与居民混合区，噪声治理应执行《工业企业厂界环境噪声排放标准》（GB 12348—2008）和《声环境质量标准》（GB 3096—2008）Ⅱ类区标准，厂界噪声严重超标。

（二）噪声源现场勘察与测量

1. 噪声测量数据

噪声源现场测量测点布置示意图见图 9-22，测量数据见表 9-21、表 9-22。

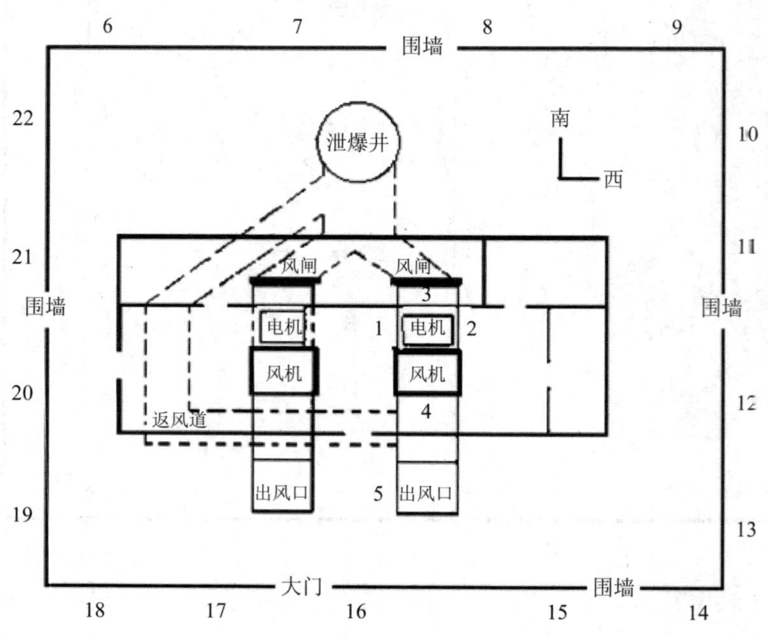

图 9-22　噪声测量布点示意

表 9-21 各监测点测量数据表 单位：dB（A）

编号	1	2	3	4	5	6	7	8	9	10	11
量值	84.8	84.6	83.5	83.9	105.2	65.4	64.9	64.7	65.8	68.2	68.7
编号	12	13	14	15	16	17	18	19	20	21	22
量值	71.3	71.5	73.5	77.4	78.3	74.9	72.9	73.6	73.2	72.6	72.3

表 9-22 代表性测点频带声压级测量数据表 单位：dB

中心频率/Hz	63	125	250	500	1 000	2 000	4 000	8 000
出风口	99.8	102.3	99.6	96.9	93.2	83.7	68.5	66.9
风　机	86.2	90.3	87.8	82.6	76.6	69.2	66.9	53.2
电动机	82.4	86.7	85.6	81.9	79.8	75.8	73.5	66.2

2. 噪声源特性分析

（1）出风口空气动力性噪声辐射强度 105.2 dB（A），直接向周边环境辐射，是环境噪声主要污染源，由图 9-23 出风口噪声频谱分析图可以看出，突出频率成分为 63～250 Hz，因此，从现场声源特性来说，出风口空气动力性噪声控制应以 63～250 Hz 的低频成分为主。

（2）风机噪声辐射强度 83.9 dB（A），透过门窗向环境辐射，是环境噪声次要污染源之一，从图 9-24 风机噪声频谱分析图可以看出，风机噪声以 63～250 Hz 的低频成分为主。

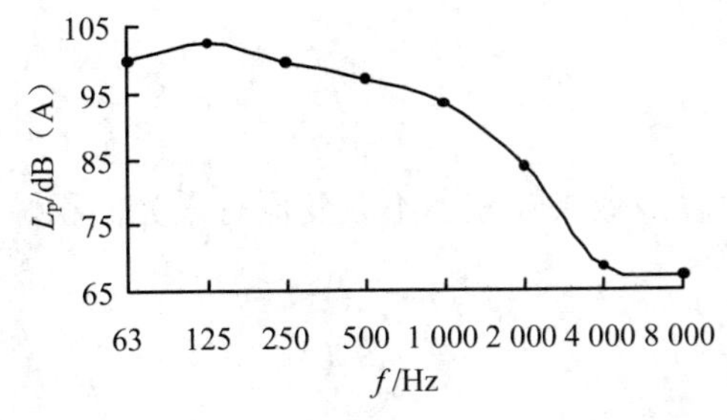

图 9-23 出风口噪声频谱分析图

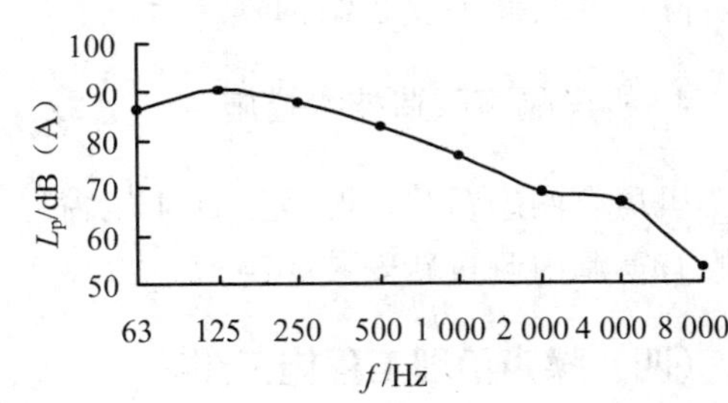

图 9-24 风机噪声频谱分析图

（3）电机噪声辐射强度 84.8 dB（A），从测量的频谱数据可以看出，突出频率成分为 125 Hz，透过门窗向环境辐射，也是环境噪声次要污染源之一。

（三）噪声治理技术措施

1. 消声片安装可行性分析

风道截面尺寸为：长×宽×高=5.1 m×3.5 m×3.2 m，依据现有通风量进行核算，设计一种片式阻抗复合消声结构，直接安装于风道内，通道气流速度 7 m/s 左右，末端再生噪声约 70 dB（A），能满足出风口降噪要求。

2. 空气动力性噪声消声技术措施

将阻抗复合消声片分成两段，直接安装于风道两侧壁面上。消声片外围尺寸为：长×宽×高=1.5 m×0.1 m×3.2 m。消声片采用防腐角钢做龙骨，防腐穿孔板做护面，吸声主材选用防水型耐腐吸声材料。异形消声片系江苏建筑职业技术学院主持的江苏省高新技术应用课题成果，获得 2007 年徐州市科技进步奖、2008 年淮海科学技术奖、2009 年实用新型技术发明专利、2010 年江苏省环保科技奖。该实用新型与公知的消声片相比较，消声量增加 10%～20%，低频消声明显增加，既具有宽频阻性消声特性，又具有扩张室抗性消声性能。空气动力性能的改善，使风道气流运行平稳，阻塞比小于等于 0.5，阻力损失小于等于 3%，风量损失小于等于 3%，将有效降低电机负荷及再生噪声。

3. 风道观察孔隔声技术措施

风道侧面有 6 个观察孔，其中两个孔洞尺寸为：宽×高=0.7 m×1.36 m，4 个孔洞尺寸为：宽×高=0.53 m×0.93 m。原有观察孔隔声门损坏严重，将 6 个隔声门全部拆除，安装新型复合结构隔声门。

4. 机房隔声改造技术措施

机房有两扇窗户，配电室有 4 扇窗户，隔声效果较差，不改变原有采光面积，在原有窗洞内侧重新安装隔声窗。

（四）噪声治理工程施工图

工程施工图如图 9-25～图 9-32。

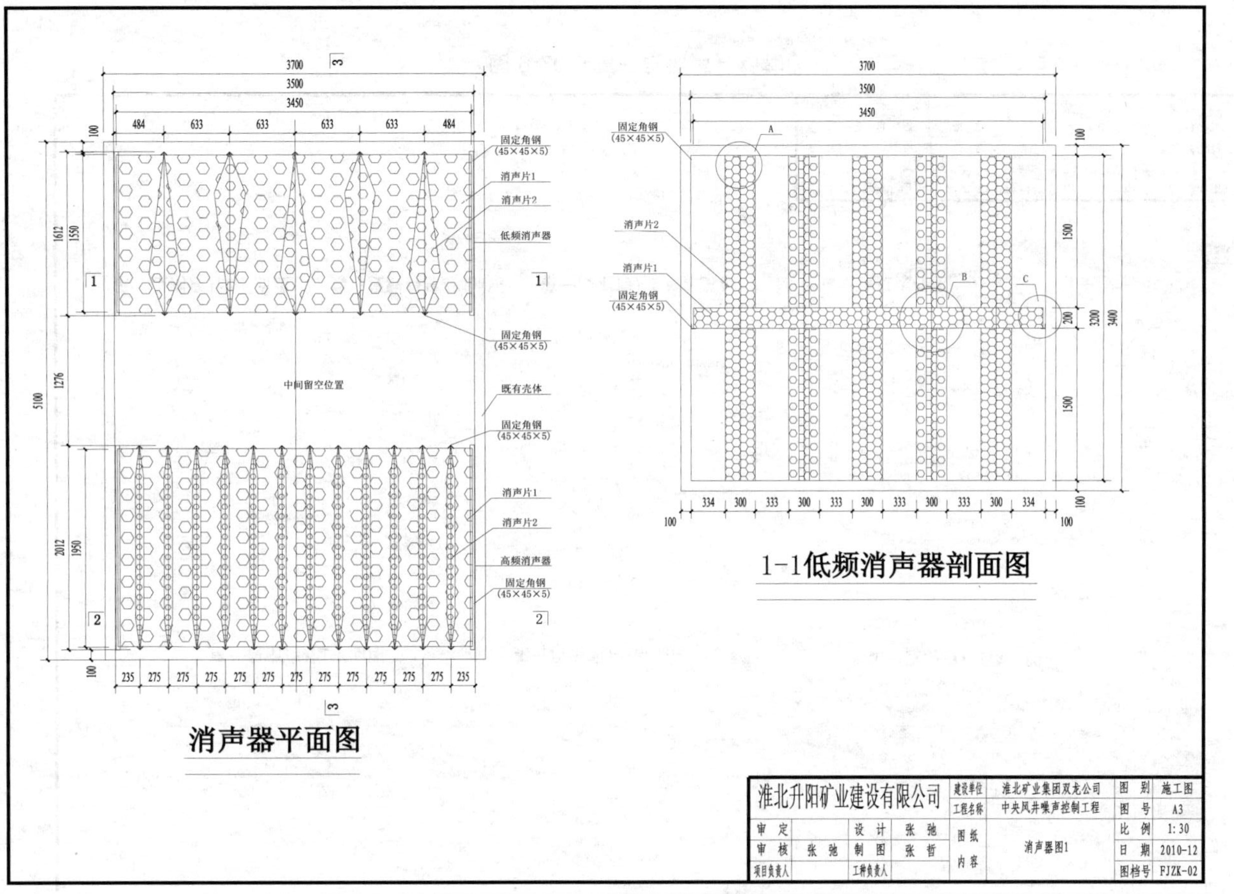

图 9-25　第一段消声器结构图

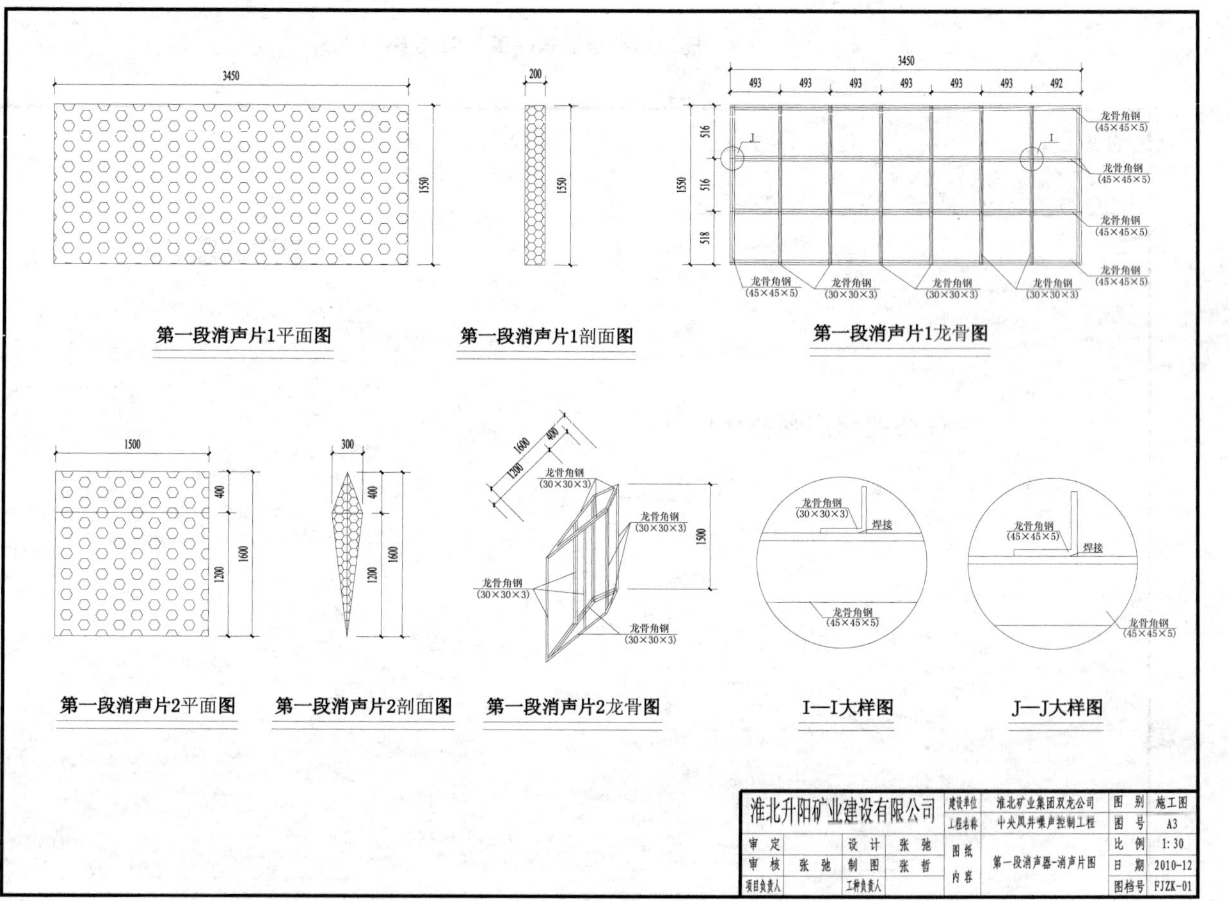

图 9-26 第一段消声片结构图

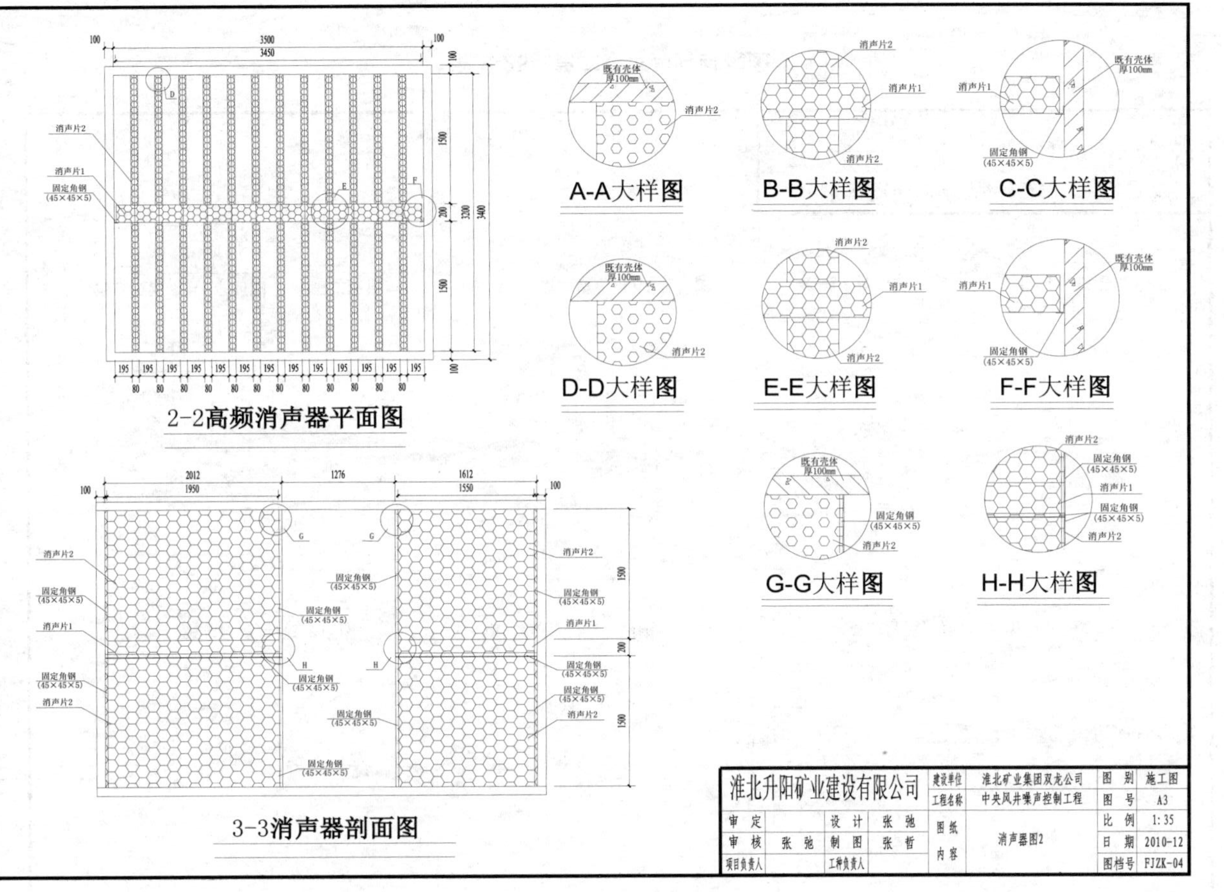

图 9-27 第二段消声器结构图

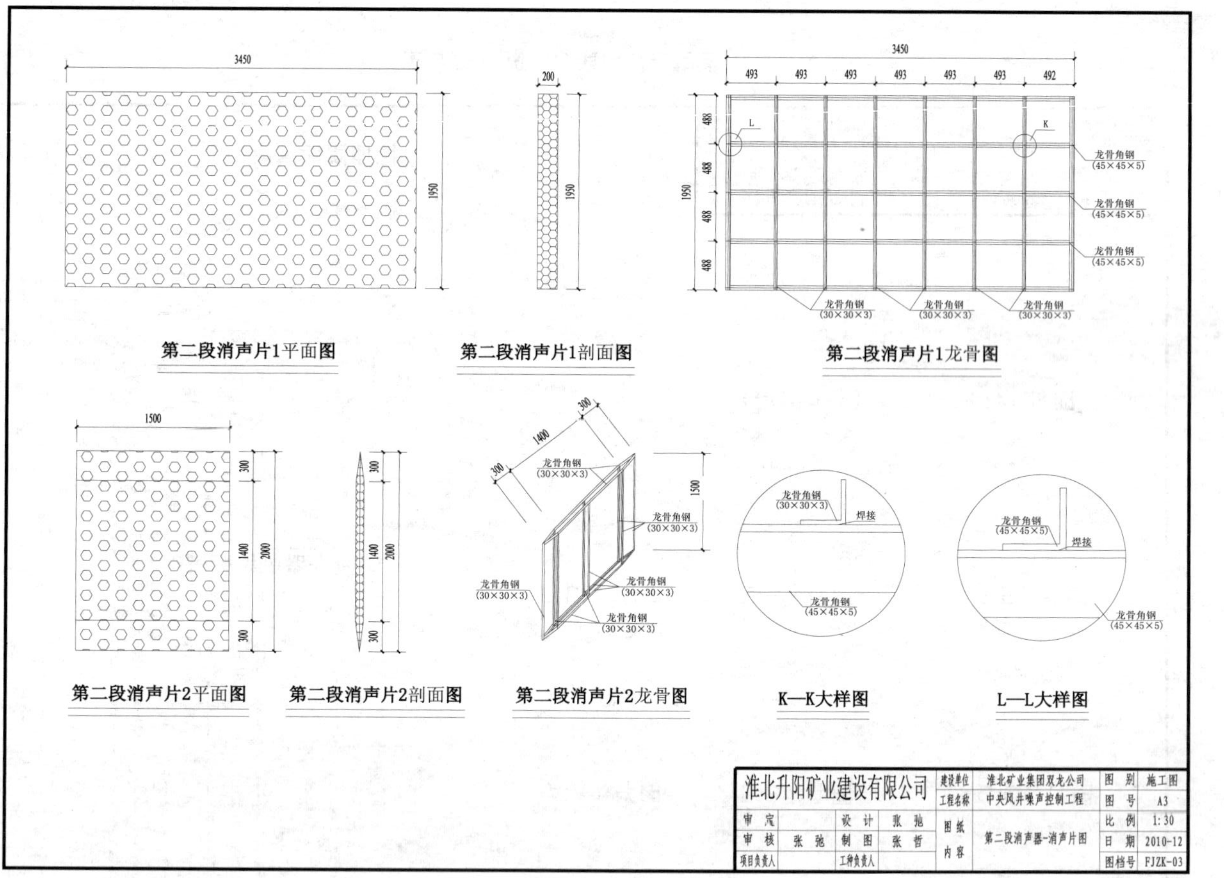

图 9-28 第二段消声片结构图

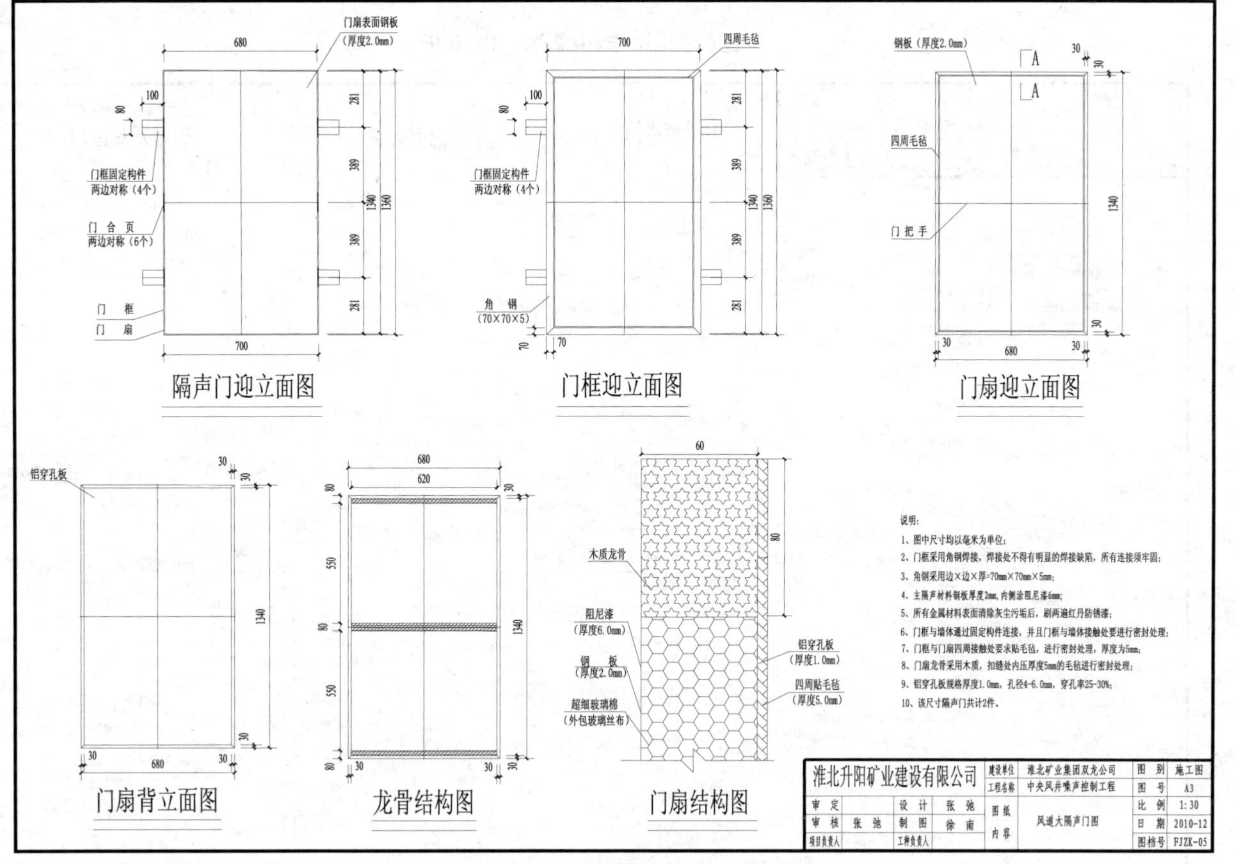

图 9-29 风道大隔声门结构图

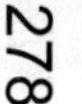

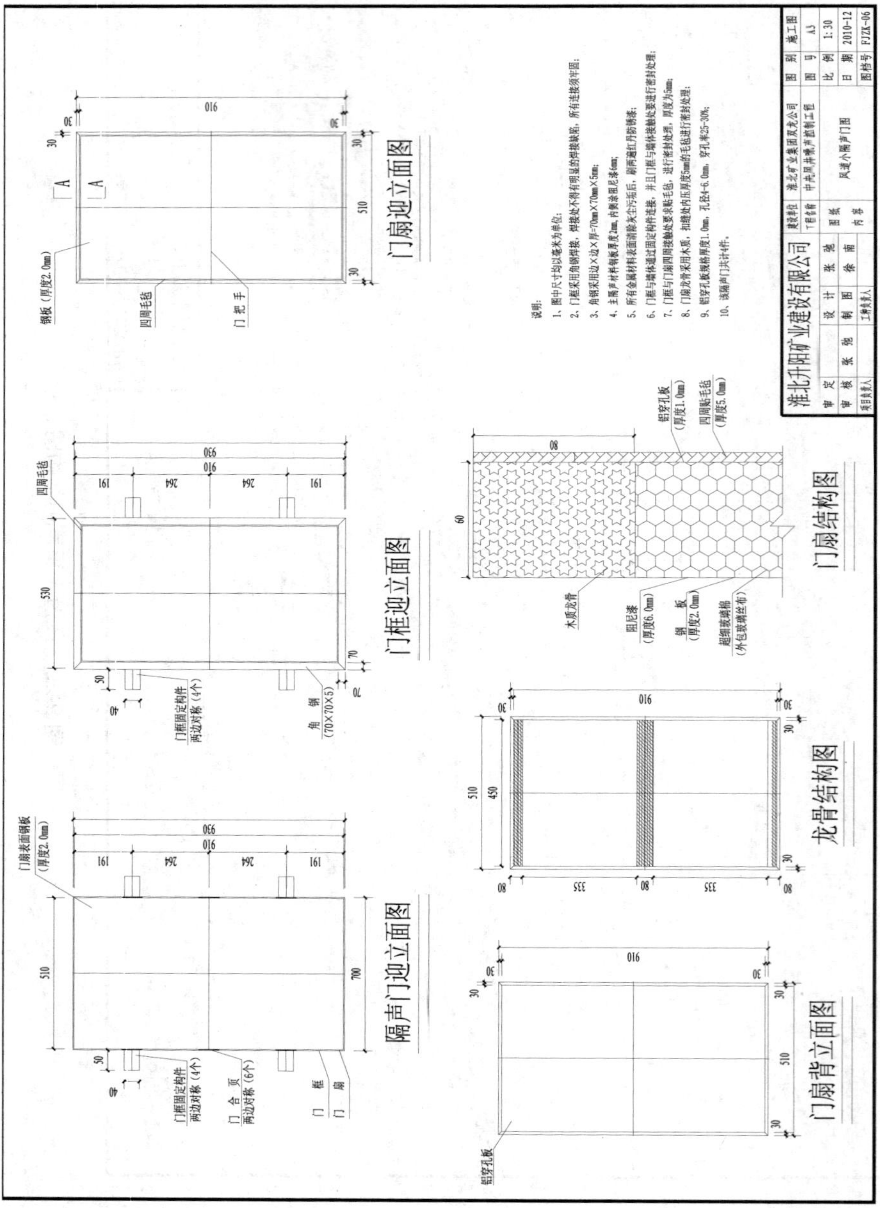

门扇表面钢板（厚度2.0mm）

门框固定构件 两边对称（4个）

门合页 两边对称（6个）

门框

门扇

510　700　50　40　191　264　264　191　910　930

隔声门迎立面图

四周毛毡

门框固定构件 两边对称（4个）

角钢（70×70×5）

530　50　40　70　70　191　264　264　191　910　930

门框迎立面图

钢板（厚度2.0mm）

四周毛毡

门把手

A　A

30　30　510　30　30　910

门扇迎立面图

铝穿孔板

30　30　510　30　30　910

门扇背立面图

510　450　80　335　80　335　80　30　30　30　30　910

龙骨结构图

木质龙骨

阻尼漆（厚度6.0mm）

钢板（厚度2.0mm）

超细玻璃棉（外包玻璃丝布）

铝穿孔板（厚度1.0mm）

四周贴毛毡（厚度5.0mm）

60　80

门扇结构图

说明：

1、图中尺寸均以毫米为单位；

2、门框采用角钢焊接，焊接处不得有明显的焊接缺陷，所有连接须牢固；

3、角钢采用边×边×厚=70mm×70mm×5mm；

4、主隔声材料钢板厚度2mm，内侧涂阻尼漆6mm；

5、所有金属材料表面清除灰尘污垢后，刷两遍红丹防锈漆；

6、门框与墙体通过固定构件连接，并且门框与墙体接触处要进行密封处理；

7、门框与门扇四周接触处要求贴毛毡，进行密封处理，厚度为5mm；

8、门扇龙骨采用木质，扣缝处内压厚度5mm的毛毡进行密封处理；

9、铝穿孔板规格厚度1.0mm，孔径4-6.0mm，穿孔率25-30%；

10、该隔声门共计4件。

淮北升阳矿业建设有限公司				建设单位	淮北矿业集团双龙公司	图别	施工图
				工程名称	中央风井噪声控制工程	图号	A3
审定		设计	张弛	图纸内容	风道小隔声门图	比例	1:30
审核	张弛	制图	徐南			日期	2010-12
项目负责人		工种负责人				图档号	FJZK-06

图 9-30　风道小隔声门结构图

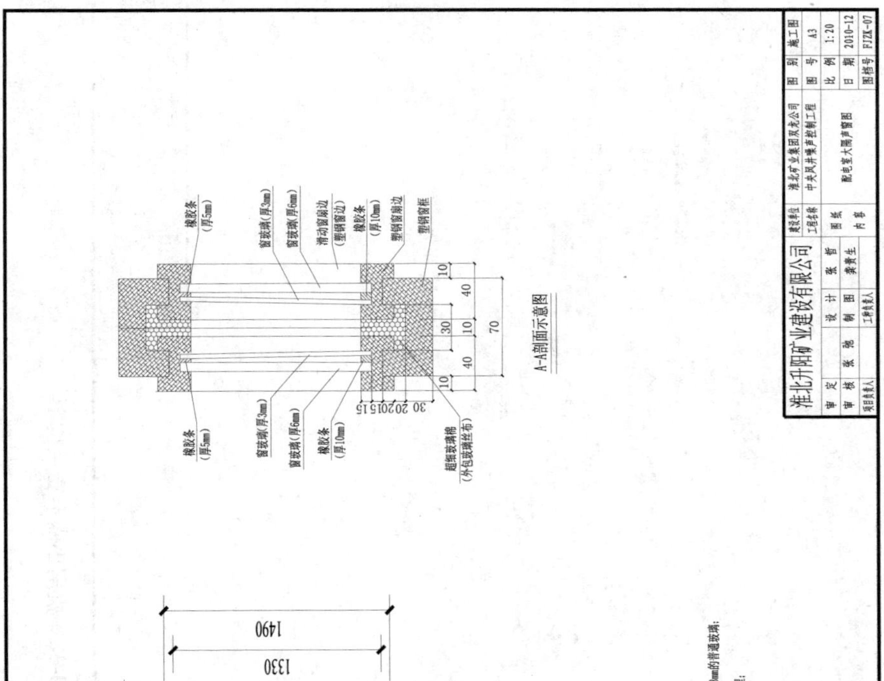

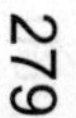

窗框
(宽度为70mm)

窗户玻璃(双层)
(外侧×内侧=6mm×3mm)

滑动窗扇边
(宽度为40mm)

窗户扣环

745

1330

1490

1630

1790

A

A

活动窗户立面示意图

橡胶条
(厚5mm)

窗玻璃(厚3mm)

窗玻璃(厚6mm)

橡胶条
(厚10mm)

滑动窗扇边
(塑钢窗边)

塑钢窗扇边

塑钢窗框

超细玻璃棉
(外包玻璃丝布)

15 15 20 20 30

10 30 10

40 10 40

70

A-A剖面示意图

说明：

1、隔声窗共计3扇；

2、密封材料可选用发泡胶和毛毡，密封程度以不漏声为准；

3、窗框可选用塑钢材料，也可以选用其它材料；

4、窗户玻璃均采用双层结构，上间距离5mm，下间距离10mm，厚度为外侧×内侧=6mm×3mm的普通玻璃；

5、玻璃与窗扇、窗扇与窗框以及窗框与墙体之间结合要求密实，并且要求进行密封处理；

6、活动隔声窗的两窗扇之间粘贴毛毡密封。

淮北升阳矿业建设有限公司				建设单位	淮北矿业集团双龙公司	图　别	施工图
				工程名称	中央风井噪声控制工程	图　号	A3
审　定		设　计	张　哲	图纸内容	配电室大隔声窗图	比　例	1:20
审　核	张　弛	制　图	龚贵生			日　期	2010-12
项目负责人		工种负责人				图档号	FJZK-07

图 9-31　机房大隔声窗结构图

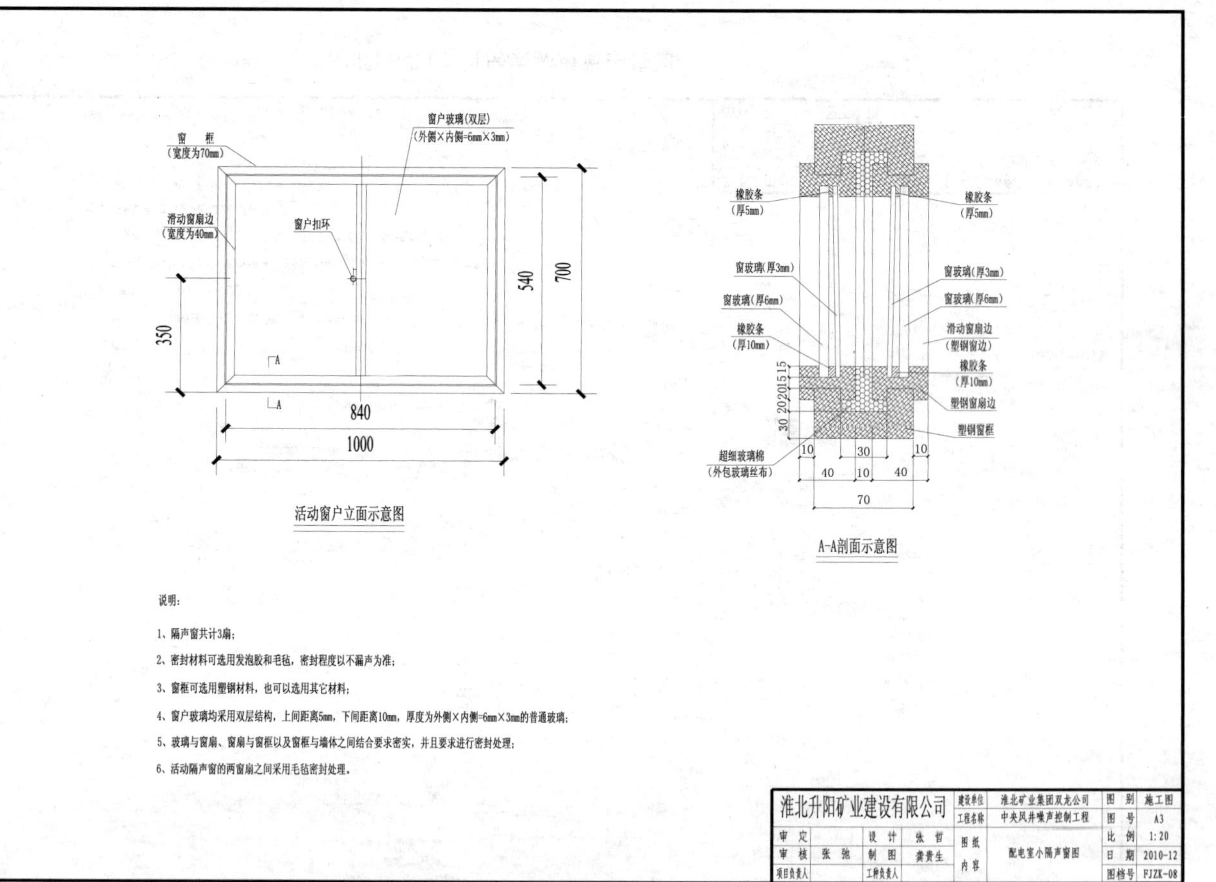

图 9-32　机房小隔声窗结构图

第三节　综合实验与技能实训

一、综合实验　学校环境噪声普查与评价

按照本章实验二的要求，找一张学校平面图，将其分成100～110个等大的方格，以班级为单位，分成若干个组，普查学校环境噪声，并进行评价。

二、课程设计　杭州顶津食品徐州分公司空压机房噪声控制设计

1. 工程概述

杭州顶津食品徐州生产分公司空压机房地处铜山新区，机房西侧为水泥预制板厂，西北侧为板材厂，北侧为农田，东侧、南侧为本公司厂房，西北角10 m处设有板材厂值班室。机房安装CE46B型空压机1台，风压40 bar，风量22 m^3/min，配套电机功率215 kW，转速5 000 r/min。机房尺寸（长×宽×高）15 200 mm×6 100 mm × 6 000 mm，墙体下部为砖混结构，1门，上部为夹心板结构，4窗。测量布点图及数据如图9-33、表9-23及表9-24所示。

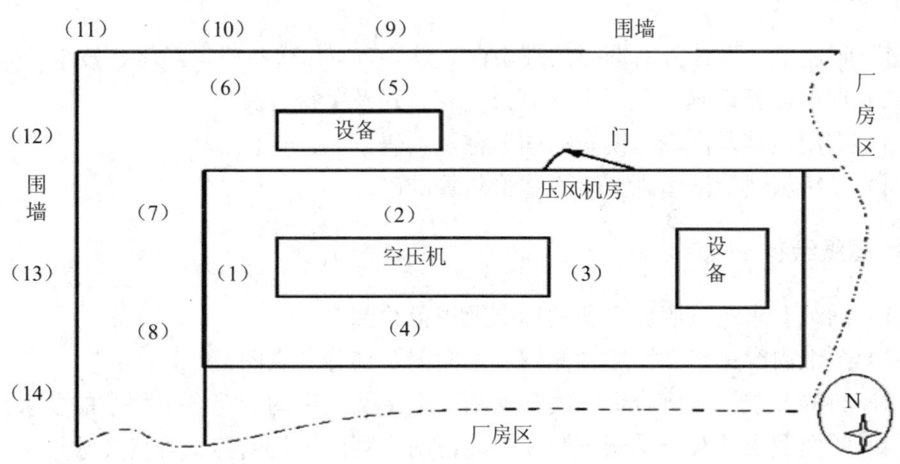

图9-33　噪声测量布点示意图

表9-23　各监测点测量数据表　　单位：dB（A）

测点编号	1	2	3	4	5	6	7
测量值	94.2	95.4	90.6	94.9	77.8	73.9	74.8
测点编号	8	9	10	11	12	13	14
测量值	74.4	70.7	70.1	67.6	67.5	68.8	68.6

表 9-24　代表性测点频带声压级测量数据表　　单位：dB（A）

中心频率/Hz	63	125	250	500	1 000	2 000	4 000	8 000
测点 2	65.4	78.0	84.6	85.2	91.7	86.8	87.1	88.3
测点 13	70.4	74.8	70.1	61.2	60.5	59.7	59.1	58.2

2. 噪声控制目标

厂界噪声控制目标满足：《工业企业厂界环境噪声排放标准》（GB 12348—2008）和《声环境质量标准》（GB 3096—2008）Ⅲ类区标准。

机房噪声控制目标满足：《工业企业噪声卫生标准》改建的工业企业生产车间，噪声标准 85 dB（A）。

3. 噪声控制措施

（1）机房墙体隔声、隔声门及隔声窗，门窗尺寸自定。

（2）空间吸声体（60～80 m^2）。

（3）机房散热：盘式出风消声器及折板式进风消声器。

4. 设计说明书

（1）阐述单元设计方案选择的理由，对设计方案做可行性（经济、技术）分析。

（2）理论计算正确，并写出计算公式表达式及字符含义。

（3）引用数据及图表注明资料的名称及页码。

（4）文字叙述简洁清晰，工程造价估算准确。

5. 图纸绘制

（1）图纸要求：按照施工图的标准及规范绘制。

（2）图纸内容：平面图、轴侧图、剖面图及部分节点图。

（3）布局要求：比例合适，线条清晰，数字及文字均应符合工程字的要求。

（4）图面要求：统一图例，简要设计说明，列出主材名称、规格及数量。

三、毕业设计　山西晋煤集团公司寺河矿上庄风井噪声控制工程设计

1. 工程概述

晋煤集团寺河矿上庄风井，安装两台燕京矿山设备有限公司生产的 BDK62C-10-$N_0$40 型煤矿防爆抽出式主扇风机，额定风量 10 300～37 800 m^3/min，实测风量 28 300 m^3/min，静压 2 350～3 620 Pa，实测静压 2 682 Pa。配套电机为佳木斯电机

股份有限公司生产的 YBF-800-10 型，额定功率 1 120 kW，6 kV，转速 592 r/min，绝缘等级 F，允许温升 85℃。现场照片及测量布点图，如图 9-34 和图 9-35，测量数据如表 9-25 及表 9-26。

表 9-25 各监测点测量数据表　　单位：dB（A）

测点编号	1	2	3	4	5	6	7	8	9	10	11
测量值	93.0	93.8	99.3	98.2	95.3	100.6	100.1	100.3	103.1	93.4	110.9
测点编号	12	13	14	15	16	17	18	19	20	21	22
测量值	97.9	96.4	76.2	73.3	63.4	60.2	58.3	57.4	58.7	59.5	70.2
测点编号	23	24	25	26	27	28	29	30	31	32	33
测量值	73.0	75.8	80.1	94.2	98.7	92.2	89.5	89.2	86.1	83.2	80.0

表 9-26 代表性测点频带声压级测量数据表　　单位：dB

中心频率/Hz	63	125	250	500	1 000	2 000	4 000	8 000
一级风机	82.6	102.2	107.4	99.5	87.8	82.5	74.3	71.8
二级风机	84.1	92.2	103.3	99.7	88.9	86.3	75.7	71.9
扩散器	85.3	98.6	109.9	104.1	86.4	85.7	74.9	68.8
扩散塔	96.4	102.5	113.8	111.9	105.5	100.1	93.3	91.8

图 9-34 风机现场安装图

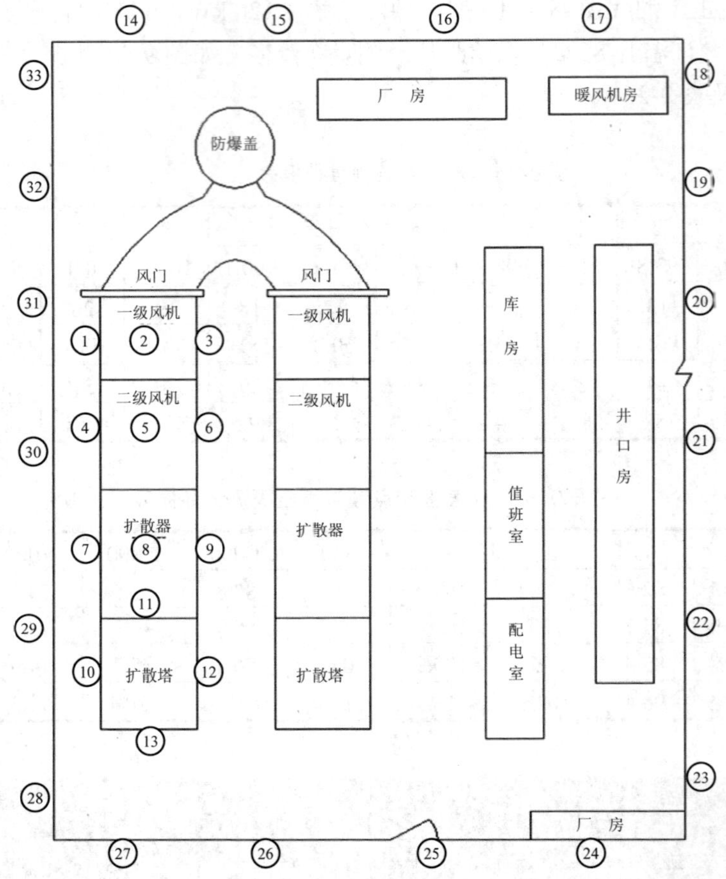

图 9-35　噪声测量布点示意图

2. 噪声控制目标

厂界噪声控制目标满足：《工业企业厂界环境噪声排放标准》（GB 12348—2008）和《声环境质量标准》（GB 3096—2008）Ⅲ类区标准。

值班室噪声控制目标满足：《工业企业噪声控制设计规范》（GBJ 87—85）高噪声作业场所的值班室有电话通信要求时，噪声限值 70 dB（A）。

3. 噪声控制措施

（1）出风口噪声消声

① 在两个出风口外围及中间地面做基础，在基础上做钢筋混凝土承重框架结构，总高度 12 m，分别在 6 m、9 m、12 m 高度做圈梁，6 m 以下为消声器隔声围护结构，6～9 m 为第二段消声器壳体结构，9～12 m 为第三段消声器壳体结构。

② 消声器分为三段，第一段为扩张室抗性消声器，扩张室下截面 6 250 mm×4 950 mm，与出风口对接，上截面 12 650 mm×8 450 mm，与第二段消声器对接，高度 600～900 mm。第二段消声器为蜂窝式结构。器壁为土建围护结构，壁厚 370 mm，内腔尺寸 12 650 mm×8 450 mm，外围高度 3 000 mm，由片式消声单元组合成蜂窝式消声通道，片厚分别为 300 mm 和 150 mm，有效消声长度 2 000 mm。第三段消声器为蜂窝式结构。器壁为土建围护结构，壁厚 370 mm，内腔尺寸 12 650 mm ×8 450 mm，外围高度 3 000 mm，由片式消声单元组合成蜂窝式消声通道，片厚分别为 170 mm 和 100 mm，有效消声长度 2 000 mm。

③ 消声器外壁设爬梯，便于测量出风口风压、风速及消声片检修。消声器上方安装避雷设施，采用ϕ15 圆钢做引向线，40 mm 扁钢做接地母线，ϕ15 圆钢做接地节，埋深 1 m。

（2）风机系统隔声

① 两套风机系统（风机、扩散器及扩散塔）共建一个组合式隔声围护结构，组合隔声结构尺寸为：长×宽×高=27 m×12 m×6 m。侧墙为砖混结构、顶面为轻钢结构。

② 围护结构长度方向两侧面各设计 8 扇隔声窗，尺寸自定。

③ 围护结构出风口端中间底部设计 1 扇隔声门，尺寸自定。

（3）值班室隔声

值班室有 1 门 1 窗，在原有门洞、窗洞处安装隔声门、隔声窗，尺寸自定。

4. 设计说明书

（1）阐述单元设计方案选择的理由，对设计方案做可行性（经济、技术）分析。

（2）理论计算正确，并写出计算公式表达式及字符含义。

（3）引用数据及图表注明资料的名称及页码。

（4）文字叙述简洁清晰，工程造价估算准确。

5. 图纸绘制

（1）图纸要求：按照施工图的标准及规范绘制。

（2）图纸内容：平面图、轴侧图、剖面图及部分节点图。

（3）布局要求：比例合适，线条清晰，数字及文字均应符合工程字的要求。

（4）图面要求：统一图例，简要设计说明，列出主材名称、规格及数量。

附录一　中华人民共和国环境保护法

（中华人民共和国主席令第二十二号）

（1989 年 12 月 26 日第七届全国人民代表大会常务委员会第十一次会议通过）

目录

第一章　总则

第二章　环境监督管理

第三章　保护和改善环境

第四章　防治环境污染和其他公害

第五章　法律责任

第六章　附则

第一章　总　则

第一条　为保护和改善生活环境与生态环境，防治污染和其他公害，保障人体健康，促进社会主义现代化建设的发展，制定本法。

第二条　本法所称环境，是指影响人类生存和发展的各种天然的和经过人工改造的自然因素的总体，包括大气、水、海洋、土地、矿藏、森林、草原、野生生物、自然遗迹、人文遗迹、自然保护区、风景名胜区、城市和乡村等。

第三条　本法适用于中华人民共和国领域和中华人民共和国管辖的其他海域。

第四条　国家制订的环境保护规划必须纳入国民经济和社会发展计划，国家采取有利于环境保护的经济、技术政策和措施，使环境保护工作同经济建设和社会发展相协调。

第五条　国家鼓励环境保护科学教育事业的发展，加强环境保护科学技术的研究和开发，提高环境保护科学技术水平，普及环境保护的科学知识。

第六条　一切单位和个人都有保护环境的义务，并有权对污染和破坏环境的单位和个人进行检举和控告。

第七条　国务院环境保护行政主管部门，对全国环境保护工作实施统一监督管理。

县级以上地方人民政府环境保护行政主管部门，对本辖区的环境保护工作实施统一监督管理。

国家海洋行政主管部门、港务监督、渔政渔港监督、军队环境保护部门和各级公安、交通、铁道、民航管理部门，依照有关法律的规定对环境污染防治实施监督管理。

县级以上人民政府的土地、矿产、林业、农业、水利行政主管部门，依照有关法律的规定对资源的保护实施监督管理。

第八条 对保护环境有显著成绩的单位和个人，由人民政府给予奖励。

第二章 环境监督管理

第九条 国务院环境保护行政主管部门制定国家环境质量标准。

省、自治区、直辖市人民政府对国家环境质量标准中未作规定的项目，可以制定地方环境质量标准，并报国务院环境保护行政主管部门备案。

第十条 国务院环境保护行政主管部门根据国家环境质量标准和国家经济、技术条件，制定国家污染物排放标准。

省、自治区、直辖市人民政府对国家污染物排放标准中未作规定的项目，可以制定地方污染物排放标准；对国家污染物排放标准中已作规定的项目，可以制定严于国家污染物排放标准的地方污染物排放标准。地方污染物排放标准须报国务院环境保护行政主管部门备案。

凡是向已有地方污染物排放标准的区域排放污染物的，应当执行地方污染物排放标准。

第十一条 国务院环境保护行政主管部门建立监测制度，制定监测规范，会同有关部门组织监测网络，加强对环境监测和管理。国务院和省、自治区、直辖市人民政府的环境保护行政主管部门，应当定期发布环境状况公报。

第十二条 县级以上人民政府环境保护行政主管部门，应当会同有关部门对管辖范围内的环境状况进行调查和评价，拟订环境保护规划，经计划部门综合平衡后，报同级人民政府批准实施。

第十三条 建设污染环境的项目，必须遵守国家有关建设项目环境保护管理的规定。

建设项目的环境影响报告书，必须对建设项目产生的污染和对环境的影响作出评价，规定防治措施，经项目主管部门预审并依照规定的程序报环境保护行政主管部门批准。环境影响报告书经批准后，计划部门方可批准建设项目设计任务书。

第十四条 县级以上人民政府环境保护行政主管部门或者其他依照法律规定行使环境监督管理权的部门，有权对管辖范围内的排污单位进行现场检查。被检查的单位应当如实反映情况，提供必要的资料。检查机关应当为被检查的单位保守技术秘密和业务秘密。

第十五条 跨行政区的环境污染和环境破坏的防治工作，由有关地方人民政府协商解决，或者由上级人民政府协调解决，作出决定。

第三章 保护和改善环境

第十六条 地方各级人民政府，应当对本辖区的环境质量负责，采取措施改善环境质量。

第十七条 各级人民政府对具有代表性的各种类型的自然生态系统区域，珍稀、濒危的野生动植物自然分布区域，重要的水源涵养区域，具有重大科学文化价值的地质构造、著名溶洞和化石分布区、冰川、火山、温泉等自然遗迹，以及人文遗迹、古树名木，应当采取措施加以保护，严禁破坏。

第十八条 在国务院、国务院有关主管部门和省、自治区、直辖市人民政府划定的风景名胜区、自然保护区和其他需要特别保护的区域内，不得建设污染环境的工业生产设施；建设其他设施，其污染物排放不得超过规定的排放标准。已经建成的设施，其污染物排放超过规定的排放标准的，限期治理。

第十九条 开发利用自然资源，必须采取措施保护生态环境。

第二十条 各级人民政府应当加强对农业环境的保护，防治土壤污染、土地沙化、盐渍化、贫瘠化、沼泽化、地面沉降和防治植被破坏、水土流失、水源枯竭、种源灭绝以及其他生态失调现象的发生和发展，推广植物病虫害的综合防治，合理使用化肥、农药及植物生长激素。

第二十一条 国务院和沿海地方各级人民政府应当加强对海洋环境的保护。向海洋排放污染物、倾倒废弃物，进行海岸工程建设和海洋石油勘探开发，必须依照法律的规定，防止对海洋环境的污染损害。

第二十二条 制订城市规划，应当确定保护和改善环境的目标和任务。

第二十三条 城乡建设应当结合当地自然环境的特点，保护植被、水域和自然景观，加强城市园林、绿地和风景名胜区的建设。

第四章 防治环境污染和其他公害

第二十四条 产生环境污染和其他公害的单位，必须把环境保护工作纳入计划，建立环境保护责任制度，采取有效措施，防治在生产建设或者其他活动中产生的废气、废水、废渣、粉尘、恶臭气体、放射性物质以及噪声、振动、电磁波辐射等对环境的污染和危害。

第二十五条 新建工业企业和现有工业企业的技术改造，应当采用资源利用率高、污染物排放量少的设备和工艺，采用经济合理的废弃物综合利用技术和污染物处理技术。

第二十六条 建设项目中防治污染的设施，必须与主体工程同时设计、同时施工、同时投产使用。防治污染的设施必须经原审批环境影响报告书的环境保护行政主管部门验收合格后，该建设项目方可投入生产或者使用。

防治污染的设施不得擅自拆除或者闲置，确有必要拆除或者闲置的，必须征得所在地的环境保护行政主管部门同意。

第二十七条 排放污染物的企业事业单位，必须依照国务院环境保护行政主管部门的规定申报登记。

第二十八条 排放污染物超过国家或者地方规定的污染物排放标准的企业事业单位，依照国家规定缴纳超标准排污费，并负责治理。水污染防治法另有规定的，依照水污染防治法的规定执行。

征收的超标准排污费必须用于污染的防治，不得挪作他用，具体使用办法由国务院规定。

第二十九条 对造成环境严重污染的企业事业单位，限期治理。

中央或者省、自治区、直辖市人民政府直接管辖的企业事业单位的限期治理，由省、自治区、直辖市人民政府决定。市、县或者市、县以下人民政府管辖的企业事业单位的限期治理，由市、县人民政府决定。被限期治理的企业事业单位必须如期完成治理任务。

第三十条 禁止引进不符合我国环境保护规定要求的技术和设备。

第三十一条 因发生事故或者其他突然性事件，造成或者可能造成污染事故的单位，必须立即采取措施处理，及时通报可能受到污染危害的单位和居民，并向当地环境保护行政主管部门和有关部门报告，接受调查处理。

可能发生重大污染事故的企业事业单位，应当采取措施，加强防范。

第三十二条 县级以上地方人民政府环境保护行政主管部门，在环境受到严重污染，威胁居民生命财产安全时，必须立即向当地人民政府报告，由人民政府采取有效措施，解除或者减轻危害。

第三十三条 生产、储存、运输、销售、使用有毒化学物品和含有放射性物质的物品，必须遵守国家有关规定，防止污染环境。

第三十四条 任何单位不得将产生严重污染的生产设备转移给没有污染防治能力的单位使用。

第五章　法律责任

第三十五条 违反本法规定，有下列行为之一的，环境保护行政主管部门或者其他依照法律规定行使环境监督管理权的部门可以根据不同情节，给予警告或者处以罚款：

（一）拒绝环境保护行政主管部门或者其他依照法律规定行使环境监督管理权的部门现场检查或者在被检查时弄虚作假的；

（二）拒报或者谎报国务院环境保护行政主管部门规定的有关污染物排放申报事项的；

（三）不按国家规定缴纳超标准排污费的；

（四）引进不符合我国环境保护规定要求的技术和设备的；

（五）将产生严重污染的生产设备转移给没有污染防治能力的单位使用的。

第三十六条 建设项目的防治污染设施没有建成或者没有达到国家规定的要求，投入生产或者使用的，由批准该建设项目的环境影响报告书的环境保护行政主管部门责令停止生产或者使用，可以并处罚款。

第三十七条 未经环境保护行政主管部门同意，擅自拆除或者闲置防治污染的设施，污染物排放超过规定的排放标准的，由环境保护行政主管部门责令重新安装使用，并处罚款。

第三十八条 对违反本法规定，造成环境污染事故的企业事业单位，由环境保护行政主管部门或者其他依照法律规定行使环境监督管理权的部门根据所造成的危害后果处以罚款；情节较重的，对有关责任人员由其所在单位或者政府主管机关给予行政处分。

第三十九条 对经限期治理逾期未完成治理任务的企业事业单位，除依照国家规定加收超标准排污费外，可以根据所造成的危害后果处以罚款，或者责令停业、关闭。

前款规定的罚款由环境保护行政主管部门决定。责令停业、关闭，由作出限期治理决定的人民政府决定；责令中央直接管辖的企业事业单位停业、关闭，须报国务院批准。

第四十条 当事人对行政处罚决定不服的，可以在接到处罚通知之日起十五日内，向作出处罚决定的机关的上一级机关申请复议；对复议决定不服的，可以在接到复议决定之日起十五日内，向人民法院起诉。当事人也可以在接到处罚通知之日起十五日内，直接向人民法院起诉。当事人逾期不申请复议、也不向人民法院起诉、又不履行处罚决定的，由作出处罚决定的机关申请人民法院强制执行。

第四十一条 造成环境污染危害的，有责任排除危害，并对直接受到损害的单位或者个人赔偿损失。

赔偿责任和赔偿金额的纠纷，可以根据当事人的请求，由环境保护行政主管部门或者其他依照本法律规定行使环境监督管理权的部门处理；当事人对处理决定不服的，可以向人民法院起诉。当事人也可以直接向人民法院起诉。

完全由于不可抗拒的自然灾害，并经及时采取合理措施，仍然不能避免造成环境污染损害的，免予承担责任。

第四十二条 因环境污染损害赔偿提起诉讼的时效期为三年，从当事人知道或者应当知道受到污染损害时起计算。

第四十三条 违反本法规定，造成重大环境污染事故，导致公私财产重大损失或者人身伤亡的严重后果的，对直接责任人员依法追究刑事责任。

第四十四条 违反本法规定，造成土地、森林、草原、水、矿产、渔业、野生动植物等资源的破坏的，依照有关法律的规定承担法律责任。

第四十五条 环境保护监督管理人员滥用职权、玩忽职守、徇私舞弊的，由其所在单位或者上级主管机关给予行政处分；构成犯罪的，依法追究刑事责任。

第六章 附 则

第四十六条 中华人民共和国缔结或者参加的与环境保护有关的国际条约，同中华人民共和国法律有不同规定的，适用国际条约的规定，但中华人民共和国声明保留的条款除外。

第四十七条 本法自公布之日起施行，《中华人民共和国环境保护法（试行）》同时废止。

附录二　中华人民共和国环境噪声污染防治法

（中华人民共和国主席令第七十七号）

（1996年10月29日第八届全国人民代表大会常务委员会第二十二次会议通过）

目录

第一章　总则
第二章　环境噪声污染防治的监督管理
第三章　工业噪声污染防治
第四章　建筑施工噪声污染防治
第五章　交通运输噪声污染防治
第六章　社会生活噪声污染防治
第七章　法律责任
第八章　附则

第一章　总　则

第一条　为防治环境噪声污染，保护和改善生活环境，保障人体健康，促进经济和社会发展，制定本法。

第二条　本法所称环境噪声，是指在工业生产、建筑施工、交通运输和社会生活中所产生的干扰周围生活环境的声音。

本法所称环境噪声污染，是指所产生的环境噪声超过国家规定的环境噪声排放标准，并干扰他人正常生活、工作和学习的现象。

第三条　本法适用于中华人民共和国领域内环境噪声污染的防治。

因从事本职生产、经营工作受到噪声危害的防治，不适用本法。

第四条　国务院和地方各级人民政府应当将环境噪声污染防治工作纳入环境保护规划，并采取有利于声环境保护的经济、技术政策和措施。

第五条　地方各级人民政府在制订城乡建设规划时，应当充分考虑建设项目和区域开发、改造所产生的噪声对周围生活环境的影响，统筹规划，合理安排功能区和建设布局，防止或者减轻环境噪声污染。

第六条　国务院环境保护行政主管部门对全国环境噪声污染防治实施统一监督管理。

县级以上地方人民政府环境保护行政主管部门对本行政区域内的环境噪声污染防治实施统一监督管理。

各级公安、交通、铁路、民航等主管部门和港务监督机构，根据各自的职责，对交通运输和社会生活噪声污染防治实施监督管理。

第七条 任何单位和个人都有保护声环境的义务，并有权对造成环境噪声污染的单位和个人进行检举和控告。

第八条 国家鼓励、支持环境噪声污染防治的科学研究、技术开发，推广先进的防治技术和普及防治环境噪声污染的科学知识。

第九条 对在环境噪声污染防治方面成绩显著的单位和个人，由人民政府给予奖励。

第二章 环境噪声污染防治的监督管理

第十条 国务院环境保护行政主管部门分别对不同的功能区制定国家声环境质量标准。

县级以上地方人民政府根据国家声环境质量标准，划定本行政区域内各类声环境质量标准的适用区域，并进行管理。

第十一条 国务院环境保护行政主管部门根据国家声环境质量标准和国家经济、技术条件，制定国家环境噪声排放标准。

第十二条 城市规划部门在确定建设布局时，应当依据国家声环境质量标准和民用建筑隔声设计规范，合理划定建筑物与交通干线的防噪声距离，并提出相应的规划设计要求。

第十三条 新建、改建、扩建的建设项目，必须遵守国家有关建设项目环境保护管理的规定。

建设项目可能产生环境噪声污染的，建设单位必须提出环境影响报告书，规定环境噪声污染的防治措施，并按照国家规定的程序报环境保护行政主管部门批准。

环境影响报告书中，应当有该建设项目所在地单位和居民的意见。

第十四条 建设项目的环境噪声污染防治设施必须与主体工程同时设计、同时施工、同时投产使用。

建设项目在投入生产或者使用之前，其环境噪声污染防治设施必须经原审批环境影响报告书的环境保护行政主管部门验收；达不到国家规定要求的，该建设项目不得投入生产或者使用。

第十五条 产生环境噪声污染的企业事业单位，必须保持防治环境噪声污染的设施的正常使用；拆除或者闲置环境噪声污染防治设施的，必须事先报经所在地的县级以上地方人民政府环境保护行政主管部门批准。

第十六条 产生环境噪声污染的单位，应当采取措施进行治理，并按照国家规定缴纳超标准排污费。

征收的超标准排污费必须用于污染的防治，不得挪作他用。

第十七条 对于在噪声敏感建筑物集中区域内造成严重环境噪声污染的企业事业单位，限期治理。

被限期治理的单位必须按期完成治理任务。限期治理由县级以上人民政府按照国务院规定的权限决定。

对小型企业事业单位的限期治理，可以由县级以上人民政府在国务院规定的权限内授权其环境保护行政主管部门决定。

第十八条 国家对环境噪声污染严重的落后设备实行淘汰制度。

国务院经济综合主管部门应当会同国务院有关部门公布限期禁止生产、禁止销售、禁止进口的环境噪声污染严重的设备名录。

生产者、销售者或者进口者必须在国务院经济综合主管部门会同国务院有关部门规定的期限内分别停止生产、销售或者进口列入前款规定的名录中的设备。

第十九条 在城市范围内从事生产活动确需排放偶发性强烈噪声的，必须事先向当地公安机关提出申请，经批准后方可进行。当地公安机关应当向社会公告。

第二十条 国务院环境保护行政主管部门应当建立环境噪声监测制度，制定监测规范，并会同有关部门组织监测网络。

环境噪声监测机构应当按照国务院环境保护行政主管部门的规定报送环境噪声监测结果。

第二十一条 县级以上人民政府环境保护行政主管部门和其他环境噪声污染防治工作的监督管理部门、机构，有权依据各自的职责对管辖范围内排放环境噪声的单位进行现场检查。被检查的单位必须如实反映情况，并提供必要的资料。检查部门、机构应当为被检查的单位保守技术秘密和业务秘密。

检查人员进行现场检查，应当出示证件。

第三章 工业噪声污染防治

第二十二条 本法所称工业噪声，是指在工业生产活动中使用固定的设备时产生的干扰周围生活环境的声音。

第二十三条 在城市范围内向周围生活环境排放工业噪声的，应当符合国家规定的工业企业厂界环境噪声排放标准。

第二十四条 在工业生产中因使用固定的设备造成环境噪声污染的工业企业，必须按照国务院环境保护行政主管部门的规定，向所在地的县级以上地方人民政府环境保护行政主管部门申报拥有的造成环境噪声污染的设备的种类、数量以及在正常作业条件下所发出的噪声值和防治环境噪声污染的设施情况，并提供防治噪声污染的技术资料。

造成环境噪声污染的设备的种类、数量、噪声值和防治设施有重大改变的，必须及时申报，并采取应有的防治措施。

第二十五条 产生环境噪声污染的工业企业，应当采取有效措施，减轻噪声对周围生活环境的影响。

第二十六条 国务院有关主管部门对可能产生环境噪声污染的工业设备，应当根据声环境保护的要求和国家的经济、技术条件，逐步在依法制定的产品的国家标准、行业标准中规定噪声限值。

前款规定的工业设备运行时发出的噪声值，应当在有关技术文件中予以注明。

第四章　建筑施工噪声污染防治

第二十七条　本法所称建筑施工噪声，是指在建筑施工过程中产生的干扰周围生活环境的声音。

第二十八条　在城市市区范围内向周围生活环境排放建筑施工噪声的，应当符合国家规定的建筑施工场界环境噪声排放标准。

第二十九条　在城市市区范围内，建筑施工过程中使用机械设备，可能产生环境噪声污染的，施工单位必须在工程开工十五日以前向工程所在地县级以上地方人民政府环境保护行政主管部门申报该工程的项目名称、施工场所和期限、可能产生的环境噪声值以及所采取的环境噪声污染防治措施的情况。

第三十条　在城市市区噪声敏感建筑物集中区域内，禁止夜间进行产生环境噪声污染的建筑施工作业，但抢修、抢险作业和因生产工艺上要求或者特殊需要必须连续作业的除外。

因特殊需要必须连续作业的，必须有县级以上人民政府或者其有关主管部门的证明。

前款规定的夜间作业，必须公告附近居民。

第五章　交通运输噪声污染防治

第三十一条　本法所称交通运输噪声，是指机动车辆、铁路机车、机动船舶、航空器等交通运输工具在运行时所产生的干扰周围生活环境的声音。

第三十二条　禁止制造、销售或者进口超过规定的噪声限值的汽车。

第三十三条　在城市市区范围内行驶的机动车辆的消声器和喇叭必须符合国家规定的要求。机动车辆必须加强维修和保养，保持技术性能良好，防止环境噪声污染。

第三十四条　机动车辆在城市市区范围内行驶，机动船舶在城市市区的内河航道航行，铁路机车驶经或者进入城市市区、疗养区时，必须按照规定使用声响装置。

警车、消防车、工程抢险车、救护车等机动车辆安装、使用警报器，必须符合国务院公安部门的规定；在执行非紧急任务时，禁止使用警报器。

第三十五条　城市人民政府公安机关可以根据本地城市市区区域声环境保护的需要，划定禁止机动车辆行驶和禁止其使用声响装置的路段和时间，并向社会公告。

第三十六条　建设经过已有的噪声敏感建筑物集中区域的高速公路和城市高架、轻轨道路，有可能造成环境噪声污染的，应当设置声屏障或者采取其他有效的控制环境噪声污染的措施。

第三十七条　在已有的城市交通干线的两侧建设噪声敏感建筑物的，建设单位应当按照国家规定间隔一定距离，并采取减轻、避免交通噪声影响的措施。

第三十八条 在车站、铁路编组站、港口、码头、航空港等地指挥作业时使用广播喇叭的，应当控制音量，减轻噪声对周围生活环境的影响。

第三十九条 穿越城市居民区、文教区的铁路，因铁路机车运行造成环境噪声污染的，当地城市人民政府应当组织铁路部门和其他有关部门，制订减轻环境噪声污染的规划。铁路部门和其他有关部门应当按照规划的要求，采取有效措施，减轻环境噪声污染。

第四十条 除起飞、降落或者依法规定的情形以外，民用航空器不得飞越城市市区上空。城市人民政府应当在航空器起飞、降落的净空周围划定限制建设噪声敏感建筑物的区域；在该区域内建设噪声敏感建筑物的，建设单位应当采取减轻、避免航空器运行时产生的噪声影响的措施。民航部门应当采取有效措施，减轻环境噪声污染。

第六章　社会生活噪声污染防治

第四十一条 本法所称社会生活噪声，是指人为活动所产生的除工业噪声、建筑施工噪声和交通运输噪声之外的干扰周围生活环境的声音。

第四十二条 在城市市区噪声敏感建筑物集中区域内，因商业经营活动中使用固定设备造成环境噪声污染的商业企业，必须按照国务院环境保护行政主管部门的规定，向所在地的县级以上地方人民政府环境保护行政主管部门申报拥有的造成环境噪声污染的设备的状况和防治环境噪声污染的设施的情况。

第四十三条 新建营业性文化娱乐场所的边界噪声必须符合国家规定的环境噪声排放标准；不符合国家规定的环境噪声排放标准的，文化行政主管部门不得核发文化经营许可证，工商行政管理部门不得核发营业执照。

经营中的文化娱乐场所，其经营管理者必须采取有效措施，使其边界噪声不超过国家规定的环境噪声排放标准。

第四十四条 禁止在商业经营活动中使用高音广播喇叭或者采用其他发出高噪声的方法招揽顾客。

在商业经营活动中使用空调器、冷却塔等可能产生环境噪声污染的设备、设施的，其经营管理者应当采取措施，使其边界噪声不超过国家规定的环境噪声排放标准。

第四十五条 禁止任何单位、个人在城市市区噪声敏感建筑物集中区域内使用高音广播喇叭。

在城市市区街道、广场、公园等公共场所组织娱乐、集会等活动，使用音响器材可能产生干扰周围生活环境的过大音量的，必须遵守当地公安机关的规定。

第四十六条 使用家用电器、乐器或者进行其他家庭室内娱乐活动时，应当控制音量或者采取其他有效措施，避免对周围居民造成环境噪声污染。

第四十七条 在已竣工交付使用的住宅楼进行室内装修活动，应当限制作业时间，并采取其他有效措施，以减轻、避免对周围居民造成环境噪声污染。

第七章　法律责任

第四十八条　违反本法第十四条的规定，建设项目中需要配套建设的环境噪声污染防治设施没有建成或者没有达到国家规定的要求，擅自投入生产或者使用的，由批准该建设项目的环境影响报告书的环境保护行政主管部门责令停止生产或者使用，可以并处罚款。

第四十九条　违反本法规定，拒报或者谎报规定的环境噪声排放申报事项的，县级以上地方人民政府环境保护行政主管部门可以根据不同情节，给予警告或者处以罚款。

第五十条　违反本法第十五条的规定，未经环境保护行政主管部门批准，擅自拆除或者闲置环境噪声污染防治设施，致使环境噪声排放超过规定标准的，由县级以上地方人民政府环境保护行政主管部门责令改正，并处罚款。

第五十一条　违反本法第十六条的规定，不按照国家规定缴纳超标准排污费的，县级以上地方人民政府环境保护行政主管部门可以根据不同情节，给予警告或者处以罚款。

第五十二条　违反本法第十七条的规定，对经限期治理逾期未完成治理任务的企业事业单位，除依照国家规定加收超标准排污费外，可以根据所造成的危害后果处以罚款，或者责令停业、搬迁、关闭。

前款规定的罚款由环境保护行政主管部门决定。责令停业、搬迁、关闭由县级以上人民政府按照国务院规定的权限决定。

第五十三条　违反本法第十八条的规定，生产、销售、进口禁止生产、销售、进口的设备的，由县级以上人民政府经济综合主管部门责令改正；情节严重的，由县级以上人民政府经济综合主管部门提出意见，报请同级人民政府按照国务院规定的权限责令停业、关闭。

第五十四条　违反本法第十九条的规定，未经当地公安机关批准，进行产生偶发性强烈噪声活动的，由公安机关根据不同情节给予警告或者处以罚款。

第五十五条　排放环境噪声的单位违反本法第二十一条的规定，拒绝环境保护行政主管部门或者其他依照本法规定行使环境噪声监督管理权的部门、机构现场检查或者在被检查时弄虚作假的，环境保护行政主管部门或者其他依照本法规定行使环境噪声监督管理权的监督管理部门、机构可以根据不同情节，给予警告或者处以罚款。

第五十六条　建筑施工单位违反本法第三十条第一款的规定，在城市市区噪声敏感建筑物集中区域内，夜间进行禁止进行的产生环境噪声污染的建筑施工作业的，由工程所在地县级以上地方人民政府环境保护行政主管部门责令改正，可以并处罚款。

第五十七条　违反本法第三十四条的规定，机动车辆不按照规定使用声响装置的，由当地公安机关根据不同情节给予警告或者处以罚款。

机动船舶有前款违法行为的，由港务监督机构根据不同情节给予警告或者处以罚款。

铁路机车有第一款违法行为的，由铁路主管部门对有关责任人员给予行政处分。

第五十八条 违反本法规定，有下列行为之一的，由公安机关给予警告，可以并处罚款：

（一）在城市市区噪声敏感建筑物集中区域内使用高音广播喇叭；

（二）违反当地公安机关的规定，在城市市区街道、广场、公园等公共场所组织娱乐、集会等活动，使用音响器材，产生干扰周围生活环境的过大音量的；

（三）未按本法第四十六条和第四十七条规定采取措施，从家庭室内发出严重干扰周围居民生活的环境噪声的。

第五十九条 违反本法第四十三条第二款、第四十四条第二款的规定，造成环境噪声污染的，由县级以上地方人民政府环境保护行政主管部门责令改正，可以并处罚款。

第六十条 违反本法第四十四条第一款的规定，造成环境噪声污染的，由公安机关责令改正，可以并处罚款。

省级以上人民政府依法决定由县级以上地方人民政府环境保护行政主管部门行使前款规定的行政处罚权的，从其决定。

第六十一条 受到环境噪声污染危害的单位和个人，有权要求加害人排除危害；造成损失的，依法赔偿损失。

赔偿责任和赔偿金额的纠纷，可以根据当事人的请求，由环境保护行政主管部门或者其他环境噪声污染防治工作的监督管理部门、机构调解处理；调解不成的，当事人可以向人民法院起诉。当事人也可以直接向人民法院起诉。

第六十二条 环境噪声污染防治监督管理人员滥用职权、玩忽职守、徇私舞弊的，由其所在单位或者上级主管机关给予行政处分；构成犯罪的，依法追究刑事责任。

第八章　附　则

第六十三条 本法中下列用语的含义是：

（一）“噪声排放”是指噪声源向周围生活环境辐射噪声。

（二）“噪声敏感建筑物”是指医院、学校、机关、科研单位、住宅等需要保持安静的建筑物。

（三）“噪声敏感建筑物集中区域”是指医疗区、文教科研区和以机关或者居民住宅为主的区域。

（四）“夜间”是指晚二十二点至晨六点期间。

（五）“机动车辆”是指汽车和摩托车。

第六十四条 本法自 1997 年 3 月 1 日起施行。1989 年 9 月 26 日国务院发布的《中华人民共和国环境噪声污染防治条例》同时废止。

附录三　排污费征收使用管理条例

中华人民共和国国务院令（第 369 号）

2002 年 1 月 30 日国务院第 54 次常务会议通过，自 2003 年 7 月 1 日起施行。

第一章　总　则

第一条　为了加强对排污费征收、使用的管理，制定本条例。

第二条　直接向环境排放污染物的单位和个体工商户（以下简称排污者），应当依照本条例的规定缴纳排污费。

排污者向城市污水集中处理设施排放污水、缴纳污水处理费用的，不再缴纳排污费。排污者建成工业固体废物贮存或者处置设施、场所并符合环境保护标准，或者其原有工业固体废物贮存或者处置设施、场所经改造符合环境保护标准的，自建成或者改造完成之日起，不再缴纳排污费。

国家积极推进城市污水和垃圾处理产业化。城市污水和垃圾集中处理的收费办法另行制定。

第三条　县级以上人民政府环境保护行政主管部门、财政部门、价格主管部门应当按照各自的职责，加强对排污费征收、使用工作的指导、管理和监督。

第四条　排污费的征收、使用必须严格实行“收支两条线”，征收的排污费一律上缴财政，环境保护执法所需经费列入本部门预算，由本级财政予以保障。

第五条　排污费应当全部专项用于环境污染防治，任何单位和个人不得截留、挤占或者挪作他用。

任何单位和个人对截留、挤占或者挪用排污费的行为，都有权检举、控告和投诉。

第二章　污染物排放种类、数量的核定

第六条　排污者应当按照国务院环境保护行政主管部门的规定，向县级以上地方人民政府环境保护行政主管部门申报排放污染物的种类、数量，并提供有关资料。

第七条　县级以上地方人民政府环境保护行政主管部门，应当按照国务院环境保护行政主管部门规定的核定权限对排污者排放污染物的种类、数量进行核定。

装机容量 30 万千瓦以上的电力企业排放二氧化硫的数量，由省、自治区、直辖市人民政府环境保护行政主管部门核定。

污染物排放种类、数量经核定后，由负责污染物排放核定工作的环境保护行政主管部门书面通知排污者。

第八条 排污者对核定的污染物排放种类、数量有异议的，自接到通知之日起 7 日内，可以向发出通知的环境保护行政主管部门申请复核；环境保护行政主管部门应当自接到复核申请之日起 10 日内，作出复核决定。

第九条 负责污染物排放核定工作的环境保护行政主管部门在核定污染物排放种类、数量时，具备监测条件的，按照国务院环境保护行政主管部门规定的监测方法进行核定；不具备监测条件的，按照国务院环境保护行政主管部门规定的物料衡算方法进行核定。

第十条 排污者使用国家规定强制检定的污染物排放自动监控仪器对污染物排放进行监测的，其监测数据作为核定污染物排放种类、数量的依据。

排污者安装的污染物排放自动监控仪器，应当依法定期进行校验。

第三章 排污费的征收

第十一条 国务院价格主管部门、财政部门、环境保护行政主管部门和经济贸易主管部门，根据污染治理产业化发展的需要、污染防治的要求和经济、技术条件以及排污者的承受能力，制定国家排污费征收标准。

国家排污费征收标准中未作规定的，省、自治区、直辖市人民政府可以制定地方排污费征收标准，并报国务院价格主管部门、财政部门、环境保护行政主管部门和经济贸易主管部门备案。

排污费征收标准的修订，实行预告制。

第十二条 排污者应当按照下列规定缴纳排污费：

（一）依照大气污染防治法、海洋环境保护法的规定，向大气、海洋排放污染物的，按照排放污染物的种类、数量缴纳排污费。

（二）依照水污染防治法的规定，向水体排放污染物的，按照排放污染物的种类、数量缴纳排污费；向水体排放污染物超过国家或者地方规定的排放标准的，按照排放污染物的种类、数量加倍缴纳排污费。

（三）依照固体废物污染环境防治法的规定，没有建设工业固体废物贮存或者处置的设施、场所，或者工业固体废物贮存或者处置的设施、场所不符合环境保护标准的，按照排放污染物的种类、数量缴纳排污费；以填埋方式处置危险废物不符合国家有关规定的，按照排放污染物的种类、数量缴纳危险废物排污费。

（四）依照环境噪声污染防治法的规定，产生环境噪声污染超过国家环境噪声标准的，按照排放噪声的超标声级缴纳排污费。

排污者缴纳排污费，不免除其防治污染、赔偿污染损害的责任和法律、行政法规规定的其他责任。

第十三条 负责污染物排放核定工作的环境保护行政主管部门，应当根据排污费征收标准和排污者排放的污染物种类、数量，确定排污者应当缴纳的排污费数额，并予以公告。

第十四条 排污费数额确定后，由负责污染物排放核定工作的环境保护行政主管部门向排污者送达排污费缴纳通知单。

排污者应当自接到排污费缴纳通知单之日起7日内，到指定的商业银行缴纳排污费。商业银行应当按照规定的比例将收到的排污费分别解缴中央国库和地方国库。具体办法由国务院财政部门会同国务院环境保护行政主管部门制定。

第十五条 排污者因不可抗力遭受重大经济损失的，可以申请减半缴纳排污费或者免缴排污费。

排污者因未及时采取有效措施，造成环境污染的，不得申请减半缴纳排污费或者免缴排污费。

排污费减缴、免缴的具体办法由国务院财政部门、国务院价格主管部门会同国务院环境保护行政主管部门制定。

第十六条 排污者因有特殊困难不能按期缴纳排污费的，自接到排污费缴纳通知单之日起7日内，可以向发出缴费通知单的环境保护行政主管部门申请缓缴排污费；环境保护行政主管部门应当自接到申请之日起7日内，作出书面决定；期满未作出决定的，视为同意。

排污费的缓缴期限最长不超过3个月。

第十七条 批准减缴、免缴、缓缴排污费的排污者名单由受理申请的环境保护行政主管部门会同同级财政部门、价格主管部门予以公告，公告应当注明批准减缴、免缴、缓缴排污费的主要理由。

第四章 排污费的使用

第十八条 排污费必须纳入财政预算，列入环境保护专项资金进行管理，主要用于下列项目的拨款补助或者贷款贴息：

（一）重点污染源防治；

（二）区域性污染防治；

（三）污染防治新技术、新工艺的开发、示范和应用；

（四）国务院规定的其他污染防治项目。

具体使用办法由国务院财政部门会同国务院环境保护行政主管部门征求其他有关部门意见后制定。

第十九条 县级以上人民政府财政部门、环境保护行政主管部门应当加强对环境保护专项资金使用的管理和监督。

按照本条例第十八条的规定使用环境保护专项资金的单位和个人，必须按照批准的用途使用。

县级以上地方人民政府财政部门和环境保护行政主管部门每季度向本级人民政府、

上级财政部门和环境保护行政主管部门报告本行政区域内环境保护专项资金的使用和管理情况。

第二十条 审计机关应当加强对环境保护专项资金使用和管理的审计监督。

第五章 罚 则

第二十一条 排污者未按照规定缴纳排污费的，由县级以上地方人民政府环境保护行政主管部门依据职权责令限期缴纳；逾期拒不缴纳的，处应缴纳排污费数额 1 倍以上 3 倍以下的罚款，并报经有批准权的人民政府批准，责令停产停业整顿。

第二十二条 排污者以欺骗手段骗取批准减缴、免缴或者缓缴排污费的，由县级以上地方人民政府环境保护行政主管部门依据职权责令限期补缴应当缴纳的排污费，并处所骗取批准减缴、免缴或者缓缴排污费数额 1 倍以上 3 倍以下的罚款。

第二十三条 环境保护专项资金使用者不按照批准的用途使用环境保护专项资金的，由县级以上人民政府环境保护行政主管部门或者财政部门依据职权责令限期改正；逾期不改正的，10 年内不得申请使用环境保护专项资金，并处挪用资金数额 1 倍以上 3 倍以下的罚款。

第二十四条 县级以上地方人民政府环境保护行政主管部门应当征收而未征收或者少征收排污费的，上级环境保护行政主管部门有权责令其限期改正，或者直接责令排污者补缴排污费。

第二十五条 县级以上人民政府环境保护行政主管部门、财政部门、价格主管部门的工作人员有下列行为之一的，依照刑法关于滥用职权罪、玩忽职守罪或者挪用公款罪的规定，依法追究刑事责任；尚不够刑事处罚的，依法给予行政处分：

（一）违反本条例规定批准减缴、免缴、缓缴排污费的；

（二）截留、挤占环境保护专项资金或者将环境保护专项资金挪作他用的；

（三）不按照本条例的规定履行监督管理职责，对违法行为不予查处，造成严重后果的。

第六章 附 则

第二十六条 本条例自 2003 年 7 月 1 日起施行。1982 年 2 月 5 日国务院发布的《征收排污费暂行办法》和 1988 年 7 月 28 日国务院发布的《污染源治理专项基金有偿使用暂行办法》同时废止。

附件：排污收费标准（试行）及计算方法（噪声部分摘要）

噪声超标排污费收费标准

排污者产生环境噪声，超过国家规定的环境噪声排放标准，干扰他人正常生活、工作和学习的，按照超标的分贝数缴纳噪声超标排污费。收费标准如表3。

表3　噪声超标排污费收费标准

超标分贝数/dB	1	2	3	4	5	6	7	8
收费标准/（元/月）	350	440	550	700	880	1 100	1 400	1 760
超标分贝数/dB	9	10	11	12	13	14	15	16及16以上
收费标准/（元/月）	2 200	2 800	3 520	4 400	5 600	7 040	8 800	11 200

说明：

1. 一个单位边界上有多处噪声排放，征收额应根据最高一处超标声级计算，当沿厂界长度超过100米有两处及两处以上噪声超标，则加一倍收取。

2. 一个单位若有不同地点的作业场所，收费应分别计算、合并收取。

3. 昼、夜均超标的环境噪声，收费金额按本标准昼、夜分别计算，累计收取。

4. 声源一月内超标不足十五天的（昼或夜），超标排污费减半收取。

5. 夜间频繁突发和夜间偶然突发厂界超标噪声排污费按等效声级和峰值噪声两种指标中超标分贝值高的一项计算排污费。

6. 一个工地多个建筑施工阶段同时进行时，按噪声限值最高的施工阶段计算收取超标噪声排污费。

7. 本标准以每分贝为计征单位，不足一分贝的按四舍五入原则计算。

8. 对农民自建住宅不得征收噪声超标排污费。

参考文献

[1] 高艳玲，张继有．物理污染控制[M]．北京：中国建材工业出版社，2005．
[2] 李耀中，李东升．噪声控制技术[M]．北京：化学工业出版社，2004．
[3] 李家华．环境噪声控制[M]．北京：冶金工业出版社，1995．
[4] 蒋辉．环境工程技术[M]．北京：化学工业出版社，2003．
[5] 杨津．噪声的主观评价[J]．环境保护科学，2004，30：56-57．
[6] 刘加林，秦学玲，蒋涛，等．常用噪声评价量的特点[J]．四川环境，2002，21（4）：83-85．
[7] 韩善灵，朱平．道路交通噪声评价及预测新方法[J]．交通运输工程学报，2005，5（3）：111-114．
[8] 国家环境保护总局监督管理司．中国环境影响评价培训教材[M]．北京：化学工业出版社，2000．
[9] 郑长聚，洪宗辉．环境噪声控制工程[M]．北京：高等教育出版社，2000．
[10] 方丹群，王文奇，孙家麒．噪声控制[M]．北京：北京出版社，1986．
[11] 刘虹，吴小萍，高清平．铁路噪声对沿线居民环境影响综合评价方法研究[J]．灾害学，2003，18（4）：85-88．
[12] 国家环境保护总局科技标准司．最新中国环境保护标准汇编土壤、固体废物、噪声和振动分册[M]．北京：中国环境科学出版社，2001．
[13] 徐志毅．环境保护技术和设备[M]．上海：上海交通大学出版社，1999．
[14] 李长龙，李国彬，吴玉会．阻尼减振合金的研究现状[J]．金属功能材料，2003，10（4）：32-34．
[15] 李为敏．浅谈空压机噪声控制的方法[J]．西部探矿工程，2004，16（10）：154-155．
[16] 苏玉玲，董超．污染防治实习[M]．北京：化学工业出版社，2003．
[17] 王其成，张新云．机泵噪声的控制[J]．化工装备技术，2002，23（1）：43-44．
[18] 张宝军，张弛．水泵噪声声源的控制与防护[J]．噪声与振动控制，2000（2）：39-40．
[19] 杨虹，夏明安．治理大型球磨机噪声的几种措施[J]．中国建材装备，2001（3）：21，26．
[20] 洪宗辉．环境噪声控制工程[M]．北京：高等教育出版社，2002．
[21] 高红武．噪声控制工程[M]．武汉：武汉理工大学出版社，2004．
[22] 李家华．噪声控制[M]．北京：冶金工业出版社，2001．
[23] 张宝杰，乔英杰，赵志伟．环境物理性污染控制[M]．北京：化学工业出版社，2003．
[24] 任文堂，赵剑，李孝宽．工业噪声和振动控制技术[M]．北京：冶金工业出版社，1993．
[25] 国家环境保护局．工业噪声治理技术[M]．北京：中国环境科学出版社，1993．
[26] 张弛，俞广东，岳朝松．离心风机风井噪声治理隔振研究[J]．噪声与振动控制，2005（10）：68-69．
[27] 张弛．煤矿风井轴流风机噪声控制设计计算[J]．环境科学与技术，2005（5）：8-9．
[28] 张弛．矿井轴流通风系统噪声治理方案分析[J]．矿业安全与环保，2005（5）：11-13．
[29] 张弛．煤矿风井噪声控制的声学设计和阻力损失计算研究[J]．环境工程，2005（2）：52-55．

[30] 张弛. 中央空调系统噪声测评与控制对策[J]. 环境污染治理技术与设备，2005（7）：77-79.
[31] 赵剑强. 公路交通与环境保护[M]. 北京：人民交通出版社，2002.
[32] 梁杰，王登峰. 汽车变速箱噪声源识别及噪声控制[J]. 噪声与振动控制，2006（3）：67-69.
[33] 马大猷. 噪声与振动控制工程手册[M]. 北京：机械工业出版社，2002.
[34] 陈秀娟. 实用噪声与振动控制[M]. 北京：化学工业出版社，2003.
[35] 徐世勤，王樯. 工业噪声与振动控制[M]. 北京：冶金工业出版社，1999.
[36] 肖洪亮. 噪声污染与控制[M]. 武汉：武汉工业大学出版社，1998.
[37] 马大猷. 第八届全国噪声与振动控制工程学术会议大会报告[J]. 噪声与振动控制，1999（4）.
[38] 盛美萍，王敏庆. 噪声与振动控制技术基础[M]. 北京：科学出版社，2001.
[39] GB 12523—2011，建筑施工场界环境噪声排放标准[S].
[40] GB 22337—2008，社会生活环境噪声排放标准[S].
[41] GB 12348—2008，工业企业厂界环境噪声排放标准[S].
[42] GB 3096—2008，声环境质量标准[S].
[43] 张弛.燃油锅炉噪声控制设计[J]. 环境科学与技术，2006（9）：90-91.
[44] 张弛，徐南. 空压机噪声控制研究与应用[J]. 噪声与振动控制，2008（3）：107-108.
[45] 张弛，徐南. 孙疃煤矿副井提升系统噪声控制可行性研究[J]. 矿山机械，2008（3）：43-45.
[46] 声屏障信息门户网专家组. 声屏障技术与材料选用手册[M]. 北京：机械工业出版社，2011.
[47] 徐南. 建筑围护结构在煤矿风井设备隔声中的应用[J]. 噪声与振动控制，2012（5）：127-130.